普通高等教育 "十三五" 规划教材

稀 土 冶 金 学

廖春发　主　编

邝国春　副主编

U0323153

北　京

冶金工业出版社

2024

内 容 提 要

　　全书共分为 10 章，主要包括稀土元素的性质、稀土元素在传统和新技术领域的用途、国内外稀土资源及其现状、各稀土矿物加工的处理方法、稀土元素的分离及化合物制备、熔盐电解和金属热还原制备稀土金属及稀土合金、稀土金属的精炼提纯等技术内容。

　　本书为冶金工程专业及相关专业的高等学校教学用书，也可供稀土冶金领域的科学研究人员和生产技术人员参考。

图书在版编目（CIP）数据

稀土冶金学/廖春发主编 . —北京:冶金工业出版社，2019.9（2024.8 重印）
普通高等教育"十三五"规划教材
ISBN 978-7-5024-8199-5

Ⅰ.①稀…　Ⅱ.①廖…　Ⅲ.①稀土金属—有色金属冶金—高等学校—教材　Ⅳ.①TF845

中国版本图书馆 CIP 数据核字（2019）第 176513 号

稀土冶金学

出版发行	冶金工业出版社	电　　话	（010）64027926
地　　址	北京市东城区嵩祝院北巷 39 号	邮　　编	100009
网　　址	www. mip1953. com	电子信箱	service@ mip1953. com

责任编辑　杨盈园　王梦梦　美术编辑　彭子赫　版式设计　禹　蕊
责任校对　王永欣　责任印制　禹　蕊
北京印刷集团有限责任公司印刷
2019 年 9 月第 1 版，2024 年 8 月第 4 次印刷
787mm×1092mm　1/16；16.25 印张；394 千字；250 页
定价 35.00 元

投稿电话　（010）64027932　投稿信箱　tougao@cnmip.com.cn
营销中心电话　（010）64044283
冶金工业出版社天猫旗舰店　yjgycbs.tmall.com
（本书如有印装质量问题，本社营销中心负责退换）

前　言

稀土是国家战略资源，被誉为"工业维生素"。由于稀土元素具有一系列优异的、特殊的磁、光、电性能，稀土已成为高技术、新型功能材料等不可或缺的重要材料，在电子、信息、通信、汽车、医疗器械以及传统的石油、玻璃、冶金等材料应用领域及工业过程得到广泛应用。稀土在高新技术产业的应用为稀土工业发展提供了良好的机遇。

稀土主要是以稀土单一化合物，或稀土金属，或稀土合金添加制备各种功能材料应用于各领域中。然而，稀土是以独居石、氟碳铈矿、南方离子型稀土矿等矿物形式存在于自然界，在应用前还需进行矿物处理、除杂、稀土元素间的分离、金属或合金的制备，本书就是对涉及这些内容的介绍。

为适应冶金工程专业教学的需要，"稀土冶金学"作为核心教学课程重要内容，其宗旨是让学生了解稀土矿山开采、矿物加工，熟悉稀土湿法冶金分离、火法冶金制备稀土金属或合金生产的基本过程，熟悉生产流程中各工序基本原理和技术装备，掌握生产一线操作的基本知识和开发新材料的初步能力。

本书主编长期从事稀有金属的教学、研究工作。主讲"稀土冶金学"课程近30年，在江西理工大学负责创办了稀土工程专业，在稀土教学方面积累了丰富经验。

本书介绍从稀土矿物到稀土单一金属或合金制备工艺过程内容，是一部以介绍稀土元素化学与应用，稀土元素矿物及处理方法，稀土的溶剂萃取、离子交换、液膜分离、化学法等分离提取和金属及合金制备、提纯方法为主要目的的教学用书。具体内容包括稀土元素的性质、稀土元素在传统和新技术领域的用途、国内外稀土资源及其现状、各稀土矿物加工的处理方法、稀土元素的分离及化合物制备、熔盐电解和金属热还原制备稀土金属及稀土合金、稀土金属的精炼提纯等技术内容。

本书可作为开设了冶金工程专业及相关专业的高等学校教学用书，也可供稀土冶金领域的科学研究人员和生产技术人员参考。

本书由江西理工大学廖春发担任主编，并编写了第1~7章；邝国春担任副主编，并编写了第8~10章。在编写过程中叶信宇参与编写了第1、2章，杨凤丽参与编写了第 3 章，梁勇参与编写了第 4、5 章。全书由廖春发进行整理和审阅。

本书的编写和出版得到吴丙乾教授支持和建议，在此表示感谢！

在编写本书过程中，得到了稀土产业界和兄弟院校同仁的大力支持和热情帮助，对此表示衷心的感谢；对本书资料提供者和支持者表示诚挚的谢意！

由于作者水平有限，书中若有不妥之处，诚请读者批评指正。

作　者
2019 年 5 月

目　　录

第一章　稀土元素化学及应用

第一节　稀土元素的概念及其电子结构

一、镧系元素和稀土元素的概念

位于元素周期表中第Ⅵ周期第ⅢB族的元素，包含有原子序数由 57 至 71 的 15 个元素，即镧(La)、铈(Ce)、镨(Pr)、钕(Nd)、钷(Pm)、钐(Sm)、铕(Eu)、钆(Gd)、铽(Tb)、镝(Dy)、钬(Ho)、铒(Er)、铥(Tm)、镱(Yb)、镥(Lu)，其物理性质、化学性质等十分相似，将这 15 个元素统称为镧系元素(Lanthanide)，镧系元素在元素周期表中的位置如图 1.1 所示，一般简写为 Ln。

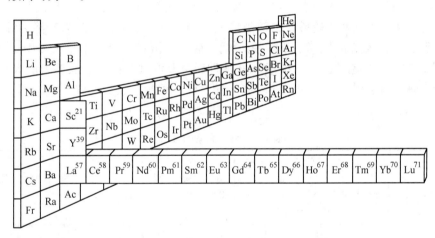

图 1.1　镧系元素在元素周期表中的位置

在第ⅢB族中元素中，Sc、Y 与镧系元素在化学性质上极为相似，有共同特征和氧化态，因此将第ⅢB族元素中的 21 号元素钪(Sc)、39 号元素钇(Y)和 15 个镧系元素统称为稀土元素(Rare Earth，一般简写为 RE)。

稀土元素是从 18 世纪末开始陆续发现，限于当时的技术水平，只能用稀土硫酸复盐等溶解度的微小差异艰难地制得少量不溶于水的氧化物，当时人们常把不溶于水的固体氧化物称为土，如氧化镁——苦土，氧化锆——锆土，氧化铍——铍土，又由于发现的稀土矿物也较少，因而得名为稀土。后来发现，在自然界稀土矿物并不稀少，它们在地壳中的含量比常见的锡、锌、钴、汞还要多，且稀土氧化物能制备得到稀土金属。因此，稀土不是土，而是典型的金属元素。

从芬兰 Abo 大学(后为 Turku 大学)教授加多林(J. Gadolin)1794 年从硅铍钇矿中分离出钇土开始，到 1947 年用人工方法从核反应堆中铀的碎片里分离出最后一个稀土元素钷，再到 1972 年从沥青铀矿中提取自然钷，前后经历了近 180 年。

钪（Scandium）是 1879 年由瑞典的化学教授尼尔森和克莱夫差不多同时在稀有的矿物硅铍钇矿和黑稀尼尔森金矿中发现的一种新元素，与钇、镧系元素具有极为相似化学性质，属 17 种稀土元素之一。在 17 种稀土元素当中，钪和钷元素又显得较为特殊，其中钪在自然界与其他稀土元素共生关系不太密切，性质差别也稍大，因此一般生产工艺中，没把 Sc 放在稀土元素中，要提取利用钪则是单独从含钪的物料中来进行提取；钷在 1972 年才脱去"人造元素"之称，在自然界矿物中存在极少，是一种放射性元素，寿命最长的同位素147Pm 的半衰期也仅为 2.64 年，常见的稀土矿物也不含钷，所以，在稀土矿的处理过程中，实际上大多只考虑除钪和钷的 15 个稀土元素。在稀土元素中，由于钇与镧系共生在同一矿物中，且离子半径（Ⅲ）在镧系元素钬、铒之间，所以，在酸性磷类萃取剂萃取时，钇的萃取能力介于钬、铒之间。

在实践中，为了处理工艺或应用方面的需要，根据钇和镧系元素的化学性质、物理性质和地球化学性质的相似性和差异性，以及矿物处理的需要，常把稀土元素划分为轻稀土元素：镧、铈、镨、钕、钷、钐、铕，重稀土元素：钆、铽、镝、钬、钇、铒、铥、镱、镥，由于在稀土矿物中，铈的含量在轻稀土元素中较高，钇的含量在重稀土元素中较高，因此，又将轻稀土元素称为铈组元素，重稀土元素称为钇组元素；又由于早期采用硫酸复盐沉淀进行分离，根据稀土硫酸复盐溶解度的差异，可把稀土元素分为难溶的铈组：镧、铈、镨、钕、钐，微溶的铽组：铕、钆、铽、镝，可溶的钇组：钬、钇、铒、铥、镱、镥；根据 P204［二（2-乙基己基）磷酸］等酸性磷类萃取剂对稀土萃取能力的大小，可分为轻稀土：镧、铈、镨、钕，中稀土：钐、铕、钆，重稀土：铽、镝、钬、铒、铥、镱、镥、钇。具体见表 1.1。

表 1.1　稀土元素的分组

稀土元素	57 镧 La	58 铈 Ce	59 镨 Pr	60 钕 Nd	62 钐 Sm	63 铕 Eu	64 钆 Gd	65 铽 Tb	66 镝 Dy	67 钬 Ho	39 钇 Y	68 铒 Er	69 铥 Tm	70 镱 Yb	71 镥 Lu
矿物差异	轻稀土（铈组）							重稀土（钇组）							
硫酸复盐溶解度差异	难溶的铈组					微溶的铽组				易溶的钇组					
萃取能力差异	轻稀土（萃取能力弱）				中稀土（萃取能力中等）			重稀土（萃取能力强）							

二、稀土元素的电子层结构与价态

稀土原子的电子结构比较复杂，它们的原子轨道较多。但是构筑原子时所遵守的原则与一般的化学元素基本相同。

钪的原子序数是 21，是第 4 周期元素，按照电子层排布规则，钪的原子结构是 $1s^22s^22p^63s^23p^63d^14s^2$。

钇在周期表中位于钪的下面，原子序数为 39，是第 5 周期元素，第一、二、三层填满后，填充 4s、4p 轨道，然后先在 5s 轨道上填入 2 个电子，最后将剩下的 1 个电子填入 4d 轨道：$1s^22s^22p^63s^23p^63d^{10}4s^24p^64d^15s^2$。

镧系原子的电子填充方式又稍有不同，总的特点是先按能量最低原理得到稀有气体氙（Xe）原子的电子结构，即 $1s^2 2s^2 2p^6 3s^2 3p^6 3d^{10} 4s^2 4p^6 4d^{10} 5s^2 5p^6$，用符号［Xe］表示内层电子结构。然后按能量高低次序 6s<4f<5d，电子先填充 6s 轨道，然后逐个加入到 4f 轨道中，4f 轨道填满后再填充 5d 轨道。但是当 p、d、f 轨道处于全空、半充满或全充满状态即对称性高时更加稳定，为了形成全空、半充满或全充满状态，某些镧系原子中 4f 轨道还未填满，5d 轨道上便填入了 1 个电子。如 57 号元素镧是［Xe］$6s^2 4f^0 5d^1$（全空），而不是［Xe］$6s^2 4f^1$；58 号元素铈例外，它的结构是［Xe］$6s^2 4f^1 5d^1$；64 号元素钆是［Xe］$6s^2 4f^7 5d^1$（半空），而不是 $6s^2 4f^8$；最后到 71 号镥，4f 轨道全部填满后，剩下的 1 个电子必定进入 5d 轨道。稀土元素原子的外部电子层结构见表 1.2。

表 1.2　稀土元素原子的外部电子层结构

原子序数	元素	M			N				O			P	电子组态
		3s	3p	3d	4s	4p	4d	4f	5s	5p	5d	6s	
21	Sc	2	6	1	2								［Ar］$3d^1 4s^2$
39	Y	2	6	10	2	6	1		2				［Kr］$4d^1 5s^2$
57	La	2	6	10	2	6	10		2	6	1	2	［Xe］$5d^1 6s^2$
58	Ce	2	6	10	2	6	10	1	2	6	1	2	［Xe］$4f^1 5d^1 6s^2$
59	Pr	2	6	10	2	6	10	3	2	6		2	［Xe］$4f^3 6s^2$
60	Nd	2	6	10	2	6	10	4	2	6		2	［Xe］$4f^4 6s^2$
61	Pm	2	6	10	2	6	10	5	2	6		2	［Xe］$4f^5 6s^2$
62	Sm	2	6	10	2	6	10	6	2	6		2	［Xe］$4f^6 6s^2$
63	Eu	2	6	10	2	6	10	7	2	6		2	［Xe］$4f^7 6s^2$
64	Gd	2	6	10	2	6	10	7	2	6	1	2	［Xe］$4f^7 5d^1 6s^2$
65	Tb	2	6	10	2	6	10	9	2	6		2	［Xe］$4f^9 6s^2$
66	Dy	2	6	10	2	6	10	10	2	6		2	［Xe］$4f^{10} 6s^2$
67	Ho	2	6	10	2	6	10	11	2	6		2	［Xe］$4f^{11} 6s^2$
68	Er	2	6	10	2	6	10	12	2	6		2	［Xe］$4f^{12} 6s^2$
69	Tm	2	6	10	2	6	10	13	2	6		2	［Xe］$4f^{13} 6s^2$
70	Yb	2	6	10	2	6	10	14	2	6		2	［Xe］$4f^{14} 6s^2$
71	Lu	2	6	10	2	6	10	14	2	6	1	2	［Xe］$4f^{14} 5d^1 6s^2$

由表 1.2 可以看出，镧系元素随着电子序数的增加，其原子的最外两电子层（O 层及 P 层）的结构几乎没有变化，电子的进一步填充进入了尚未填满的而又受外层电子屏蔽、受外电磁场影响较小的较内层的 4f 亚层上，因此，稀土原子的电子结构特征结构为：$(n-2)f^{0\sim14}(n-1)s^2(n-1)p^6(n-1)d^{1或0}ns^2$。其具有 3 个显著特点：第一，所有稀土原子最外层都是 s^2 结构，这就决定了所有稀土金属都是活泼金属；第二，次外层具有 $nd^{0\sim1}ns^2np^6$ 结构，对于 Sc、Y、La、Ce、Gd 和 Lu 具有 $nd^1 ns^2 np^6$ 结构，对于其余稀土原

子具有$5d^0 5s^2 5p^6$结构，这就决定了3价稀土离子次外层均具有$ns^2 np^6$稳定结构；第三，从铈到镥，电子开始填充在倒数第三层的4f轨道上。这种填充方式，使得从镧到镥，最外层和次外层电子结构基本相同，只是倒数第三层上4f电子数不同。由于元素原子的性质（尤其是化学性质）主要决定于最外层电子结构，但也受次外层和微弱地受倒数第三层电子结构的影响，因此镧系元素尤其是镧系元素的化合物的物理性质和化学性质表现出极大的相似性和一定程度的有规律的变化趋势。

稀土元素的最外两层电子层结构基本相同，对于钪、钇、镧、钆和镥，失去最外层的两个ns电子和一个$(n-1)d$亚层电子形成全空、半空、全充状态，呈现稳定的三价状态。对镧系其他元素原子而言，可由4f亚层转移一个电子至5d亚层而成$5d^1 6s^2$的结构，失去$5d^1 6s^2$三个电子而呈正三价价态。所以稀土元素在通常情况下，呈现正三价离子价态。

稀土元素的常见价态除正三价外，还存在正四价和正二价状态。四价状态最有特征的稀土元素是铈，其次是镨和铽，二价状态则以钐、铕、镱为代表。从状态稳定角度来看，4f亚层电子是以全充（14个电子）、半充（7个电子）或全空（0个电子）时能量较低，所处状态最稳定。因此，镧右侧的铈和镨、钆右侧的铽，因趋向于形成稳定的全空结构，在外界氧化剂的作用下，往往多失去一个电子，出现四价状态。而钆左侧的钐和铕、镥左侧的镱，也趋于呈比较稳定的半充和全充状态，在外界还原剂作用下，往往少失去一个电子，呈现二价状态。图1.2所示为已见报道的各元素的可能价态。所以在稀土元素配分中（配分是指除钷和钪以外的15个稀土元素各自氧化物的百分含量），稀土的氧化物通常表现为：La_2O_3、CeO_2、$Pr_6O_{11}(Pr_2O_3 \cdot 4PrO_2)$、$RE_2O_3$、$Tb_4O_7(Tb_2O_3 \cdot 2TbO_2)$、$RE_2O_3$。需要指出的是，虽然$4f^0$、$4f^7$、$4f^{14}$是稳定因素，但热力学、动力学因素也要考虑。

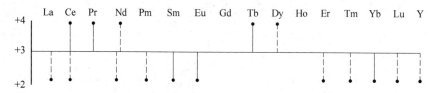

图1.2　稀土元素的价态

（实线表示正常或稳定价态，虚线表示可实现价态）

三、镧系收缩、稀土元素的离子和原子半径

（一）镧系收缩和稀土元素的离子半径

在配位数相同的情况下，镧系元素的三价离子半径，从镧到镥随原子序数的增加而减小的现象，称为镧系收缩。镧系元素随原子序数增加，核电荷数增加，核外电子逐一填入4f亚层（外面的5s、5p亚层几乎不发生变化），但由于4f亚层不是完全处在5s、5p亚层的内部，对所增加的核电荷不能完全屏蔽，一般认为一个4f电子只能屏蔽一个核电荷的85%，镧系元素收缩的原因是由于镧系原子和离子的最高能级中的有效核电荷Z随原子序数增加而增加，因而对外层电子的吸引力增加，使得离子半径逐渐减小。镧系元素原子和离子的有效核电荷见表1.3。

表 1.3　镧系元素有效核电荷

元素	La	Ce	Pr	Nd	Pm	Sm	Eu	Gd
Z_{Ln}^{*3+}	9.01	9.11	9.21	9.31	9.41	9.51	9.61	9.71
Z_{Ln}^{*}	2.37	2.39	2.41	2.43	2.45	2.45	2.44	2.51
元素	Tb	Dy	Ho	Er	Tm	Yb	Lu	
Z_{Ln}^{*3+}	9.81	9.91	10.01	10.11	10.21	10.30	10.41	
Z_{Ln}^{*}	2.55	2.55	2.57	2.59	2.61	2.58	2.65	

注：Z_{Ln}^{*3+}—三价镧系离子的有效核电荷；Z_{Ln}^{*}—镧系原子的有效核电荷。

镧系收缩使得 Y^{3+} 的半径介于 Ho^{3+} 和 Er^{3+} 之间，因此钇的化学性质与重稀土元素非常相近，共生于矿物，分离较为困难。而在稀土元素钪、钇和镧系元素中，由于电子层数的增加，钪、钇和镧系元素离子半径包括原子半径依次增加。六配位至十二配位的稀土元素三价离子半径值见表 1.4，六配位的离子半径变化趋势如图 1.3 所示。

表 1.4　稀土元素的三价离子半径值　　　　（nm）

三价离子	配　位　数					
	6	7	8	9	10	12
Sc^{3+}	0.068	—	0.870	—	—	—
Y^{3+}	0.088	0.096	0.102	0.108	—	—
La^{3+}	0.1061	0.111	0.116	0.122	0.127	0.136
Ce^{3+}	0.1034	0.107	0.114	0.120	0.125	0.134
Pr^{3+}	0.1013	—	0.113	0.118	—	—
Nd^{3+}	0.0995	—	0.111	0.116	—	0.127
Pm^{3+}	0.0979	—	—	—	—	—
Sm^{3+}	0.0964	0.102	0.108	0.113	—	0.124
Eu^{3+}	0.0950	0.101	0.107	0.112	—	—
Gd^{3+}	0.0938	0.100	0.105	0.110	—	—
Tb^{3+}	0.0923	0.980	0.104	0.110	—	—
Dy^{3+}	0.0908	0.0970	0.103	0.108	—	—
Ho^{3+}	0.0894	—	0.102	0.107	0.120	—
Er^{3+}	0.0881	0.0945	0.100	0.106	—	—
Tm^{3+}	0.0869	—	0.099	0.105	—	—
Yb^{3+}	0.0859	0.0925	0.099	0.104	—	—
Lu^{3+}	0.0848	—	0.098	0.103	—	—

镧系元素离子的半径随原子序数增加虽然依次减小，但是并不均匀。Ce^{3+} 和 La^{3+}、Tb^{3+} 和 Gd^{3+} 出现较大的差值，这可能跟 4f 亚层电子层分别由全空增加到 1 个电子、半充满

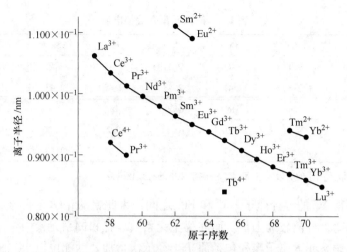

图 1.3　镧系离子的半径与原子序数的关系

到 9 个电子有关。不但三价镧系离子的半径随原子序数增加而减小，二价和四价离子的半径也有同样的规律，如 Sm^{2+}、Eu^{2+}、Tm^{2+}、Yb^{2+} 的离子半径分别为 0.111nm、0.109nm、0.094nm 和 0.093nm；四价 Ce^{4+}、Pr^{4+}、Tb^{4+} 的离子半径分别为 0.092nm、0.090nm 和 0.084nm。对于同一元素，离子价态升高，半径减小。

镧系元素收缩致使三价稀土离子半径从 0.1061nm（La^{3+}）缩小到 0.0848nm（Lu^{3+}），共缩小 0.0213nm，平均两个相邻元素之间缩小（0.0213/14＝）0.0015nm。在萃取、离子交换、化学分离等生产工艺中应用的稀土络合物，极大部分是与氧原子配位的络合物，稀土与氧的结合电价键是主要的，结合能力的强弱与核间距离的平方成反比。所以，稀土离子半径的大小这个几何因素是决定稀土离子络合能力强弱的主要因素之一，稀土离子随原子序数增加而收缩，它的络合能力则随原子序数的增加而增强。在生产上利用络合能力的差异来分离稀土元素，例如有一种称为 P204 的酸性磷酸酯萃取剂在一定的酸度下对各个三价稀土离子的萃取能力随着原子序数的增加而增强，因此，利用 P204 可进行钕/钐分组、钇/铽分组等。钇（Ⅲ）的离子半径为 0.088nm，和重稀土差不多，位于铒的附近，因此，钇在稀土分组时被归为重稀土内，在稀土各元素中，由于钇的含量也高，所以重稀土元素又称为钇组元素。离子半径的变化规律，还可用来解释化合物的其他某些性质。如镧系元素氢氧化物的碱性变化，随离子半径减小而减弱等。

由于稀土离子半径相差甚微，晶体中的稀土离子彼此可以相互取代而呈类质同晶现象共存，而钪的离子半径与稀土离子半径相差较大，故钪一般不在稀土矿中共生。

（二）稀土元素的原子半径

稀土元素的原子半径（金属晶体中核间距离的一半）较离子大很多，这是因为金属原子的电子层比离子电子层要多一层，其基本也呈现随原子序数增加而逐渐减小的状况。稀土金属原子的最外层是 $6s^2$，4f 居于第二内层，它对原子核的屏蔽接近 100%，因而镧系收缩就不明显（见表 1.5 和图 1.4）。但是铕和镱的原子半径比其他稀土元素都大，这是因为铕和镱原子中 4f 亚层电子处于半充满和全充满的稳定状态，在晶格中只能提供出最外 6s 亚层的两个电子形成金属键。显然，这比金属键为 3 的其他稀土元素的原子半径要大得多。铈的原子半径减小幅度很大，甚至比镨的半径还小，主要原因则是在晶格中部分提供出最外层的 4 个电子形成金属键，以保持 4f 亚层电子处于全空的稳定状态。

表 1.5 稀土元素的原子半径与相对原子质量

原子序数	元素	相对原子质量	原子半径/nm
57	La	138.905	0.1877
58	Ce	140.12	0.1825
59	Pr	140.907	0.1828
60	Nd	144.24	0.1821
61	Pm	(147)	(0.1810)
62	Sm	150.35	0.1802
63	Eu	151.96	0.2042
64	Gd	157.25	0.1802
65	Tb	158.925	0.1782
66	Dy	162.50	0.1773
67	Ho	164.930	0.1766
68	Er	167.26	0.1757
69	Tm	168.93	0.1746
70	Yb	173.04	0.1940
71	Lu	174.97	0.1734
39	Y	88.905	0.1801
21	Sc	44.956	1.1641

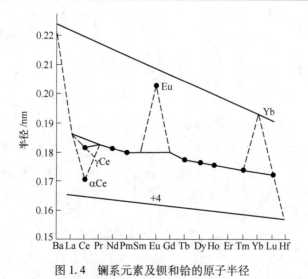

图 1.4 镧系元素及钡和铪的原子半径

（三）稀土元素的特点——共性与个性

稀土元素的电子层结构和核结构决定了稀土元素及其化合物的性质，而稀土的许多独特性质又决定了它们的应用，现将稀土的结构、性质、应用三者的关系见表 1.6，并在以下各节中说明表中内容。

8

表 1.6 稀土的结构、性质和应用三者的关系

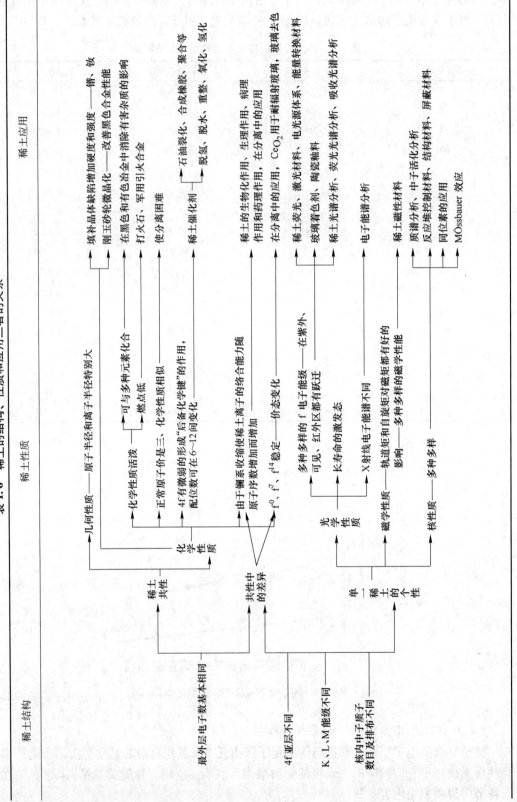

第二节　稀土元素的物理化学性质

在稀土冶金过程中，稀土元素的分组和分离提纯与稀土元素及其化合物的物理和化学性质有着密切关系。为更好的学习稀土冶金工艺课程，有必要先了解稀土元素及其化合物的物理化学性质。

一、稀土元素的物理性质

（一）稀土的一般性质

稀土元素为银白色或灰色金属，但镨、钕是略带浅黄色金属。大部分金属呈密集六方晶格或面心立方晶格，但钐是菱形结构，铕是体心立方结构。钪和钇的晶格密度分别是 $2.992g/cm^3$ 和 $4.478g/cm^3$，其他的在 $5 \sim 9.8g/cm^3$ 之间，而且随着原子半径的递减而增大。钪、钇、镧、铈、镨、钕、钐、钆、铽、镝、钬、镱等都有同素异晶变体，它们的晶体转变过程较缓慢，因而在金属中有时会出现两种不同的晶形结构。稀土元素的某些物理性质见表1.7。

表1.7　稀土元素的某些物理性质

原子序数	元素符号	相对原子质量	密度 /g·cm⁻³	熔点 /℃	沸点 /℃	蒸发热 ΔH /kJ·mol⁻¹	C_p^0 (0℃) /J·(mol·℃)⁻¹	电阻率 (25℃) /Ω·cm	热中子俘获面 (b)	晶体结构	晶格参数
21	Sc	44.956	2.992	1539	2730	338.0	25.5	$66×10^{-4}$	13	六方密集	$a=3.309, c=5.268$
39	Y	88.906	4.478	1510	2930	424.0	25.1	$53×10^{-4}$	1.38	六方密集	$a=3.650, c=5.741$
57	La	138.905	6.174	920	3470	431.2	27.8	$57×10^{-4}$	9.3±0.3	六方密集	$a=3.772, c=12.144$
58	Ce	140.12	6.771	795	3470	467.8	28.8	$75×10^{-4}$	0.73±0.08	面心立方	$a=5.1612$
59	Pr	140.907	6.782	935	3130	374.1	27.0	$68×10^{-4}$	11.6±0.6	六方密集	$a=3.672, c=11.833$
60	Nd	144.24	7.004	1024	3030	328.8	30.1	$64×10^{-4}$	46±2	六方密集	$a=3.659, c=11.799$
62	Sm	150.35	7.537	1072	1900	220.8	27.1	$92×10^{-4}$	6500	菱形	$a=8.996, \alpha=23°13'$
63	Eu	151.96	5.253	826	1440	175.8	25.1	$81×10^{-4}$	4500	体心立方	$a=4.580$
64	Gd	157.25	7.895	1312	3000	402.3	46.8	$134×10^{-4}$	44000	六方密集	$a=3.634, c=5.781$
65	Tb	158.924	8.234	1356	2800	395	27.3	$116×10^{-4}$	44	六方密集	$a=3.604, c=5.698$
66	Dy	162.50	8.536	1407	2600	298.2	28.1	$91×10^{-4}$	1100	六方密集	$a=3.593, c=5.655$
67	Ho	164.930	8.803	1461	2600	296.4	27.0	$94×10^{-4}$	64	六方密集	$a=3.578, c=5.626$
68	Er	167.26	9.051	1497	2900	343.2	27.8	$86×10^{-4}$	116	六方密集	$a=3.560, c=5.595$
69	Tm	168.934	9.332	1545	1730	248.7	27.0	$90×10^{-4}$	118	六方密集	$a=3.537, c=5.558$
70	Yb	173.04	6.977	824	1430	152.6	25.1	$28×10^{-4}$	36	面心立方	$a=5.483$
71	Lu	174.97	9.842	1652	3330	427.8	27.0	$68×10^{-4}$	108	六方密集	$a=3.505, c=5.553$

稀土金属都具有较高的熔点和沸点，除镱外，钇组稀土属的熔点都高于铈组稀土金属，而沸点则铈组稀土金属（除钐、铕外）又高于钇组稀土金属（镥例外）；除铈、铕、

镱外，熔点随原子序数的增加而增加，而沸点随原子序数的增加而减小，铈、铕、镱的熔点比本组其他元素低得多，钐、铕、镱的沸点比本组其他元素低得多，这是因为在金属中，铕和镱等原子参与金属键的电子数与其他镧系元素不同。

纯的稀土金属具有良好的塑性，易于加工成型，其中以金属镱、钐的可塑性为最佳。除镱以外的钇组稀土金属的弹性模数高于铈组稀土金属，其硬度为 20~30 布氏硬度单位，并从镧至镥稍有增加。

稀土金属的导电性能和热传导性能较低，如以汞的电导性为 1，则镧为 1.6，铈为 1.2，而铜则为 56.9。稀土金属的电导性一般随温度的升高而降低，但 α-La 在 4.9K 和 β-La 在 5.85K 时可表现出超导性能，其他稀土金属即使在接近绝对零度时也无超导性。一些稀土的铟和铂合金也发现有超导性质。

稀土的核性质也是多样的，之中有热中子俘获面很小的钇（1.27 靶），它比钛还小，是原子能反应堆很有发展前途的结构材料；也有热中子俘获面很大的钆（44000 靶）、钐（5600 靶）、铕（4300 靶），常用于反应堆作热中子控制材料的镉和硼分别为 2500 靶和 715 靶，因此它们可用作反应堆的控制棒或停堆棒，还可作屏蔽材料。

（二）稀土元素的磁性

常温下，稀土金属及其化合物（镧、镥是反磁性物质除外）都是顺磁性的，且具有很高的磁化率。镧系元素的磁性主要与 4f 亚层的填充电子有关，由于 4f 电子处在内层，且金属态的 $5d^1 6s^2$ 为传导电子，因此大多数的镧系元素（除钐、铕、镱外）的有效磁矩与其 +3 价的离子磁矩几乎相同；钐、铕、镱由于只能提供两个传导电子，它们的磁矩与相应的 +2 价离子的磁矩一致，原子磁矩与原子序数的关系如图 1.5 所示，在镧系中，钆、镝和钬等具有铁磁性。

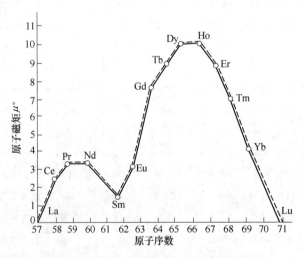

图 1.5　三价镧系元素离子的磁矩（室温）

（三）稀土离子的光学性质

稀土离子大都具有未充满的 4f 亚层，加上 4f、5d、6f 亚层有相近的能量，稀土离子的光学性质主要就是基于 4f 电子在 f-f 和 f-d 组态间的跃迁及电荷迁移跃迁。据报道，在三价稀土离子的 $4f^n$ 组态中（见表 1.8），共有 1639 个能级，能级对之间的可能跃迁数目高达 199711 个。

表 1.8　三价稀土离子的光谱项、能级和态的数目

稀土离子	f^n	光谱项（^{2s+1}L）	能级（$^{2s+1}L_j$）	态（Γ）
La^{3+}，Lu^{3+}	f^0，f^{14}	1	1	1
Ce^{3+}，Yb^{3+}	f^1，f^{13}	1	2	14
Pr^{3+}，Tm^{3+}	f^2，f^{12}	7	13	91
Nd^{3+}，Er^{3+}	f^3，f^{11}	17	41	364
Pm^{3+}，Ho^{3+}	f^4，f^{10}	47	107	1001
Sm^{3+}，Dy^{3+}	f^5，f^9	73	198	2002
Eu^{3+}，Tb^{3+}	f^6，f^8	119	295	3003
Gd^{3+}	f^7	119	327	3432

　　根据稀土离子产生吸收光谱的原因，全空、半充满和全充满 4f 电子层的+3 价稀土离子或靠近这些+3 价离子的离子都具有较稳定的电子结构，需要较高能量才能激发电子，这些离子表现出无色或光谱吸收带处于紫外光区，如 La^{3+}、Ce^{3+}、Gd^{3+}、Yb^{3+} 和 Lu^{3+}；其他离子的电子则已被激发而呈现出颜色，如 Pr^{3+}、Nd^{3+}、Pm^{3+}、Sm^{3+}、Dy^{3+} 等；且从全空到半充满和从全充满到半充满 4f 电子亚层，颜色变化呈现周期性。三价稀土离子的颜色及吸收光谱见表 1.9。

表 1.9　三价稀土离子的颜色和吸收光谱带

离子	未成对电子数	颜色	主要吸收带/nm
La^{3+}	0($4f^0$)	无	—
Ce^{3+}	1($4f^1$)	无	210.5，222，238，252
Pr^{3+}	2($4f^2$)	黄绿	444.5，469，482.5，588.5
Nd^{3+}	3($4f^3$)	红	345，521.8，574.5，739.5，742，797.5，803，868
Pm^{3+}	4($4f^4$)	浅红	548.5，568，702.5，735.5
Sm^{3+}	5($4f^5$)	淡黄	362.5，374.5，402
Eu^{3+}	6($4f^6$)	浅红	375.5，394.1
Gd^{3+}	7($4f^7$)	无	272.9，273.3，275.4，275.6
Tb^{3+}	6($4f^6$)	浅红	284.4，350.3，367.7，487.2
Dy^{3+}	5($4f^5$)	淡黄	350.4，365，910
Ho^{3+}	4($4f^4$)	淡黄	287.3，361.1，416.1，450.8，537，641
Er^{3+}	3($4f^3$)	红	364.2，379.2，487，522.8，652.5
Tm^{3+}	2($4f^2$)	淡绿	360，682.5，780
Yb^{3+}	1($4f^1$)	无	975
Lu^{3+}	0($4f^0$)	无	—

稀土离子还具有优异的荧光和激光性能。Sc、Y、La、Lu 四种元素由于没有 f-f 跃迁，所以没有荧光；Sm^{3+}、Eu^{3+}、Eu^{2+}、Tb^{3+}、Dy^{3+} 和 Ce^{3+} 能产生强荧光；Pr^{3+}、Nd^{3+}、Ho^{3+}、Er^{3+}、Tm^{3+} 和 Yb^{3+} 产生弱荧光；Gd^{3+} 的最低激发态较高，不易产生荧光。稀土离子激活的稀土三基色、YAG：Ce^{3+} 等荧光材料已经在节能灯、固态照明、液晶电视背光源等绿色照明与显示中发挥着越来越重要的作用。

大多数稀土离子还可作为激光激活介质，在稀土离子的 4f 亚层中，具有较长激发态寿命的能级——亚稳态（平均寿命在 $10^{-2} \sim 10^{-6}$ s，比一般激发态寿命的 $10^{-8} \sim 10^{-9}$ s 长），是实现粒子反常分布的条件（激光产生必要条件）。目前，3 个二价稀土离子（Sm^{2+}、Dy^{2+}、Tm^{2+}）和 9 个三价稀土离子（Pr^{3+}、Nd^{3+}、Eu^{3+}、Tb^{3+}、Dy^{3+}、Ho^{3+}、Er^{3+}、Tm^{3+} 和 Yb^{3+}）能作为激光材料，激光光谱可覆盖 $500 \sim 3000$ nm 范围，钕在稀土元素中在激光工作物质中应用最广泛。

二、稀土元素的化学性质

由于稀土原子最外层都是 s^2 结构，决定了所有稀土金属都是活泼金属，其活泼性仅次于碱金属和碱土金属，比其他金属都活泼，为防止氧化常保存于煤油当中。在 17 个稀土元素当中，按稀土的活泼性秩序排序，从钪、钇到镧活泼性递增，从镧到镥活泼性递减。因此，镧是所有稀土金属中最活泼的金属，轻稀土金属的化学活泼性很强，几乎能与所有元素作用生成相应的化合物，甚至在较低温度下也能与氢、碳、氮、磷及其他一些元素发生反应，轻稀土金属的燃点很低，且在燃烧时放出大量的热，如铈为 160℃，镨为 190℃，钕为 270℃。重稀土在室温下很稳定，长时间暴露在空气中仍保持金属光泽；稀土金属能分解水放出氢气（冷时慢、加热时快），能溶解于盐酸、硫酸和硝酸中，由于稀土金属能形成难溶的稀土氟化物与磷酸盐的保护膜，因而难溶于氢氟酸和磷酸中。稀土金属不与碱作用。

（一）与氢作用

氢在室温下能被稀土金属吸收，温度升高吸氢速度加快，当加热至 $250 \sim 300$℃ 时，可迅速作用，生成组成为 $REH_x (x = 2 \sim 3)$ 型的氢化物。氢化物在潮湿空气中不稳定，易溶于酸和碱中，在真空中，加热到 1000℃ 以上，氢可完全被释放出来，工艺上利用这一性质制备很纯的稀土金属粉末。

（二）与氧作用

稀土金属在室温下，能与空气中的氧作用。首先在其表面上氧化，继续氧化的程度，依据所生成的氧化物的结构性质不同而异。如镧、铈和镨在空气中氧化速度较快，而钕、钐和钆的氧化程度就不大，甚至较长时间都能保持金属光泽。所有稀土金属在空气中，加热至 $180 \sim 200$℃ 时，迅速氧化且放出热量。铈生成 CeO_2，镨生成 $Pr_6O_{11}(4PrO_2 \cdot Pr_2O_3)$，铽则生成 $Tb_4O_7(2TbO_2 \cdot Tb_2O_3)$，其他稀土金属则生成 RE_2O_3 型氧化物。

稀土金属氧化物的生成热较高，如 Y_2O_3、La_2O_3 的生成热分别为 -1905.8 kJ/mol 和 -1793.3 kJ/mol，说明稀土金属具有很强的正电性和与氧结合的能力。

铈的氧化性质与其他稀土金属差别较大，铈氧化首先生成立方结构的 Ce_2O_3，由于 CeO_2 比金属铈和 Ce_2O_3 的摩尔体积都小，它很容易继续氧化生成疏松且具有裂纹的 CeO_2，这是铈具有自燃性的原因，也是金属铈不同于其他稀土金属而易氧化的原因。

（三）与卤素作用

在高于200℃的温度下，稀土金属均能与卤素发生剧烈反应，主要生成三价无水卤化物 REX_3（$X = F$，Cl，Br，I），此外，铈、钐、铕还可生成 REX_4、REX_2，但都属不稳定的中间化合物。稀土与卤素作用，作用强度由氟向碘递减。除氟化物外，稀土卤化物均有很强的吸湿性，且易水解生成 $REOX$ 型卤氧化物，其强度由氯向碘递增。

另外，卤化物和金属反应也能得到无水卤化物。

（四）与碳、氮、硼作用

高温时，与碳形成 REC_2 等碳化物，反应时放出大量的热，在潮湿空气中易水解，分解成乙炔和碳氢化合物（约70% C_2H_2 和20% CH_4）。稀土碳化物能固溶在稀土金属中。

与氮、磷生成组成为 REN 型和 REP 型化合物，氮化物是难溶和耐热的；与硼生成 REB_n（$n = 2$，3，4，6，12）的硼化物。

（五）与硫族作用

稀土金属与硫族元素蒸气作用，生成 RE_2S_3、RES_2 和 RES 型的硫化物，稀土硫化物很稳定，并且具有很高的熔点和强的耐蚀性。如某些稀土硫化物的熔点为：La_2S_3 2100～2150℃，Ce_2S_3 2000～2200℃，CeS 2450℃，Ce_3S_4 2500℃，Nd_2S_3 2200℃，Sm_2S_3 1900℃，Y_2S_3 1900～1950℃。

与硒生成 RE_2Se_4、RE_2Se_3、$RESe_2$ 和 $RESe$ 型的硒化物；与碲生成 RE_2Te_3、$RETe_2$ 和 $RETe$ 型的碲化物。

（六）与金属元素作用

稀土金属几乎能同所有的金属元素作用，生成组成不同的金属间化合物。如：与镁生成 $REMg$、$REMg_2$、$REMg_4$ 等化合物（稀土金属微溶于镁），能改善合金的力学性能。

与铝生成 RE_3Al、RE_3Al_2、$REAl$、$REAl_2$、$REAl_3$、RE_3Al_4 等化合物。

与钴生成 $RECo_2$、$RECo_3$、$RECo_4$、$RECo_5$、$RECo_7$ 等强磁性化合物，其中 Sm_2Co_7、$SmCo_5$ 为永磁配料，$SmCo_5$ 的磁性最强。

与镍生成 $LaNi$、$LaNi_5$、La_3Ni_5 等化合物，其中 $LaNi_5$ 是优良的储氢材料。

与铜生成 YCu、YCu_2、YCu_3、YCu_4、$NdCu_5$、$CeCu$、$CeCu_2$、$CeCu_4$、$CeCu_6$ 等化合物。

与铁生成 $CeFe_3$、$CeFe_2$、Ce_2Fe_3、YFe_2 等化合物，但镧与铁只生成低共熔体，因而镧铁合金的延展性很好。

由于稀土元素的原子体积比较大，因此与其他金属元素不能形成固熔体。

稀土金属与碱金属及钙、钡等均不生成互溶体系；稀土在锆、铪、钽、铌中溶解度很小，一般只形成低共熔体；与钨、钼不能生成化合物。

（七）与水、酸作用

稀土金属能分解水（冷时慢，加热则快）放出氢气：

$$RE + 3H_2O \longrightarrow RE(OH)_3 + 3/2H_2$$

易溶于稀盐酸、硫酸和硝酸中生成相应的盐，稀土金属由于能形成难溶的氟化物和磷酸盐的保护膜，因而难溶于氢氟酸和磷酸中。稀土金属不与碱作用。

第三节　稀土元素的主要化合物及其重要性质

一、稀土氧化物

　　氧化物是稀土冶金工艺中最重要的化合物，是工业生产中的主要产品之一。它不仅是制备稀土金属的原料，而且直接用于玻璃、陶瓷、电子、原子能等各种工业产品中。

　　灼烧稀土的氢氧化物、草酸盐、碳酸盐、硫酸盐、硝酸盐等可制得相应的稀土氧化物，稀土金属在空气中高于 $180\sim200℃$ 下迅速氧化生成稀土氧化物。在上述所制备的氧化物中，铈、镨、铽分别以 CeO_2、Pr_6O_{11}、Tb_4O_7 存在，其他稀土则生成 RE_2O_3 氧化物，将 Ce、Pr 和 Tb 的高价氧化物还原也可以得到三价稀土氧化物。

　　稀土氧化物呈碱性，按钪、钇、镧递增，由镧至镥递减。稀土氧化物难溶于水，但能与水化合转变成氢氧化物；可以从空气中吸收 CO_2 和水，尤以镧的自吸能力最强，随原子序数增加而减弱。

　　稀土氧化物的颜色基本上与离子颜色一致，在生产上可通过氧化物的颜色来估计稀土的纯度。

　　稀土氧化物的物理性质及其热力学函数和颜色见表 1.10 中。

　　从表 1.10 可知，稀土氧化物的密度从镧到镥有规律性增加，分析上可根据这个特点，应用平均相对原子质量的方法，粗略估计稀土分离的情况。

　　从稀土氧化物生成热力学数据可以看出，其化学性质是很稳定的，因此稀土氧化物常用作稀土重量分析中的称重形式；稀土氧化物的热稳定性和氧化钙、氧化镁相当，高于氧化铝的生成热数据，因此，稀土金属为比铝金属活泼性更强的金属还原剂；由于稀土氧化物高的生成热和金属低的燃点（La：$450℃$、Ce：$165℃$），因此，这些金属合金被用作打火石（其组成是：La 40%、Ce 50%、其他稀土 3%、Fe 7%）。

　　轻稀土氧化物多呈六方晶格，重稀土多呈立方晶格，而部分稀土呈单斜晶格，氧化物的晶格结构与燃烧温度有关。而不同的结构形式的氧化物具有不同的化学活性。如果需要化学活性的稀土氧化物，则热分解最好是在高温下进行，高温灼烧的氧化物（特别是 CeO_2）一般难溶于酸，灼烧时间越长也越不易溶于酸，但它能溶于硫酸（La_2O_3 例外）。

　　在通常情况下生成的混合价态氧化物 Pr_6O_{11} 和 Tb_4O_7，可认为是三价和四价氧化物的均相体系：$Pr_6O_{11}(Pr_2O_3 \cdot 4PrO_2)$，$Tb_4O_7(Tb_2O_3 \cdot 2TbO_2)$。稀土氧化物和许多普通元素形成混合氧化物，这类氧化物具有压电效应和重要的磁性与荧光性能，在电子工业上具有重要意义。因此，一系列的 La_2O_3-M_2O_3，La_2O_3-MO_2 等体系被详细研究，结果表明，它们之间能形成一系列不同组成的化合物，稀土混合物结晶类型见表 1.11。

　　各种混合氧化物组成主要取决于稀土离子、普通元素离子和氧离子半径比例，以及普通元素离子所带的电荷。例如：半径较接近的三价离子形成 ABO_3 型，电荷较多的离子形成 ABO_4 型。这类混合氧化物混合相应的两种氧化物或共沉淀得到混合物，经高温烧结制得，也可制成单晶。进一步研究这类化合物结构性能关系，有利于促进各种激光材料、荧光材料、电子工业材料的生产和应用。

表 1.10　稀土氧化物的性质及热力学函数和颜色

氧化物	密度 /g·cm^{-3}	熔点 /℃	标准焓 $-\Delta H^{\ominus}$/kJ·mol^{-1}	吉布斯自由能 $-\Delta G^{\ominus}$/kJ·mol^{-1}	熵度 $-\Delta S^{\ominus}$/J·mol^{-1}	颜色
Sc_2O_3	3.684	2330	1920.07	—	—	白
Y_2O_2	5.01	2410	1896.40	—	—	白
La_2O_3	6.51	2217	1818.01	1730.5	292.76	白
Ce_2O_3	6.86	2142	1801.16	1709.6	307.23	灰绿
CeO_2	7.132	2397	2592.44	1002.36	218.36	黄白
Pr_2O_3	7.07	2127	1834.18	1858.3	295.53	浅绿
PrO_2	6.82	—	965.58	—	—	棕
Pr_6O_{11}	6.83	2042	—	—	—	黑
Nd_2O_3	7.24	2211	1806.39	1718.4	295.52	蓝紫
Pm_2O_3	7.30					
Sm_2O_3	7.68	2262	1813.66	1725.7	295.10	黄白
Eu_2O_3	7.42	2002	1646.50	1544.9	317.68	紫红
EuO	8.21	—	606.10		86.53	暗红
Eu_3O_4	8.11	—	399.59		203.15	棕红
Gd_2O_3	7.407	2322	1813.86	1727.9	288.42	白
Tb_2O_3	8.33	2292	1825.82	1736.4	299.29	白
Tb_4O_7	—	2337	—	—	—	棕
Dy_2O_3	7.81	2352	1863.61	1772.3	30.68	白
Ho_2O_3	8.36	2367	1879.12	1789.3	299.71	锡黄
Er_2O_3	8.64	2387	1896.00	1760.0	300.54	淡红
Tm_2O_3	8.71	2392	1886.85	1798.2	298.45	绿白
Yb_2O_3	9.17	2372	1812.78	1723.5	288.42	白
Lu_2O_3	9.42	2467	1876.40	1787.8	297.62	白

表 1.11　稀土混合物结晶类型

ABO_3型	$A_3B_5O_{12}$型	$A_2B_2O_7$型	ABO_4型
$REAlO_3$	$RE_3Al_5O_{12}$	$RE_2Sn_2O_7$	$REGeO_4$
$RECrO_3$	$RE_3Ga_5O_{12}$	$RE_2Zr_2O_7$	$RETaO_4$
$RECoO_3$	$RE_3Fe_5O_{12}$		$RENbO_4$
$REGaO_3$			锆英石型
$REFeO_3$			$REPO_4$
$REMnO_3$			$REVO_4$

二、稀土氢氧化物

将碱（氨水或碱金属氢氧化物）加入稀土盐类溶液中，就可得到稀土氢氧化物的胶状无定形体积较大的沉淀。由于稀土离子半径较大，最外层电子结构是惰性结构，所以氢氧化稀土呈碱性；由于镧系收缩，三价镧系离子的离子势 Z/r 随原子序数的增大而增加，所以开始沉淀的 pH 值随原子序数的增大而降低，其碱性从 La→Lu 逐渐减弱；轻稀土氢氧化物比碱土金属氢氧化物的碱性稍弱，比 NH_4OH 和 $Al(OH)_3$ 等的碱性要强得多；重稀土氢氧化物的碱性较弱，$Y(OH)_3$ 的碱性介于 $Dy(OH)_3$ 和 $Ho(OH)_3$ 之间；$Sc(OH)_3$ 的碱性最弱，表现为两性，能溶于强碱。

稀土氢氧化物的溶解度、溶度积和开始沉淀的 pH 值都是由镧到镥递减（见表 1.12）。由于在稀土氢氧化物的沉淀过程中首先生成碱式盐，因此，它们沉淀的 pH 值和溶液中离子种类有关。

表 1.12　稀土盐类溶液开始沉淀的 pH 值及溶度积

元素	沉淀 pH 值			$RE(OH)_3$在25℃时溶度积	水中溶解度/mol·L^{-1}	RE^{3+}半径/nm	$RE(OH)_3$颜色
	硝酸盐	氯化物	硫酸盐				
Sc	4.9	4.9	—	$1.6×10^{-23}$		0.68	白
Y	6.95	6.78	—	—	$1.2×10^{-6}$	0.88	白
La	7.82	8.03	7.41	$1.0×10^{-19}$	$7.8×10^{-6}$	1.061	白
Ce(Ⅲ)	7.60	7.41	7.35	$1.5×10^{-20}$	$4.8×10^{-6}$	1.031	白
Ce(Ⅳ)	0.7~1.0	—	—	—	—	—	黄
Pr	7.35	7.05	7.17	$2.7×10^{-20}$	$5.4×10^{-6}$	1.031	浅绿
Nd	7.31	7.02	6.95	$1.9×10^{-20}$	$(2~7)×10^{-6}$	0.995	紫红
Sm	6.92	6.83	6.70	$6.8×10^{-21}$	$2.0×10^{-6}$	0.964	黄白
Eu	6.82		6.68	$3.4×10^{-22}$	$1.4×10^{-6}$	0.950	白
Gd	6.83		6.75	$2.1×10^{-22}$	$1.4×10^{-6}$	0.938	白
Tb	—		—	—	—	0.923	白
Dy						0.908	黄
Ho						0.894	黄
Er	6.75		6.50	$1.3×10^{-23}$	$0.8×10^{-6}$	0.881	浅红
Tm	6.40		6.21	$3.3×10^{-24}$	$0.6×10^{-6}$	0.869	绿
Yb	6.30		6.18	$2.9×10^{-24}$	$0.5×10^{-6}$	0.858	白
Lu	6.30		6.18	$2.5×10^{-24}$	$0.5×10^{-6}$	0.848	白

稀土氢氧化物开始沉淀的 pH 值与溶液中稀土的浓度有关，当溶液中浓度增加时，开始沉淀的 pH 值有所降低，稀土浓度对氢氧化物沉淀 pH 值的影响如图 1.6 所示。

氢氧化稀土形成胶体的倾向比 $Fe(OH)_3$ 和 $Al(OH)_3$ 小。但最好在加热的条件下进行，以获得较大颗粒的稀土氢氧化物沉淀。稀土氢氧化物在 110℃ 干燥时，得到无水 $RE(OH)_3$，其晶形属于六方晶系，在 190~220℃ 开始脱水生成氧基氢氧化物 REO(OH)，在 300~400℃ 则转变成氧化物，最终脱水温度在 600~800℃。

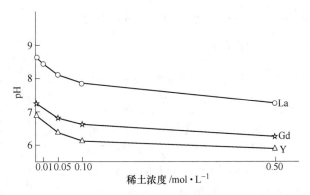

图 1.6　稀土浓度对氢氧化物沉淀 pH 值的影响

稀土氢氧化物易吸收空气中的 CO_2 而生成碳酸盐，以 $La(OH)_3$ 的吸收能力最强，因此沉淀中总是含有碱式盐，OH^- 与 RE^{3+} 的摩尔比常为 2.50~2.75。三价氢氧化铈具有还原性，在中性或酸性介质中容易被氧化成 $Ce(OH)_4$，$Ce(OH)_4$ 在硝酸中的溶解度比 $RE(OH)_3$ 小，工业上常利用该特性进行铈与其他稀土元素的分离；$Ce(OH)_4$ 溶于浓盐酸可被还原为 $CeCl_3$，并生成氯气，其反应过程是分步进行的：

$$Ce(OH)_4 + 4HCl = CeCl_4 + 4H_2O$$
$$2CeCl_4 = 2CeCl_3 + Cl_2 \uparrow$$

二价 Sm、Eu、Yb 的氢氧化物，由于 Sm^{2+}、Eu^{2+}、Yb^{2+} 离子电荷较少，半径较大，它们的碱性和溶解度都比 $RE(OH)_3$ 大。工业上对 Sm、Eu、Gd 富集物中 Eu 与 Sm、Yb 的化学分离常常利用这一差异。

三、稀土含氧酸盐

含氧酸盐主要有稀土硫酸盐及其复盐、稀土硝酸盐及其复盐、稀土草酸盐、稀土碳酸盐、稀土磷酸盐等，它们是稀土冶金过程中重要的中间产品，或是稀土冶金的重要原料化合物，物理化学性质是稀土冶金过程的重要依托。

（一）硫酸盐及其复盐

用浓硫酸在加热的情况下分解稀土矿物可得到稀土硫酸盐溶液。将稀土氧化物、碳酸盐或氢氧化物与硫酸反应结晶后可制得水合硫酸盐，水合稀土硫酸盐高温脱水、或相应酸式盐的热分解、或用稀土氧化物与略过量的浓硫酸反应可制得无水稀土硫酸盐。

无水稀土硫酸盐容易吸水，溶于水时放热；硫酸盐的溶解度随温度升高而下降，因此易于重结晶；在常温下，稀土硫酸盐的溶解度由铈至铕依次降低，由钆至镥依次升高。

由于稀土硫酸盐在水中的溶解是放热的，所以其溶解度随温度升高而显著降低，某些镧系元素硫酸盐溶解度与温度的关系如图 1.7 所示。硫酸盐含有不同的结晶水：$RE_2(SO_4) \cdot nH_2O$，$n=3$、5、6、8，以 8 个结晶水最为常见，其中 Sc、La、Ce 分别以 $Sc_2(SO_4) \cdot 6H_2O$，$La_2(SO_4)_3 \cdot 9H_2O$，$Ce_2(SO_4)_3 \cdot 5H_2O$ 存在。部分水合硫酸盐的物理常数见表 1.13。

稀土硫酸盐的各种水合物在 400℃ 时完全脱水，500℃ 左右开始分解放出 SO_3，加热到 1050~1250℃ 时，则完全分解为氧化物。其分解过程为：

$$RE_2(SO_4)_3 \cdot nH_2O \xrightarrow{155 \sim 260℃} RE_2(SO_4)_3 + nH_2O$$

$$RE_2(SO_4)_3 \xrightarrow{855 \sim 946℃} RE_2O_2SO_4 + 2SO_2 + O_2$$

$$RE_2O_2SO_4 \xrightarrow{1090 \sim 1250℃} RE_2O_3 + SO_2 + \frac{1}{2}O_2$$

不同稀土硫酸盐分解速率不同,其顺序是:Sc>Sm>Nd>Pr>Er>Yb>La,所以控制分解的温度与时间,可使易分解的盐转化为难溶于水的氧化物或碱式盐,较稳定的盐仍保持硫酸盐的状态。所以热分解后,用水溶解可使之分离,这就是分步热分解法分离的依据。

稀土硫酸复盐是由稀土硫酸盐与碱金属硫酸盐复合而成。这种复盐的晶格是由 RE^{3+}、M^+ 与 SO_4^{2-} 有规律的排列而成,并非两种单盐结晶随意混合物,但在水溶液中,它不形成络离子,而离解成简单的 RE^{3+}、M^+ 与 SO_4^{2-},实际上与两种单盐的混合溶液没有区别。

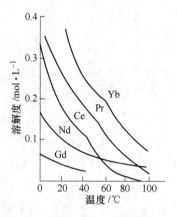

图 1.7 某些镧系元素硫酸盐溶解度与温度的关系

表 1.13 水合硫酸盐的物理常数

硫酸盐	结晶数据					密度 /g·cm⁻³
	晶系	$a \times 10^2$ pm	$b \times 10^2$ pm	$c \times 10^2$ pm	晶体角度	
$La_2(SO_4)_3 \cdot 9H_2O$	六方	10.98	—	8.13	—	2.821
$Ce_2(SO_4)_3 \cdot 9H_2O$	六方	10.997	—	8.018	—	2.831
$Ce_2(SO_4)_3 \cdot 8H_2O$	斜方	9.926	9.513	17.329	—	2.87
$Pr_2(SO_4)_3 \cdot 8H_2O$	单斜	13.690	6.83	18.453	102°52′	2.82
$Nd_2(SO_4)_3 \cdot 8H_2O$	单斜	13.656	6.80	18.426	102°38′	2.856
$Pm_2(SO_4)_3 \cdot 8H_2O$	单斜	13.620	6.79	18.390	102°29′	2.90
$Sm_2(SO_4)_3 \cdot 8H_2O$	单斜	13.590	6.77	18.351	102°20′	2.930
$Eu_2(SO_4)_3 \cdot 8H_2O$	单斜	13.566	6.781	18.334	102°14′	2.98
$Gd_2(SO_4)_3 \cdot 8H_2O$	单斜	13.544	6.774	18.299	102°11′	3.031
$Tb_2(SO_4)_3 \cdot 8H_2O$	单斜	13.502	6.751	18.279	102°09′	3.06
$Dy_2(SO_4)_3 \cdot 8H_2O$	单斜	13.491	6.72	18.231	102°04′	3.11
$Ho_2(SO_4)_3 \cdot 8H_2O$	单斜	13.646	6.70	18.197	102°00′	3.119
$Er_2(SO_4)_3 \cdot 8H_2O$	单斜	13.443	6.68	18.164	101°58′	3.19
$Tm_2(SO_4)_3 \cdot 8H_2O$	单斜	13.428	6.67	18.124	101°57′	3.22
$Yb_2(SO_4)_3 \cdot 8H_2O$	单斜	13.412	6.65	18.103	101°56′	3.286
$Lu_2(SO_4)_3 \cdot 8H_2O$	单斜	13.400	6.64	18.088	101°54′	3.30
$Y_2(SO_4)_3 \cdot 8H_2O$	单斜	13.471	6.70	18.200	101°59′	2.558

在稀土硫酸盐溶液中加入碱金属或铵的硫酸盐,当碱金属硫酸盐浓度达到5%以上时,则溶液会析出硫酸复盐沉淀,其组成是 $xRE_2(SO_4)_3 \cdot yMe_2SO_4 \cdot zH_2O$ 型的复盐(Me=K^+、NH_4^+),根据溶液浓度、沉淀剂过量数和温度的不同,其 y/x 比值为1~6。当沉淀剂过量不大时,沉淀复盐的组成多半是 $RE_2(SO_4)_3 \cdot Me_2SO_4 \cdot nH_2O$($n=2$ 或 4)。

稀土硫酸复盐的溶解度由镧到镥随原子序数的增大而增大，因此常根据这一性质将稀土元素分为三组：

难溶性的铈组：Sc、La、Ce、Pr、Nd、Sm。

微溶性的铽组：Eu、Gd、Tb、Dy。

可溶性的钇组：Ho、Er、Tm、Yb、Lu、Y。

铈组混合硫酸复盐在20℃时的溶解度与 Na_2SO_4 浓度的关系如图1.8所示。由图可知，在 Na_2SO_4 浓度大于40~50g/L 时，溶液中的铈组元素混合物的含量小于 0.3g/L（以 RE_2O_3 计）。

稀土硫酸复盐的溶解度，在36℃以下，随温度的升高而升高；36℃以上，则随温度的升高而降低。而且与不同的碱金属所生成的稀土硫酸复盐其溶解度的大小也不同，一般是：

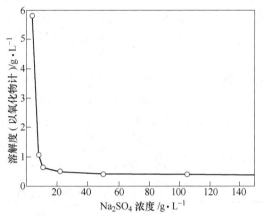

图1.8　铈组元素硫酸复盐溶解度与 Na_2SO_4 浓度的关系

$$(NH_4)_2SO_4 \text{ 复盐} > Na_2SO_4 \text{ 复盐} > K_2SO_4 \text{ 复盐}$$

硫酸复盐这种溶解度差异曾用于在工艺上进行稀土元素的粗分离（分组分离）。稀土硫酸复盐与碱作用，可转化为稀土氢氧化物，稀土处理过程中常利用这一性质进行转型。

四价铈硫酸盐 $Ce(SO_4)_2$ 易溶于水，由于 Ce^{4+} 的电场较强，与氧原子键合较稳定，所以 $Ce(SO_4)_2$ 溶液在酸度不高时，可水解形成碱基络阴离子，如 $Ce(OH)_3SO_4^-$ 或者 $[Ce(OH)_4(SO_4)_2]^{4-}$ 等，或析出淡黄色碱式硫酸盐沉淀。在稀土的硫酸盐溶液中，由于含有氧，所以 $Ce(SO_4)_2$ 可以部分自身还原成 Ce^{3+}。但是在过量硫酸盐溶液中 $Ce(SO_4)_2$ 比较稳定。这是由于 Ce^{4+} 和 SO_4^{2-} 的络合作用，其反应为：

$$Ce^{4+} + HSO_4^- \Longrightarrow CeSO_4^{2+} + H^+ \qquad K_1 = 3500$$

$$CeSO_4^{2-} + HSO_4^- \Longrightarrow Ce(SO_4)_2 + H^+ \qquad K_2 = 200$$

$$Ce(SO_4)_2 + HSO_4^- \Longrightarrow Ce(SO_4)_3^{2-} + H^+ \qquad K_3 = 20$$

$Ce(SO_4)_2$ 在过量硫酸盐溶液中比较稳定的性质，在 Ce^{4+} 与 RE^{3+} 的萃取分离工艺上很有意义，因为 Ce^{4+} 电荷较高，它与各种有机络合物的络合能力大于 RE^{3+}，利用这一性质可将 Ce^{4+} 与 RE^{3+} 进行萃取分离。Ce^{4+} 在酸性介质中较不稳定，易被还原成 Ce^{3+}，而在过量硫酸中（一般是2~3N 硫酸溶液），保持 Ce^{4+} 的稳定状态，即可使铈与其他稀土的萃取分离比较完全。

二价稀土的盐类晶体相当稳定。但在水溶液中，Sm^{2+} 和 Yb^{2+} 则极不稳定。易被水中的 H^+ 氧化而放出 H_2，它们的晶体也只能从非水溶液中得到。Eu^{2+} 的氧化比较缓慢，它的盐类（如氯化物、硫酸盐、草酸盐、氟化物等）都可以存在于水溶液中。Sm^{2+}、Yb^{2+}、Eu^{2+} 由于离子电荷、离子半径与碱土金属相似，所以它们的硫酸盐（包括碳酸盐、草酸盐）的晶体与碱土金属相似，Sm^{2+}、Yb^{2+}、Eu^{2+} 硫酸盐与碱土金属可以产生同晶共沉淀，这是工业上以 $BaSO_4$ 作为 $EuSO_4$ 沉淀载体的依据。

（二）硝酸盐及其复盐

将稀土氧化物、氢氧化物、碳酸盐溶于硝酸，浓缩可析出硝酸稀土，一般含有不同的结晶水，$RE(NO_3)_3 \cdot nH_2O$（$n = 4$、5、6），以6个结晶水为常见，离子半径小的铒、铥、镱、镥只有5个或4个结晶水。它们易溶于水，溶解度很大（25℃时>2mol/L），且随温度升高而增大，硝酸盐在水中的溶解度见表1.14，空气中易吸湿；稀土硝酸盐易溶于无水胺、乙醇、丙酮、乙醚及乙腈等极性溶剂中。通过干燥剂或在100℃以下烘干脱水可得到无水硝酸盐，但在灼烧时，首先分解成碱式盐，而后转变成氧化物。各种稀土硝酸盐的热稳定性不同，分解速率顺序是：

$$Ce^{4+} > Sc^{3+} > Lu^{3+} > Yb^{3+} > Tm^{3+} > Er^{3+} > Ho^{3+} > Dy^{3+} >$$
$$Tb^{3+} > Y^{3+} > Sm^{3+} > Gd^{3+} > Nd > Pr^{3+} > La^{3+}$$

随原子序数增加而逐渐加快，利用这一差异可进行分步热分解，使之分离。

表 1.14　硝酸盐在水中的溶解度

La(NO₃)₃-H₂O 体系		Pr(NO₃)₃-H₂O 体系		Sm(NO₃)₃-H₂O 体系	
温度/℃	溶解度 无水盐，质量/%	温度/℃	溶解度 无水盐，质量/%	温度/℃	溶解度 无水盐，质量/%
5.3	55.3	8.3	58.8	13.6	56.4
15.8	57.9	21.3	61.0	30.3	60.2
27.7	61.0	31.9	63.2	41.1	63.4
36.3	62.6	42.5	65.9	63.8	71.4
48.6	65.3	51.3	69.9	71.2	75.0
55.4	67.6	54.7	72.2	82.8	76.8
69.9	73.4	76.4	76.1	86.9	83.4
79.9	76.6	92.8	84.0	135.0	86.3
98.4	78.8	127.0	85.0		

铈组稀土硝酸盐能与铵和镁的硝酸盐形成硝酸复盐：

$$RE(NO_3)_3 \cdot 2NH_4NO_3 \cdot 4H_2O$$
$$2RE(NO_3)_3 \cdot 3Mg(NO_3)_2 \cdot 24H_2O$$

钇组稀土元素（除铱外）均不能形成硝酸复盐。

硝酸复盐溶解度铵复盐大于镁复盐，从镧至钐递增，某些镧系元素与铵或镁的硝酸复盐的相对溶解度见表1.15，并随温度的升高而大幅度增大。

表 1.15　某些镧系元素与铵或镁的硝酸复盐的相对溶解度

复盐	La³⁺	Ce³⁺	Pr³⁺	Nd³⁺	Sm³⁺
RE(NO₃)₃ · 2NH₄NO₃ · 4H₂O	1	1.5	1.7	2.2	4.6
2RE(NO₃)₃ · 3Mg(NO₃)₂ · 24H₂O	1	1.2	1.2	1.5	3.8

四价铈的硝酸盐只能存在溶液中，加热水溶液则水解为碱式盐，所以还没有得到它的晶体。但是复盐 $Ce(NO_3)_4 \cdot 2NH_4NO_3 \cdot 8H_2O$，$Ce(NO_3)_4 \cdot 2Mg(NO_3)_2 \cdot 8H_2O$ 等很易得到晶体。利用这种结晶曾作为铈与其他稀土分离的依据。

Ce^{4+} 和 NO_3^- 也可形成较稳定的络离子，如 $[Ce(NO_3)_6]^{2-}$，上述复盐实际是 $H_2Ce(NO_3)_6$ 络合酸的铵盐和镁盐。Ce^{4+} 的这种络合性质，使 Ce^{4+} 在较高浓度的硝酸溶液中用含氧萃取剂（如 TBP）来萃取，早期高纯 CeO_2 的生产就是利用这一性质进行分离提纯：

$$nTBP + 2H^+ + [Ce(NO_3)_6]^{2-} \rightleftharpoons H_2 \cdot (TBP)_n Ce(NO_3)_6$$

（三）碳酸盐及其复盐

在自然界中稀土碳酸盐可以与其他盐共生，如氟碳铈矿。在稀土盐的溶液中，加入碳酸氢钠、碳酸铵或碳酸氢铵，可得其组成为 $RE_2(CO_3)_3 \cdot nH_2O$ 的沉淀。稀土水合碳酸盐均属斜方晶系。若加入钾或钠的碳酸盐，得到的却是碱式碳酸盐 $RE(OH)CO_3 \cdot nH_2O$ 和正碳酸盐的混合物晶体。如果把稀土盐溶液加入到浓的碱金属碳酸盐溶液中，则可生成组成为 $RE_2(CO_3)_3 \cdot Me_2CO_3 \cdot nH_2O$ 的复盐。稀土碳酸盐在水中溶解度是很小的，稀土碳酸盐在水中的溶解度见表 1.16。

表 1.16　稀土碳酸盐在水中的溶解度

盐组成	$La_2(CO_3)_3$	$Ce_2(CO_3)_3$	$Pr_2(CO_3)_3$	$Nd_2(CO_3)_3$	$Sm_2(CO_3)_3$	$Eu_2(CO_3)_3$
25℃时溶解度 /mol·L^{-1}	$2.38 \times 10^{-7} \sim$ 1.02×10^{-6}	$(0.7 \sim 1.0) \times$ 10^{-6}	1.99×10^{-6}	3.46×10^{-6}	1.89×10^{-5}	1.94×10^{-6} $(30℃)$
盐组成	$Gd_2(CO_3)_3$	$Dy_2(CO_3)_3$	$Y_2(CO_3)_3$	$Er_2(CO_3)_3$	$Yb_2(CO_3)_3$	$Yb(OH)CO_3$
25℃时溶解度 /mol·L^{-1}	7.4×10^{-6}	6×10^{-6}	$2.52 \times 10^{-6} \sim$ 1.54×10^{-5}	2.10×10^{-5}	5.0×10^{-6}	5.54×10^{-6} $(30℃)$

在过量沉淀剂存在下，也可生成配合物性质的碳酸盐，其组成为 $Me[RE(CO_3)_2] \cdot 6H_2O$，钇组稀土元素较铈组稀土元素更易生成此式盐，且溶解度也较大。

由于 Ce^{4+} 的强烈水解性，故不能生成 $Ce(CO_3)_2$，只能得到碱式碳酸铈，它不溶于水，但能溶于过量的 K_2CO_3 溶液中。

稀土碳酸盐在灼烧过程，经生成 $RE_2O_2CO_3$ 中间产物阶段，再转化成氧化物。稀土碳酸盐的分解温度大多随原子序数增加而降低。

（四）草酸盐

在稀土盐的溶液中，加入饱和草酸溶液，即可生成白色的水合稀土草酸盐 $RE_2(C_2O_4)_3 \cdot nH_2O(n = 10$，也有 6、7、9、11）沉淀。此沉淀是细晶型沉淀，故沉淀时一般要加热并控制 pH 值为 $2 \sim 3$，经陈化后，再洗涤、过滤可减少对杂质的吸附。草酸盐溶解度很小，并有随原子序数增大而增加的趋势，镧系元素水合草酸盐在水中的溶解度如图 1.9 所示。同时其溶解度随酸度增加而增大。

钇组稀土草酸盐可溶解在过量的草酸铵溶液中，铈组元素则不能，这是因为钇组稀土元素能与草酸铵生成可溶性配合物，如 $(NH_4)_3 \cdot [Y(C_2O_4)_3]$，因此，在进行草酸沉淀时，加入的是草酸而不是草酸盐。

稀土草酸盐在酸性溶液中由于生成酸式草酸盐而使溶解度增大，因此，用草酸沉淀稀土时，pH 值应控制在 $1 \sim 2$，酸度低不利于晶体长大，酸度太高沉淀不完全。

四价铈的草酸盐不存在，因为草酸具有还原性，草酸加入到含 Ce^{4+} 的溶液中，Ce^{4+} 将被还原成 Ce^{3+}，所以只能得到三价铈的草酸盐。

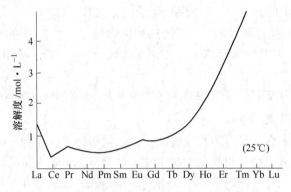

图 1.9　镧系元素水合草酸盐在水中的溶解度

　　稀土草酸盐可用强碱破坏转化为稀土氢氧化物，但强酸不能使草酸盐溶解为稀土离子 RE^{3+}，用络合剂，如 EDTA 也可使草酸稀土沉淀转化在溶液中：

$$RE_2(C_2O_4)_3 + 6NaOH \rightleftharpoons 2RE(OH)_3\downarrow + 3Na_2C_2O_4$$

$$RE_2(C_2O_4)_3 + 2L^{4-} \rightleftharpoons [REL(C_2O_4)]^{3-} + C_2O_4^{2-}$$

式中，L^{4-} 表示 EDTA 负四价阴离子。

　　工业上生产一般是通过沉淀生成草酸稀土，再烘干得到稀土氧化物。稀土草酸盐一般在 40～60℃ 开始脱水，300℃ 结晶水基本脱完，此时草酸盐开始氧化，转变为碳酸盐，至 700～800℃ 则分解为氧化物。表 1.17 所列为稀土草酸盐的完全分解温度。灼烧稀土草酸盐最好在铂皿中进行，因为在高温下，稀土氧化物容易和含二氧化硅的容器壁发生反应生成硅酸盐。

表 1.17　稀土草酸盐的完全分解温度

元素	La	Ce	Pr	Nd	Sm	Eu	Gd	Tb	Dy	Ho	Er	Tm	Yb	Lu
分解温度/℃	800	360	790	735	735	620	700	725	475	735	720	730	730	714

（五）磷酸盐

　　稀土磷酸盐，即独居石是稀土元素在自然界存在的主要形式之一。

　　将磷酸盐或碱金属磷酸盐，加入中性或弱酸性稀土盐溶液中，即可析出胶态的稀土磷酸盐 $REPO_4 \cdot nH_2O(n = 0.5 \sim 4)$，放置后成为晶体，其溶解度比稀土氢氧化物还小。水合磷酸盐主要有两种晶态，La-Dy 的水合磷酸盐属于六方晶系，Ho-Lu 的水合磷酸盐属于四方晶系。La-Gd 的无水磷酸盐属于单斜晶系，La、Ce 和 Nd 还有六方晶系；Tb-Lu 和 Y 的无水磷酸盐属于四方晶系。

　　稀土磷酸盐在加热时，能与 NaOH 反应转化为 $RE(OH)_3$ 沉淀，这个反应是碱法处理独居石的依据；另外，稀土磷酸盐也可被加热的浓硫酸分解。用碱中和至 pH 值为 2.3 的含有磷酸根的硫酸溶液时，可析出酸式稀土磷酸盐 $RE_2(HPO_4)_3$，而磷酸钍则在 pH 值为 1 时析出，据此可实现稀土与钍的初步分离。

　　稀土磷酸盐在过量的磷酸溶液中溶解度增大，这是由于稀土离子与 PO_4^{3-} 形成可溶性配合离子 $RE(PO_4)_2^{3-}$ 缘故。

四、稀土卤化物——氟化物和氯化物

稀土卤素化合物是稀土冶金中常见的重要化合物。除氟化物不溶于水外，其他的都有吸水性并易水解生成卤氧化物 $REOX(X=F, Cl, Br, I)$，其强度由氟至碘激增，并具有较高的熔点和沸点，稀土三价卤化物的溶点与沸点见表 1.18。

表 1.18　稀土三价卤化物的溶点与沸点　　　　　　　　　　　（℃）

元素	氟化物		氯化物		溴化物		碘化物	
	溶点	沸点	溶点	沸点	溶点	沸点	熔点	沸点
Sc	1515	1527	960	967	948	—	920	—
Y	1152	2227	904	1510	904	1470	965	1307
La	1490	2327	852	1750	783	1580	772	1402
Ce	1437	2327	802	1730	722	1560	766	1397
Pr	1395	2327	786	1710	693	1550	737	1377
Nd	1374	2327	760	1690	684	1540	784	1367
Sm	1306	2327	68	—	664	分解	—	—
Eu	1276	2277	623	分解	705	分解	—	分解
Gd	1231	2277	609	1580	785	1490	925	1337
Tb	1172	2277	588	1550	830	1490	957	1327
Dy	1154	2277	654	1530	881	1480	978	1317
Ho	1143	2277	720	1510	914	1470	994	1297
Er	1140	2277	776	1500	950	1460	1015	1277
Tm	1158	2277	821	1490	955	1440	1021	1257
Yb	1157	2277	854	分解	940	分解	—	分解
Lu	1182	2277	892	1480	960	1410	1050	1207

（一）氟化物

稀土氟化物是金属热还原制取稀土金属的原料。在稀土盐的溶液中，加入氢氟酸或碱金属、铵的氟化物可制得水合稀土氟化物 $REF_3 \cdot nH_2O (n = 0.5 \sim 1.0)$，也可用 HF 或 F_2 的干燥气体作用于 RE_2O_3 制取无水 REF_3。它们性质比较稳定，不易潮解，因此也是稀土元素的一种主要产品，在自然界中以氟化物的形式存在的矿物有：氟碳铈镧矿 $(La、Ce、Pr)FCO_3$，铈钇矿 $(Ce、Y、Ca)F_{2\sim3} \cdot H_2O$ 等。

ScF_3 易溶于过量的氟化物溶液中，这是因为生成了可溶性配合离子 $[ScF_6]^{3-}$ 的缘故。除 Sc 外，所有稀土氟化物都不溶于水、氢氟酸、碱金属或铵的氟化物溶液中，因为它们不生成氟络合物，利用这个性质，工业上可以用 HF 分解矿，使稀土和其他杂质如 Ta、Nb、Ti、Zr、Hr、Vo^{2+}、Fe^{3+}、So^{3+} 等元素分离，因为后者都以氟络离子转入溶液中。

稀土氟化物在熔融氟化物体系中，能以 M_3REF_6、$MREF_4$ 形式存在，它们也可与浓碱作用，转化为 $RE(OH)_3$；用 $NaCO_3$ 焙烧，则转化为 $RE_2(CO_3)_3$；或者在加热下能与浓硫酸作用，转化为硫酸盐并放出 HF 气体。这是混合型稀土精矿碱分解、碳酸钠焙烧、浓硫酸焙烧的理论根据。

无水氟化稀土虽然吸水性很小，却能吸收空气中的气体，故应在密封容器或在惰性气氛中保存。

（二）氯化物

稀土氯化物是早期熔盐电解制取稀土金属的主要原料。用盐酸溶解稀土氧化物、氢氧

化物、碳酸盐和硫化物，就得到氯化物水溶液。蒸发溶液可析出氯化物的水合晶体 $RECl_3 \cdot nH_2O$ 一般含 6~9 个结晶水，也有含 1 个水分子的水合物。

稀土氯化物在水中略有水解，生产氯氧化物，由于 REOCl 对电解过程产生不良影响，所以在工艺上常在浓缩氯化稀土溶液之前在溶液中加入适量的盐酸，以抑制其水解。在加热水合稀土氯化物时，也发生部分水解，因此不能用烘干水合物的方法制备用于电解的无水氯化稀土。

无水氯化物可采用氯化剂如氯（在有碳存在下）、四氯化碳、硫的氯化物、氯化铵和氯化氢直接氯化稀土氧化物而制得。水合氯化物加热脱水时，易水解产生氯氧化物 REOCl，但在氯化铵存在时可制得无水氯化稀土。

无水氯化稀土为白色固体，易溶于水和乙醇中，在潮湿空气中极易吸水生成氯氧化物，因此，宜保存在干燥的惰性气体中；它还可以吸收氨生成组成不同的氨合物 $RECl_3 \cdot nNH_3$，其中 $n = 1$、2、5、8、12、20，无水稀土氯化物易溶于水，其溶解度相当大。例如，100g 水可溶 $YCl_3 \cdot 6H_2O$ 217g，$NdCl_3 \cdot 6H_2O$ 242g，$SmCl_3 \cdot 6H_2O$ 218.4g。

无水氯化物的热稳定性好，它们的熔融物具有优越的导电性能，这是电解制取金属的有利条件。稀土氯化物的熔沸点和良好的电导性能表明：它们是属于离子键化合物。

稀土溴化物和碘化物研究得较少。

四价铈的卤化物只有 CeF_4 比较稳定，可存在于自然界，也可以由 CeO_2 或 $CeCl_3$ 与 F_2 作用制得。

四价铈的氯化物不存在，因为 Cl^- 对 Ce^{4+} 有还原作用。这点在工艺上有一定意义，如稀土矿物经 NaOH 分解的产物 $RE(OH)_3$ 由于暴露在空气中，其中的 $Ce(OH)_3$ 会氧化成 $Ce(OH)_4$，当制备混合稀土氯化物而用盐酸溶解 $RE(OH)_3$ 时，Cl^- 可以将四价铈 Ce^{4+} 还原成 Ce^{3+}，这样不致因 $Ce(OH)_4$ 的难溶性而降低稀土的溶解率。但是，当用湿法空气氧化 $RE(OH)_3$ 中的 $Ce(OH)_3$ 时，若稀土氧化物中有 Cl^- 存在，则必须除掉 Cl^-，否则铈氧化不完全。

二价钐、铕、镱的无水卤化物，可用 H_2 或金属还原三价无水卤化物，或三卤化物加热分解及电解还原的办法制得。与 $RECl_3$ 稀土比较，它们的熔点、沸点都比较低；在水溶液中很不稳定，能被水氧化生成三价的氯化物或氢氧化物和氢气，这些二价卤化物在高温时，可发生歧化反应，在 1000℃ 以上 $EuCl_2$、$YbCl_2$ 的歧化反应：

$$3EuCl_2 \Longrightarrow 2EuCl_3 + Eu$$
$$3YbCl_2 \Longrightarrow 2YbCl_3 + Yb$$

五、稀土有机配合物

（一）稀土元素的配位特点

稀土元素与 d 区过渡元素的主要区别在大多数稀土离子含有未充满的 4f 电子。除钪、钇、镧和镥外，其余三价稀土离子都含有未充满的 4f 电子。由于 4f 电子处在原子结构的内层，受到 5s 和 5p 对外场的屏蔽，因而其配位场效应较小，再加上 4f 电子云收缩，4f 轨道几乎不参与或较少参与化学键的形成，因此配合物的键型主要是离子型的，配体的几何分布将主要决定于空间要求。通常金属离子价态越高，静电引力越大，配合能力也越强。

不同价态的稀土离子形成配合物的稳定性为：$RE^{2+} < RE^{3+} < RE^{4+}$。三价稀土离子的配合能力，通常是随离子半径的缩小（原子序数的增大）而增加。

稀土离子比常见的三价离子有较大的离子半径，因此，其离子势相对较小，极化能力也较小，稀土离子与配位原子以静电引力相结合的，其键型属离子型。另外，由于稀土离子有较大的离子半径，从配体排布的空间要求看，有较高的配位数。三价稀土离子的特征配位数一般为6，但也能形成配位数为7，8，9，10及12的配合物。

从金属离子的酸碱性分类来看，稀土离子属于硬酸，与属于硬碱的配位原子如氧、氟和氮等有较强的配位能力，而与弱碱的配位原子如硫、磷等的配位能力较弱。

钇虽然没有f轨道，但因钇离子的半径可列在三价镧系离子的系列中，当离子半径成为配合物的主要影响因素时，钇的配合物相似于镧系配合物，其性质在镧系中参与递变；当与4f轨道有关的性质成为形成配合物的主要因素时，钇和镧系的配合物在性质上有明显的差异。

钪没有f轨道，且半径比镧系元素半径小得多，因此钪的配位化学与镧系元素差别较大，它的配合物的稳定性显著大于其他稀土元素；另一方面钪的配合物易水解，只有较强的配位体方能控制其水解。

（二）配位原子

氧、氮、卤素、硫和磷等原子都能与稀土离子配位，通常是随配位离子或原子的电负性增加而增大的，氧和氟原子有较强的配位能力。氮原子的配位能力也较强，但是仅含氮配位原子的稀土配合物一般不能从水溶液中制备，因为水有较强的配位能力。硫和磷等配位原子的配位能力较弱，它们的稀土配合物一般只能在无水溶剂中得到。

大多数的稀土配合物是离子型的化合物，成键主要靠中心离子与配体的静电作用，因此配体的电负性越强，配位能力就越强，生产的配合物越稳定，例如单齿配体的配位能力顺序是：$F > OH > H_2O > NO_3^- > Cl^-$。具有螯合环的配合物如羟基酸、β-二酮、氨基多羧酸等的络合物更为稳定。

H_2O是稀土离子的一种较强的配体，如果配体的配位能力比水弱，一般不能用水作为溶剂，例如含氮、硫、磷及醇、醚和酮等配体都在非水溶剂中制备。

（三）有机配合物

稀土有机配合物种类繁多，可按与稀土离子（中心离子）配位的离子或原子，把稀土有机配合物分为含氧、含氮和含磷的三类有机配合物。

所有稀土配合物轻稀土（La-Sm）部分，其稳定性随原子序数增加而递增，但中、重稀土部分可分为三种情况：

（1）原子序数增加，稳定性增加。如乳酸、α-羟基异丁酸、NTA、EDTA等。

（2）原子序数增大，稳定性基本不变。如HEDTA、乙酸、酒石酸及磺基水杨酸等。

（3）原子序数增加，稳定性减小。如DTPA、EEDTA等。

几乎所有的配位与钆形成的配合物的稳定性，都较相邻元素更小（也称钆断现象）。上述三种情况，影响稀土配合物稳定性的因素，主要是静电引力，其次是配位场作用和空间位阻效应等因素。稀土离子4f轨道上的电子密度，受配位体电场作用而重新分布，电子对核电荷的屏蔽作用减小，使稀土离子与配位体间引力增加。由于Gd^{3+}的4f电子处于半充满稳定状态，受配位场作用小，所以其配合物稳定性比相邻稀土元素更弱。稀土元素随原子序数增加，离子半径减小，具有较多配位原子的配位体，由于空间位阻效应，难以与稀土离子接近，相互吸引力减小，故使中、重稀土配合物稳定性减小。

第四节　稀土元素的应用

早在 1885 年，奥地利科学家韦尔斯巴赫（Auer Von Welshach）发现，可将棉纱浸取钍和铈的硝酸盐溶液，随即加热附着 99% 的氧化钍和 1% 的氧化铈混合物，加热会发出强光，并将其制成煤气灯纱罩，这是稀土元素应用的最早记录。

1903 年韦尔斯巴赫又发现稀土金属（以 La、Ce 等轻稀土为主）与铁的合金具有发火性，发明了打火机，1907 年开始生产，第二次世界大战后盛行。

第一次世界大战期间（1914~1918 年），氟化稀土作为电弧炭精棒添加剂在印度开发成功，用于军用探照灯电极，第二次世界大战后开始用于放映电影。电弧碳棒由空心碳管电极组成，管中装有稀土氟化物和氧化物的混合物，当稀土被电弧激发后回到较低能级就能放出各色光，因稀土能级丰富，各色光都有，混合在一起接近太阳光，采用氟化物和氧化物，主要是从挥发温度、使用安全因素考虑。

1944 年，美国爱荷华大学 Ames 研究所的 F. H. Spedding 和 A. H. Danne 等人成功开发离子交换法，首次可制备大量高纯稀土元素，但是存在设备大、成本高、时间长的缺点。

1937 年，W. C. Fische 首先公布了溶剂萃取法分离稀土。1947 年，J. C. Walf's 用 TBP（磷酸三丁酯）从三价稀土离子中分离出四价铈离子，之后美国伊利诺伊州阿尔贡国立研究所的 D. F. Pepard 等人成功使用 P204（磷酸二-（2-乙基）己酯)-HCl 体系的溶剂萃取分离稀土，1957 年，Moly Corp. 公司将其用于工业生产，成功分离出矿石中含量很少的铕。

由于稀土元素具有一系列特殊的性能，自高纯稀土元素被大规模分离以来，广泛地在冶金、石油化工、玻璃陶瓷、原子能、功能材料以及纺织、医药、农牧业等国民经济各个领域得到应用，随着现代科学技术的发展，稀土已成为高技术、新型功能材料等不可或缺的材料。稀土工业已成为我国重要的新兴产业。中国稀土的消费结构如图 1.10 所示。

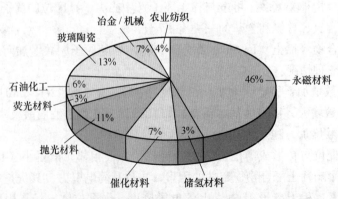

图 1.10　中国稀土的消费结构

一、稀土在传统领域中的应用

（一）在冶金工业中的应用

德国人 1920 年首先在生铁中加入稀土元素，1922 年开始在钢铁中试验。稀土元素容易与氧和硫生成高熔点且在高温下塑性很小的氧化物、硫化物以及硫氧化合物等，钢水中加入千分之几的稀土，可起脱硫脱氧改变夹杂物形态产生净化、变质以及微合金化作用，改善钢的强度、低温韧性、断裂性，减少某些钢的热脆性并能改善热加工性和焊接件的牢固性。同时由于稀土与某些杂质能够形成极微小的高熔点异质晶核，故利于晶粒细化。这种结晶和晶界情况的改善，提高了钢材的抗蚀和抗氧化能力。稀土处理钢广泛用于机车车辆、轨道、桥梁、船舶、集装箱、储罐以及石油工业各种构件与管件等方面。

稀土在铸铁中除具有除气净化作用外，还可将铸铁中的石墨从片状变为球状或蠕虫状起球化作用；并促使晶粒细化，改变有害杂质的分布状态，从而提高铸件的强度、冲击韧性等力学性能。稀土铸铁广泛用于钢锭模、轧辊、铸管和异型件 4 个方面，起到"以铸代锻""以铁代钢"的效果。

稀土在有色金属中主要用于提高铝及铝合金、镁合金、铜及铜合金、钛合金以及镍基、钴基、铬基、铌（锂）基等合金的强度、耐磨、耐热、耐蚀性以及改善其加工性能。如加入 0.15%~0.25%稀土的铝导线，其电导率可提高 1%~3%。又如经时效处理的镁钇合金在 260℃下仍有较高强度，在伸长率为 2%~8%时，其抗拉强度可达 400~420MPa，屈服强度可达 350~390MPa。在含铝为 20%、锡 3%（或含 2%镍）的高铅青铜中添加约 1%稀土，可使其变成均质合金，并提高其耐磨性和机械强度。

20 世纪 80 年代以来，稀土在钢中的应用研究得到稳步发展，稀土在钢中的作用机理和使用条件得到进一步认识，稀土在钢中的有利作用得到更充分的发挥。现在稀土已大量使用在生产高强度钢、合金结构钢、高合金钢和电热合金。

钪对铝合金具有非常神奇的合金化作用，在铝中只要加入千分之几的钪就会生成 Al_3Sc 新相，对铝合金起变质作用，使合金的结构和性能发生明显变化。加入 0.2%~0.4% Sc 可使合金的再结晶温度提高 150~200℃，且高温强度、结构稳定性、焊接性能和抗腐蚀性能均明显提高，并可避免高温下长期工作时易产生的脆化现象。

通过添加微量钪有希望在现有铝合金的基础上开发出一系列新一代铝合金材料，如超高强高韧铝合金、新型高强耐蚀可焊铝合金、新型高温铝合金、高强度抗中子辐射用铝合金等，在航天、航空、舰船、核反应堆以及轻型汽车和高速列车等方面具有非常诱人的开发前景。据报道，在该方面研究最早、最深入的俄罗斯已经开发出了一系列性能优良的铝合金，并正在走向推广应用和工业化生产。1420 合金已广泛用作米格-29、米格-26 型飞机、图-204 客机及雅克-36 垂直起落飞机等的结构件。1421 合金还以挤压异型材的形式用于安东诺夫运输机作机身的纵梁。此外，美国、日本、德国和加拿大以及中国、韩国等也相继展开对钪合金的研究。近几年，美国已将钪铝合金用于制造焊丝和体育器械（例如棒球和垒球棒、曲棍球杆、自行车横梁等），钪铝合金制造的棒球棒和垒球棒已在多项世界大赛及夏季奥运会的比赛中得到使用。

由于钪的熔点（1540℃）远比铝的熔点（660℃）高，钪的密度（3.0g/cm³）则与铝的密度（2.7g/cm³）相近，曾考虑用钪代替铝作火箭和宇航器中的某些结构材料。美国在研究宇宙飞船的结构材料时要求在 920℃ 下材料还应具有较高的强度和抗腐蚀稳定性，且密度要小，据认为钪钛合金和钪镁合金是具有熔点高，密度小和强度大等特点的理想材料之一。钪也是铁的优良改化剂，少量钪可显著提高铸铁的强度和硬度。钪也可用作高温钨和铬合金的添加剂。

（二）用于催化材料在石油化工方面的应用

以石油化工（传统领域）和汽车尾气净化（新材料领域）为代表的稀土催化材料用量巨大，稀土催化材料还可用于燃料电池和天然气催化燃烧等领域。

稀土在石油化工领域内主要以化合物（富镧少铈氯化稀土）形态用以制备分子筛型裂化催化剂，它是石油化工用催化剂中最大的一个种类。石油精炼主要采用催化裂化剂精炼原油，通过加稀土催化裂化从石油或重油中制得汽油和柴油。这种催化剂与普通硅铝催化剂比较，具有活性大，选择性强，稳定性高等优点，并具有较好的抗重金属污染性能。它比贵金属催化剂来源丰富，可大幅度降低生产成本。

稀土分子筛裂化催化剂，用于石油裂解，不仅使用寿命可提高两倍多，且原油转化率由 35%~40% 提高到 70%~80%，汽油转化率提高 10%，出油率增加 25%~50%。

稀土催化剂用于合成性能与天然橡胶相近的异戊橡胶的稀土催化剂中，各单一稀土的催化活性以镨和钕为最佳，其次是钇、镧，重稀土最差。

Sc_2O_3 的 Pt-Al 催化剂用于重油氢化提炼，精炼石油。Sc_2O_3 可用于乙醇或异丙醇脱水和脱氧、乙酸分解，由 CO 和 H_2 制乙烯，由废盐酸生产氯气，以及 CO 和 N_2O 氧化等的催化剂。活性氧化铝浸渍 $ZrO(NO_3)_2$、$Sc(NO_3)_3$、H_2PtCl_6 和 $RhCl_3$ 后煅烧所制得催化剂，可用于净化汽车尾气等高温废气。在异丙基苯裂化时，ScY 沸石催化剂比硅酸铝的活性大 1000 倍。

（三）在玻璃、陶瓷方面的应用

稀土在玻璃工业中有三个应用：玻璃着色、玻璃脱色和制备特种性能的玻璃。

稀土离子中除 La^{3+}、Gd^{3+}、Y^{3+}、Lu^{3+} 呈无色外，其他稀土离子都有不同程度吸收 380~780nm 光谱的特性，并呈现各自特征的颜色，可用于生产多种玻璃着色剂，单独或配合使用能使玻璃着成各种色彩，用于工艺美术品、镜头滤光片、信号灯、特种眼镜片等方面。如铈钛氧化物能使玻璃变黄，添加氧化钕的玻璃呈鲜红色，高品位的氧化镨可使玻璃变成绿色等。

稀土又可使玻璃脱色。在玻璃生产中，加入少量二氧化铈，可使玻璃脱色，取代有害物质砒霜的用量，减小对环境的污染。

镧系光学玻璃具有高折射、低色散性能特点，可用于制造高级照相机、摄像机、望远镜、显微镜等高级光学仪器的镜头；在玻璃中添加少量稀土，还可制作许多特种玻璃，如能通过红外线，吸收紫外线，防护 X 射线及耐酸和耐热的玻璃等。

稀土在日用陶瓷中的应用是作陶瓷颜料，减少釉和破裂并使其具有光泽。含稀土陶瓷颜料的主要工业应用是利用镨黄（ZrO_2-Pr_6O_{11}-SiO_2）作瓷釉光亮的纯黄色瓷砖釉料。这种颜色在温度高达 1000℃ 下仍是稳定的，可用于一次和二次烧成工艺。已占据较贵的锡黄釉料的大部分市场。欧洲最大的氧化镨陶瓷色料用户是意大利，是拥有世界最大瓷砖工业的国家之一。氧化铈用作搪瓷制品的白色遮光剂，素坯上涂一层 25% 氧化铈的釉料，然后在 900℃ 下烧制，与传统的遮光剂相比，使用氧化铈时呈暖白色。在二次烧成工艺中，氧化铈同其他着色氧化物一起磨细加入到釉料中，使瓷的色彩更为光亮。其他如氧化钇可用作橙色陶瓷颜料，氧化钕可用作淡紫色陶瓷颜料。

稀土氧化物可以制造耐高温透明陶瓷（应用于激光等领域）、耐高温坩埚（应用于冶金）。以氧化钇、氧化镝为主再配以其他稀土，而制得的高温透明陶瓷及红色、绿黄色玻璃，它们对于远红外光透光率达80%，可用于制作激光窗、高温透镜、自动制导火箭的红外窗，且在高温（1900~2000℃）高真空下，不与铼、钨、铌、钽金属作用。

稀土在精细陶瓷方面应用概括起来可分为功能陶瓷和高温结构陶瓷两大类。稀土氧化物在精细陶瓷中的应用，主要是作为添加剂来改进陶瓷的烧结性、致密度、显微结构和相组成等以满足在不同场合下使用的陶瓷的质量和性能要求。用稀土纳米陶瓷做成的发动机的工作温度将比现有合金材料的发动机提高200~300℃，热效率提高20%~30%左右。

氧化钪比其他具有类似特性的金属氧化物的价格要高得多，因而在陶瓷中应用得并不很普遍。然而，氧化钪以其独特的性质在一些高级陶瓷中具有特殊用途，其中最突出的是作为氧化锆的稳定剂和氮化硅的致密助剂以及用于合成特定铁电陶瓷。此外，钪也可用来对碳化硅以及氮化铝进行改性。

二、稀土在新材料方面的应用

美国国防部和日本防卫厅把35种化学元素列为国家战略元素，其中就有16种稀土元素。目前，稀土永磁、储氢、荧光、汽车尾气净化催化、抛光这5种新材料已经成为世界稀土消费的主流，其消耗量稳步增长。2018年，国内稀土永磁、储氢、荧光、汽车尾气净化催化、抛光这5种新材料消耗量分别为4.82万吨、0.32万吨、0.31万吨、0.77万吨、1.15万吨，分别占国内稀土消费比例约为46%、3%、3%、7%、11%，约占稀土总消费量的70%以上。而在日本、韩国、中国台湾，这5种新材料约占其总消费量的80%；日本是抛光材料消费稀土量最多的国家。在美国和欧洲，这5种新材料占其总消费量的50%；其中消费稀土最多的领域是汽车尾气净化催化，约占总消费量的25%。

（一）稀土磁性材料

1. 永磁材料

稀土永磁材料按开发应用的时间顺序可分为第一代（1∶5型 $SmCo_5$）、第二代（2∶17型 Sm_2Co_{17}）、第三代（NdFeB）。它们的特点是具有很高的磁晶各向异性和很大的饱和磁化强度，具备所有永磁材料优异的综合性能：剩余磁感应强度（B_r）大，矫顽力（HcB）和最大磁能积（BH）$_{max}$ 高。20世纪80年代 $Nd_2Fe_{14}B$ 型稀土永磁体问世，因其优异的性能和较低的价格很快在许多领域取代了 Sm_2Co_{17} 型稀土永磁体，但它的居里点还远低于钐-钴永磁体，后者现主要应用于军事领域。NdFeB 永磁体已广泛地用于能源、交通、机械、医疗、计算机、家电等领域，用于制造计算机硬盘驱动器、扬声器、核磁共振成像仪、混合动力汽车和各种电机等。

近年来，我国稀土资源及劳动力成本优势日趋突出，使得全球的钕铁硼永磁材料产业中心逐渐往我国转移。在国内，我国稀土永磁材料的产业中心则由浙江、山西、北京、天津往稀土资源地——内蒙古、四川、江西发展。据统计，美国的烧结 NdFeB 磁体产量自1999年即持续减少，2004年完全停产。欧洲自2000年也略为减产，目前维持年产千吨左右。日本的产量直到 2000 年前都稳居全球首位，2001 年后则单边下降，尽管此期间日本的产量逐年增长，但其增长速率远低于中国的，因此日本产量的比值逐年下降，由 2001 年的 39.7% 降到 2008 年的 20.3%。我国是世界稀土消费第一大国，也是永磁材料消费稀土最多的国家。2001 年后中国产量一路飙升，其产量比值随之逐年递增。2008 年，全球钕铁硼产量达 72150t，其中烧结钕铁硼 66640t，粘结钕铁硼 5510t；2018 年我国钕铁硼总产量 12.4 万吨，烧结钕铁硼毛坯产量约 15.5 万吨，同比增长 5%，粘结钕铁硼产量 0.7 万吨，同比增长 5%，钐钴磁体产量 0.25 万吨，同比基本持平。

2. 超磁致伸缩材料

20 世纪 70 年代初，美国海军防卫研究所克拉克（Clark）博士首先发现 Tb、Dy、Fe 合金在室温下具有超大的磁致伸缩系数。2003 年北京有色金属研究总院稀土材料国家工程研究中心自行研究开发了"一步法"新工艺，将熔炼-定向凝固-热处理等工序在一台设备上连续完成，可用来制备大直径、高性能、低成本的稀土超磁致伸缩材料，且易于批量生产。用这种工艺研制的稀土超磁致伸缩材料成本大为降低，现已成功生产出直径 70mm、长 250mm 的 $TbDyFe_2$ 超磁致伸缩棒材，主要技术经济指标均达到国际先进水平。武汉理工大学首创了以提拉法无污染磁悬浮冷坩埚技术为核心的整套单晶制备和加工新技术，生产的 $Tb_{0.3}Dy_{0.7}Fe_{1.9}$ 单晶，超磁致伸缩系数为 $2000 \times 10^{-6} \sim 2400 \times 10^{-6}$。

稀土超磁致伸缩材料比压电陶瓷等具有磁致伸缩应变大、能量密度高、频带宽、换能效率高、响应速度快、可靠性好等优点。因此，已逐步取代传统的磁致伸缩材料，成为制备声纳、振动传感器、微距器、快速反应阀门和机械制动器、主动性防震装置和脉冲印刷机等的核心材料，应用于军事、海洋开发、探矿、勘测、航天及家用领域。

（二）稀土发光材料

稀土发光材料，是单一稀土高纯化合物的主要应用领域。如高纯氧化钇、氧化铕、氧化钆、氧化铽等。稀土发光材料的优点是吸收能力强，转换率高，可发射从紫外到红外的光谱，在可见光区域，有很强的发射能力，且物理化学性质稳定。经过近 40 年的快速发展，稀土发光材料已成为信息显示、照明光源、光电器件等领域的支撑材料之一。稀土发光材料种类繁多，目前形成了四大主流产品即灯（照明）用三基色荧光粉、信息显示用荧光粉、长余辉荧光粉和特种荧光粉。

进入 21 世纪后，稀土三基色荧光粉持续快速发展成为我国稀土荧光粉的第一大产业。灯粉质量也在不断的提高，如发光亮度、颗粒度及分布、光衰等性能越来越好。随着节能灯普及率越来越高，作为节能灯发光的稀土三基色荧光粉的需求量也越来越多。目前，在稀土三基色荧光粉的应用上，红粉都是用 $Y_2O_3 : Eu^{3+}$；日本、韩国主要采用磷酸盐体系蓝粉和绿粉，即 $(BaSrCaMg)_{10}(PO_4)_6Cl_2 : Eu^{2+}$ 和 $LaPO_4 : Ce^{3+}, Tb^{3+}$；而欧美和我国主要采用铝酸盐体系蓝粉和绿粉，即 $BaMgAl_{10}O_{17} : Eu^{2+}$ 和 $CeMgAl_{11}O_{19} : Tb^{3+}$。近年来，从市场的需求与发展趋势来看，三基色荧光粉的未来发展体现在现有灯用稀土三基色荧光粉的基础上追求高光效和高显色性。一方面，在显色指数 $Ra \geqslant 82$ 的基础上提高光效和光通维持率，如 T5-28W 直管荧光灯，光效要求为 $100h \geqslant 96lm/W$，光通维持率为 $8000h \geqslant 85\%$。另一方面在较高的光效（$100h \geqslant 90lm/W$）和光维持率（$8000h \geqslant 85\%$）的情况下，要求显色指数 $Ra \geqslant 90$。

稀土激光材料是与激光同时诞生。1960 年在红宝石中出现激光，同年便发现用掺钐的氟化钙（$CaF_2：Sm^{2+}$）可输出脉冲激光。1964 年找出了室温下可输出连续激光的掺钕的钇铝石榴石晶体（$Y_3Al_5O_{12}：Nd^{3+}$），它已成为目前广泛应用的固体激光材料，它具有硬度大、优异的光学、力学和异热性能以及化学性稳定等特点，在室温下可以获得连续大功率输出的激光，广泛用于测距、激光雷达、通信、水下显示和微型加工等。

钪作为电光源材料，用碘化钪（ScI_3）和钪箔制成的金属卤化灯——钪钠灯，早已进入商品市场。该灯是一种卤化物放电灯，在高压放电下，充有 NaI/ScI_3 管内的钠原子和钪原子受激发，当从高能级的激发态跳回到较低能级时，就辐射出一定波长的光。钠的谱线为 589~589.6nm 黄色光，钪的谱线为 361.3~424.7nm 的近紫外和蓝色光，钪、钠两种谱线匹配恰好接近太阳光。回到基态的钪、钠原子又能与碘化物化合，这样循环可在灯管内保持较高的原子浓度并延长使用寿命。一盏相同照度的钪钠灯，比普通白炽灯节电 80%，使用寿命长达 5000~25000h。正是由于钪钠灯具有发光效率高、光色好、节电、使用寿命长和破雾能力强等特点，使其可广泛用于电视摄像和广场、体育馆、马路照明，被称为第三代光源。美国卤化灯的普及率已超过 50%，每年生产高压钠灯超过 1000 万只，日本也超过 1000 万只，钪的用量达 40kg 以上。我国在这方面起步较晚，但制定了"大换灯"计划。全球性的卤化灯的发展和普及正在日益扩大，对钪的需求量也变得更加迫切。

将纯度为 99.9%~99.99% 的 Sc_2O_3 加入到钇镓石榴石（GGG）制得钇镓钪石榴石（GSGSS），后者的发射功率较前者提高了三倍。GSGSS 可用于反导弹防御系统、军事通信、潜艇用水下激光器以及工业各领域。含 Sc_2O_3 的 $LiNbO_3$ 晶体的二次光折射率降低，适于制造参数频率选择器、波导管和光导开关。在光学玻璃、硅酸盐玻璃和硼玻璃中添加钪，可以提高玻璃的折射指标，改善反射性能。氟化钪玻璃可以制作光谱中红外区光导纤维。

（三）稀土储氢材料

目前，实现商业化应用的储氢合金主要还是以 AB_5 型稀土系合金为主。以 La、Ce 等轻稀土为主的混合稀土金属在 AB_5 稀土储氢合金中是主要组分，约占（质量分数）33%。由于 AB_5 型稀土系储氢合金具有较高的放电容量和高倍率放电性能，以及较好的活化性能和循环稳定性，因而成为 MH-Ni 电池使用的主要负极材料，广泛应用于镍氢电池、储氢系统、氢化制粉、驱动器、热泵和制冷等领域。镍氢电池与传统的镍镉电池相比，其能量密度提高两倍，且无污染，被称为绿色能源。

近年来，稀土储氢材料的主要发展趋势是通过调整可与氢形成稳定氢化物的元素 A（如 La、Mn、Ti、Zr、Mg、V 等）和难与氢形成氢化物但具有氢催化活性的金属 B（如 Ni、Co、Fe、Mn 等）组成，以及调整制造工艺等多方面改进储氢复合金属粉末的性能。主要的性能如储氢量已经达到（质量分数）1.4%；实际放电容量 270~340mA·h/g（理论放电容量 372mA·h/g）；循环寿命（60%）800~1000 次。

2008 年我国生产 AB_5 稀土储氢合金 1.8 万吨，消费混合稀土金属约 6000t。据估计，2015 年镍氢电池用储氢材料将达到 6 万吨，需用混合稀土金属 2 万吨。由于钕铁硼产业迅猛发展，发展稀土储氢合金有利于 Ce、La 等轻稀土元素的平衡应用。

（四）汽车尾气净化用稀土催化材料

稀土汽车尾气净化催化剂所用的稀土主要是以氧化铈、氧化镨和氧化镧的混合物为主，其中氧化铈是关键成分。大中型城市汽车尾气排放已成为主要的大气污染源。世界汽车尾气净化催化剂市场的需求量以每年 7% 的速度在不断增长。采用铂铑等贵金属的催化剂活性高，净化效果好，但价格昂贵；而稀土汽车尾气催化剂因其价格低，热稳定性和化学稳定性好，活性较高，寿命长，抗 Pb、S 中毒，极受重视。汽车尾气中的主要污染物是一氧化碳、碳氢化合物、氮氧化物。调查表明，城市污染的主要来源是汽车尾气，有效控制汽车尾气污染物含量是提高空气质量的主要途径。在一定条件下，贵金属催化剂和稀土催化剂可以同时净化 CO、HC 和 NO。此外在催化剂载体中加入 La、Ce、Y 等稀土元素还能提高载体的高温热稳定性、力学性能、抗高温氧化性能。2008 年我国机动车保有量近 1.7 亿辆，其中汽车 6468 万辆，摩托车 8954 万辆，汽车尾气净化催化剂用量近 3100t，产值近百亿，随着机动车数量的进一步增加，汽车尾气净化剂的需求还在进一步提升。

　　将稀土催化材料应用于氢能源、移动源及固定源脱氮、烟气脱硫、有机工业废气净化、室内空气净化、污水处理等领域，节约能源，保护环境，将成为稀土催化的一个新兴领域。

　　（五）稀土抛光材料

　　稀土抛光粉作为研磨抛光材料以其粒度均匀、硬度适中、抛光效率高、抛光质量好、使用寿命长以及清洁环保等优点，已经广泛用于平板玻璃和光电玻璃等领域。目前，国外稀土抛光粉生产厂家主要集中在日本、法国、美国、英国和韩国，其中以日本的生产企业为最多，同时在生产技术研究和市场应用开发等方面都有着较明显的优势。东亚和东南亚地区是稀土抛光粉的主要消耗地，其中日本是最大的消耗者，每年约有 6000t 的稀土抛光粉生产能力。

　　从稀土抛光材料的应用领域来看，必然朝着集约、精密和高档的方向发展，LCD、玻璃光盘和精密光学等领域将会是主要的应用领域。特别是在 TFT-LCD 的应用领域最为广泛，包括小尺寸的手机屏、数码相机/摄像机显示屏、PDA 等；中尺寸的有平板电脑、笔记本电脑等；大尺寸有桌面显示器、液晶电视等。预计今后 10 年会有巨大的市场和产业发展空间。发展 TFT-LCD 产业符合国家的产业政策，将带动一大批信息电子产品和相关材料、设备制造的发展，将不断增加在此行业稀土抛光粉的需求量。

　　三、稀土在其他领域中的应用

　　除上述应用领域外，稀土还在超导材料、磁致冷材料、稀土磁光存储材料、能源和放射化学、稀土农用等方面得到应用。

　　1986 年，缪勒和柏诺兹在 $LaBa_2CuO_4$（$T_c = 35K$）超导材料上取得历史性的突破。由于稀土氧化物 La-Ba-Cu-O 系超导体的发现及其以后的研究，超导材料的居里温度 T_c 有了很大提高。我国在 Y-Ba-Cu-O 体系的制备技术、应用技术及应用基础研究取得了不同程度的进展，高温超导研究方面处于国际领先地位，RE-Ba-Cu-O 超导体的 T_c 为 80~90K，此外，我国还合成了碱金属系稀土掺杂超导体，如 $(Sr, Nd)CuO_2$ 和 $Sr_{1-x}Y_xCuO_2$。超导材料可用作超导电磁体用于磁悬浮列车，可用于发电机、发动机、动力传输、微波等方面，其应用十分广泛。

　　钪作为氧化物阴极的激活剂用于电子阴极管，可大大增加热电子发射，提高电子管阴极寿命，从而适应当前显像管、显示管、投影管向高清晰度、高亮度、大型化方向发展的需要。日本三菱、东芝、日立、松下等公司都在竞相开发新型彩色显像管阴极。这种涂有钪层的新型阴极，使用寿命长达 3 万小时，为一般阴极的 3 倍，且画面明亮，清晰度高，图像也更鲜明。

Sc_2Se_3 和 Sc_2Te_3 是半导体材料；Sc_2S_3 可作热敏电阻和热电发生器；ScB_6 可作电子管阴极；Sc_2O_3 单晶用于仪器制造。钪的倍半亚硫酸盐以其熔点高、空气中蒸发压力小的特点，在半导体应用上引起人们极大兴趣。用氧化钪取代铁氧体中部分氧化铁，可提高矫顽力，从而使计算机记忆元件性能提高。少量钪加到钇铁石榴石中可改进磁性。钪代替铁使其磁矩和磁导增强，并使居里温度降低，有利于在微波技术中应用。钪和稀土元素可用于制高质量铁基永磁材料。Sc-Ba-Cu-O 系超导材料，实验临界温度达 98K 水平。

磁致冷材料是用于制冷系统的具有磁热效应的物质。目前一种新型磁致冷材料 $Gd_5Si_4Ge_2$ 已被开发出来，其优点是磁热效应大，且使用温度可以从 30K 左右调整到 290K。美国已成功开发出第一台室温磁致冷样机。用磁致冷材料代替传统制冷剂，不仅可以减少环境污染，还可以节约电能，且制冷材料可以重复使用。是冰箱和空调机中制冷机的潜在应用材料。

稀土磁光存储材料是稀土与过渡金属的非晶态薄膜 RE-TM（RE＝Gd，Dy；TM＝Fe，Co）。这种材料被用作磁光盘 MO，可随机读写信息，容量极大（可达 2.6GB），读写速度快。磁光存储材料在信息时代发挥着重要作用。巨磁阻材料的研究也引起了人们极大的兴趣。磁阻即对某种材料施加磁场后其电阻率发生改变。巨磁阻材料与传统磁阻材料相比，其电阻率的改变要大于 10%。

金属钪热稳定性好，吸氟性能强，已成为原子能工业不可缺少的材料。用钪片制成的氟钪靶装在加速器中，可进行各种核物理实验；装在中子发生器中可产生高能中子，是活化分析、地质探矿等的中子源。由于钪原子半径与钚相似，它可作富 δ 相的稳定剂。在高温反应堆 UO_2 核燃料中加入少量 Sc_2O_3 可避免 UO_2 变成 U_3O_8，发生晶格转变、体积增大和出现裂纹。钪经过照射产生放射性同位素 ^{46}Sc 可作为 γ 射线源和示踪原子而用于科研和生产各个方面，医疗上用它治疗深部恶性癌瘤。钪的氘化物（ScD_3）和氚化物（ScT_3）用于铀矿体探测器元件。在金属—绝缘体—半导体硅光电池和太阳能电池中，钪是最好的阻挡金属，其效率为 10%～15%，AgO 碱性蓄电池的 AgO 阴极中加 Sc_2O_3 可防止高温蓄电时 AgO 分解释出氧并改进电池效率。

稀土农用是我国独立开创的稀土应用领域。稀土农用研究在我国始于 20 世纪 70 年代初，从 80 年代中期大面积推广。稀土在氮、磷均衡营养供应的条件下，对一些作物有增产刺激作用，增产机理在于稀土可促进、协调作物对矿质养分的吸收，刺激酶活性。特别是以镧、铈为主的硝酸盐，多年在农田施用，增产效果稳定、明显，平均增产幅度达 8%～10%（其中粮食作物为 5%～10%，蔬菜、水果为 8%～15%）。

思 考 题

1-1 试写出稀土元素的原子序数、符号、名称。稀土元素根据处理工艺或应用方面的需要如何进行分类？

1-2 什么叫做"镧系收缩"，稀土元素的电子层结构特征是什么？根据稀土元素的电子层结构分析稀土元素的价态和离子半径变化规律。

1-3 稀土元素电子层结构有何特点，它与稀土元素间化学性质的相似性及不同点有何关系？

1-4 稀土元素有哪些重要的物理和化学性质？

1-5 稀土元素有哪些重要化合物，试述各化合物与冶炼有关的重要性质。

1-6 稀土配合物的有机配合物有哪些特点？

1-7　稀土元素有哪些重要应用领域，试述稀土在新材料的应用现状。

参 考 文 献

［1］吴炳乾．稀土冶金学［M］．长沙：中南工业大学出版社，1997.

［2］苏锵．稀土化学［M］．郑州：河南科学技术出版社，1993.

［3］张若桦．稀土元素化学［M］．天津：天津科学技术出版社，1987.

［4］吕松涛．稀土冶金学［M］．北京：冶金工业出版社，1981.

［5］徐光宪．稀土［M］．2版．北京：冶金工业出版社，1995.

［6］黄礼煌．稀土提取技术［M］．北京：冶金工业出版社，2006.

［7］易宪武，黄春辉，王慰．无机化学丛书（第七卷）．钪及稀土元素［M］．北京：科学出版社，1992.

［8］吴文远．稀土冶金学［M］．北京：化学工业出版社，2005.

［9］池汝安，田君．风化壳淋积型稀土矿化工冶金［M］．北京：科学出版社，2006.

［10］刘光华．稀土材料与应用技术［M］．北京：化学工业出版社，2005.

［11］陶春．中国稀土战略资源研究［M］．北京：中国地质大学出版社，2011.

［12］刘光华．稀土材料与应用技术［M］．北京：化学工业出版社，2005.

［13］刘余九．中国稀土产业现状及发展的主要任务［J］．中国稀土学报，2007（3）：257-263.

［14］Roskill information Services Ltd. The Economics of Rare Earths and Yttrium［C］. Eleventh Edition 2001.

第二章 稀土元素矿物及其处理方法

第一节 稀土生产工艺概述

含稀土矿石，经重选、磁选、浮选、化学选矿、电选或采用这些方法的联合流程，将稀土矿物与脉石矿物和其他有用矿物分开得到稀土精矿，如独居石、氟碳铈矿或稀土混合矿等精矿（风化壳离子型稀土矿除外）；稀土精矿可直接热还原得到稀土硅铁合金或通过各种方法处理后，得到混合稀土氧化物；风化壳离子型稀土矿采用各种盐，如硫酸铵，用堆浸或原地浸出等方法，将稀土离子交换下来，经除去铝、铁等杂质，草酸沉淀，灼烧得稀土总量大于92%的混合稀土氧化物，或用碳酸沉淀后得稀土碳酸盐，混合稀土氧化物可供电解来制备混合稀土金属。

更多的是，混合稀土氧化物或碳酸盐经酸分解后，配制成一定浓度的氯化稀土，采用溶剂萃取或离子交换等方法来分离成单一稀土氯化物，经草酸沉淀、烘干、灼烧后得单一稀土氧化物。单一稀土氧化物经电解可以用来制备单一稀土金属或合金，或用于制备各种发光材料、激光晶体、特种玻璃等。从稀土矿物到稀土产品生产工艺如图 2.1 所示。

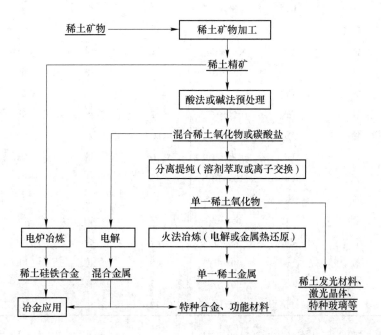

图 2.1 从稀土矿物到稀土产品生产工艺示意图

第二节　稀土元素在自然界的赋存状态及其矿物

一、稀土在自然界的分布

稀土元素在自然界广泛存在，稀土元素在地壳中的分布，主要存在于岩石圈中，它们多数贮存在花岗岩、碱性岩和碱性超基性岩与它们有关的矿床中。这一地球化学特点有助于寻找稀土矿物资源。稀土元素在地壳中的储量虽不高，但在地壳中的储藏量约占地壳的 0.016%，约 153g/t，它们的丰度或称克拉克值（地壳中平均质量分数）至少和其他许多金属元素相当，稀土元素和其他一些元素在地壳中的丰度见表 2.1。

表 2.1　稀土元素和其他一些元素在地壳中的丰度

原子序数	元素名称	元素符号	丰度	原子序数	元素名称	元素符号	丰度
21	钪	Sc	5×10^{-6}	31	镓	Ga	15×10^{-6}
39	钇	Y	28.1×10^{-6}	41	铌	Nb	10×10^{-6}
57	镧	La	18.3×10^{-6}	32	锗	Ge	7×10^{-6}
58	铈	Ce	46.1×10^{-6}	55	铯	Cs	7×10^{-6}
59	镨	Pr	5.53×10^{-6}	72	铪	Hf	3.2×10^{-6}
60	钕	Nd	23.9×10^{-6}	42	钼	Mo	3.0×10^{-6}
61	钷	Pm	4.5×10^{-26}	92	铀	U	3.0×10^{-6}
62	钐	Sm	6.47×10^{-6}	81	铊	Tl	3.0×10^{-6}
63	铕	Eu	1.06×10^{-6}	73	钽	Ta	2.0×10^{-6}
64	钆	Gd	6.36×10^{-6}	74	钨	W	1.0×10^{-6}
65	铽	Tb	0.91×10^{-6}	48	镉	Cd	0.5×10^{-6}
66	镝	Dy	4.47×10^{-6}	51	锑	Sb	0.4×10^{-6}
67	钬	Ho	1.15×10^{-6}	83	铋	Bi	0.2×10^{-6}
68	铒	Er	2.47×10^{-6}	49	铟	In	0.1×10^{-6}
69	铥	Tm	0.20×10^{-6}	47	银	Ag	0.1×10^{-6}
70	镱	Yb	2.66×10^{-6}	80	汞	Hg	0.07×10^{-6}
71	镥	Lu	0.75×10^{-6}	76	锇	Os	0.05×10^{-6}
29	铜	Cu	100×10^{-6}	46	钯	Pd	0.01×10^{-6}
28	镍	Ni	80×10^{-6}	44	钌	Ru	0.005×10^{-6}
3	锂	Li	65×10^{-6}	78	铂	Pt	0.005×10^{-6}
30	锌	Zn	50×10^{-6}	79	金	Au	0.005×10^{-6}
50	锡	Sn	40×10^{-6}	45	铑	Rh	0.001×10^{-6}
27	钴	Co	30×10^{-6}	75	铼	Re	0.001×10^{-6}
82	铅	Pb	16×10^{-6}	77	铱	Ir	0.001×10^{-6}

总结起来，稀土元素的分布呈现如下特点：

（1）稀土元素总含量并不稀少。稀土元素在地壳中的总含量为 153.43g/t，这个数值已超过了常见金属 Cu(100)、Pb(16)、Zn(50)、Sn(40) 等的含量。

（2）铈组元素含量远大于钇组元素含量。铈组元素（包括 La、Ce、Pr、Nd、Sm、Eu）的分布量，大于钇组元素（包括 Y、Tb、Dy、Ho、Er、Tm、Yb、Lu）的分布量。铈组元素总量约为 101.36g/t，钇组元素总量约为 47.07g/t。

（3）单一稀土元素在地壳中的平均含量分布不均，相差较大。Ce 的含量最高，为 46.1×10^{-6}，Pm 的含量最低，为 4.5×10^{-26}。稀土元素从 La 至 Lu，在地壳中的分布呈波浪式下降趋势，通常是原子序数为偶数的稀土元素其分布量大于相邻的两个原子序数为奇数的稀土元素，即符合所谓的 Oddo-Harkins（奥多-哈根斯）规则。仅个别矿物稍有出入。

二、稀土元素在矿物中的赋存状态

稀土元素在地球化学上紧密结合并共生于相同的矿物中，根据稀土元素在矿物中的赋存状态，主要可分为以下三种类型：

（1）稀土矿物。即与其他元素一起形成独立稀土矿物，其特点是参加矿物晶格，是矿物不可缺少的部分。如：氟碳铈矿、独居石等。

（2）含有稀土的矿物。以类质同晶方式置换矿物 Ca、Sr、Ba、Mn、Zr、Th 等元素的形式分散在矿物中。如磷灰石、萤石、铀钛矿等。

（3）呈离子吸附状态。稀土是以离子状态吸附于某些黏土矿物、云母矿物中；即被命名为离子吸附型矿或风化壳淋积型稀土矿。1969 年，我国赣南地区首先发现，随后在广东、福建、广西、湖南等省相继发现。

三、稀土元素的矿物的分类及其配分

（一）稀土矿物的分类

世界上已知的稀土矿物约有 150 种之多，而含有稀土元素的矿物有 250 种以上，具有工业价值的稀土矿物只有 50~60 种，但实际上在工业上利用的矿物却为数不多，总共只有 10 种左右。主要有独居石、铈硅石、氟碳铈矿、硅铍钇矿、磷钇矿、褐钇铌矿、褐帘石、铌钇矿、黑稀金矿、钇萤石、氟铈矿、硅钛铈矿、离子吸附型矿等。这些矿物中，大部分矿物还含有百分之几的铀和钍，独居石、方钍石和钍石含量较高。在诸多矿物中，工业上利用最多的要数氟碳铈矿、独居石、氟碳铈矿-独居石混合型矿、离子吸附型矿、褐钇铌矿和磷钇矿等。

对常见的稀土矿物，按化学成分，并参照其晶体结构和晶体化学特征，可将稀土矿物分为五大类：

（1）碳酸盐及氟碳酸盐。含有三角形的碳酸根阴离子基团，如氟碳铈矿、碳锶铈矿等。

（2）磷酸盐及砷酸盐和钒酸盐类。含有孤立的四面体阴离子基团，如独居石、磷钇矿、砷钇矿、钒钇矿等。

（3）氧化物，又可细分为简单和复杂两种类型。简单氧化物类是由单个阴、阳离子组成，阴离子为氧，如方铈石等；复杂氧化物类具有大阳离子、中等大小的及小阳离子的复杂堆积，如褐钇铌矿、黑稀金矿、易解石、铈铌钙钛矿等。

（4）硅酸盐。含有孤立的两两相连的或环状的硅氧四面体基团，如硅铍钇矿、钪钇

石、铈硅矿、褐帘石、硅钛铈矿等。

（5）氟化物。由单个阴、阳离子组成，没有阴离子基团，如钇萤石、氟铈矿、氟钙钠钇石等。

（二）稀土的配分

稀土矿物中的稀土配分变化较大，若按矿物中稀土的配分不同，可分为两大类。

1. 完全配分型

在这类矿物中，铈组稀土元素和钇组稀土元素含量相差不明显。属于此类矿物的有铈磷灰石、钇萤石等。

2. 选择配分型

（1）富铈组矿物。在这类矿物中，铈组稀土大大超过钇组稀土的含量。如氟碳铈矿、独居石、易解石等，是目前世界上提取铈组元素的主要工业原料。

（2）富钇组矿物。在这类矿物中，钇组稀土含量明显高于铈组稀土含量，如磷钇矿、褐钇铌矿等，是提取钇及钇组元素的主要工业原料。

表 2.2 列举了某些主要稀土矿物的大致成分及性状。表 2.3 列出了世界近年将（重新）开采或发现的重要稀土矿的主要配分。

表 2.2 某些重要稀土矿物的大致成分及性状

矿物名称	化学式	主要成分（质量分数）/%	颜色	密度/g·cm^{-3}	硬度	晶形
独居石	(Ce, La, …) PO$_4$	RE$_2$O$_3$ 50~68，富铈组元素，其中 Ce$_2$O$_3$ 占总稀土 45~55；P$_2$O$_5$ 22~31.5；ThO$_2$ 4~12；U$_3$O$_8$ 0.1~0.3	红褐色、褐色、黄褐或黄绿色	4.6~5.4	5.0~5.5	单斜晶系
磷钇矿	YPO$_4$	RE$_2$O$_3$ 约60，富钇组元素，其中 Y$_2$O$_3$ 占总稀土 52~62；P$_2$O$_5$ 31.7；UO$_2$ 5.0；Th 约0.2	黄褐、红褐、绿色、黄色或灰白色	4.4~5.1	4.0~5.0	四方晶系
氟碳铈矿	REFCO$_3$	RE$_2$O$_3$ 约74，富铈组元素，其中 CeO$_2$ 占总稀土的约50；CO$_2$ 19~20.2；Fe 6.0~8.5；ThO$_2$ 0.13~0.17；Nb$_2$O$_5$ 0.01	蜡黄或红褐色	4.9~5.2	4.0~4.5	三方晶系
氟碳钙铈矿	Ca(Ce, La)$_2$·(CO$_3$)F$_2$	RE$_2$O$_3$ 53~62，富铈组元素，其中 Ce$_2$O$_3$ 占总稀土约50；CaO 10~12；CO$_2$ 23~24；F 6~7；U、Th 微量	蜡黄、黄褐或褐色	4.2~4.5	4.2~4.0	三方晶系
铈钇矿	(Ca, Y, Ce, Er)·F$_{2~3}$·H$_2$O	CeO$_2$ 8~16；Y$_2$O$_3$ 14~38；CaO 20~33；F 38~42		3.36~3.63	4.0~5.0	CaF$_2$ 与 ΣYF$_3$ 与 ΣCeF$_3$ 形成同型异晶

续表 2.2

矿物名称	化学式	主要成分（质量分数）/%	颜色	密度/$g \cdot cm^{-3}$	硬度	晶形
硅钛钇矿	$Y_2FeBe_2Si_2O_{10}$	RE_2O_3 约 50，富钇组元素 $(\sum Y)_2O_3$：$(\sum Ce)_2O_3 = 12$：$(1 \sim 0.75)$；BeO 9～10；FeO 10～14；SiO_2 23～25；TiO_2 0.3～0.4	黑色或褐绿色	4.0～4.6	6.5～7.0	单斜晶系
褐帘石	$(Ca, Ce)_2 \cdot$ $(Al, Fe_3) \cdot$ $Si_3(O \cdot OH)_{13}$	RE_2O_3 约 20，富铈组元素，其中 Ce_2O_3 占总稀土 55；CaO 10.6；Al_2O_3 17；Fe_2O_3 18；SiO_2 31；ThO_2 0.25	黑色、褐色或红褐色	3.5～4.2	5.5～6.0	单斜晶系
黑稀金矿	$(Y, U, Th) \cdot$ $(Ti, Nb, Ta)_2O_6$	RE_2O_3 24.8～33.2，富钇组 $(\sum Y)_2O_3$ 占总稀土 60～80；UO_2 11.7；ThO_2 2.4；TiO_2 23；Nb_2O_5 26.7；Ta_2O_5 3.7	黑色或黄褐色	4.9～5.9	5.5～6.5	斜方晶系
褐钇铌矿	$(Y, U, Th) \cdot$ $(Ti, Nb, Ta)O_4$	RE_2O_3 31.36～42.2，富钇组 $(\sum Y)_2O_3$ 占总稀土 90 以上；Nb_2O_5 2.0～50；Ta_2O_5 0～55；TiO_2 0～6；UO_2 4.0～8.2；ThO_2 0～4.85	黑色、黑褐色或黄褐色	4.5～5.8	5.5～6.5	四方晶系
铌钇矿	$(Y, U, Th) \cdot$ $(Ti, Nb, Ta)_2O_6$	RE_2O_3 9～12；富钇组元素 $(\sum Y)_2O_3$ 占总稀土 66；UO_2 4～16；ThO_2 0～4.2；Nb_2O_5 27～47；Ta_2O_5 18～27	黑色、黑褐色、黄色、棕色或红褐色	4.1～5.7	5.0～6.0	斜方晶系
易解石	$(Ce, Th, Y) \cdot$ $(Ti, Nb)_2O_6$	RE_2O_3 18.98～32.36，富铈组元素 $(\sum Ce)_2O_3$ 占稀土总量 53～90；TiO_2 24.9；ThO_2 约 8.2；UO_2 约 7.2		4.9～5.4	5.0～6.0	斜方晶系
风化壳淋积型稀土矿	$[Al_2Si_2O_5(OH)_4]_m$ $\cdot nRE$	RE_2O_3 0.056～0.224，有多种类型，其中主要有（1）重稀土型：$\sum Y_2O_3$ 占稀土总量 40 以上；（2）轻稀土型：以 La、Nd 为主；（3）中钇富铕型：Y_2O_3 20～30，Eu_2O_3 0.8～1.0，SiO_2 64～75，Al_2O_3 13～17，K_2O 0.3～5.5，ThO_2 小于 0.01				

表 2.3 世界近年将（重新）开采或发现的重要稀土矿的主要配分（按氧化物计）

配分	美国 Moutain Pass	纳米比亚 Lofdal Dykes	澳大利亚 Mt. Weld	澳大利亚 Nolans	加拿大 Hoidas Lake
La	32	24.4	21.9	20.01	19.8
Ce	49	39	46.4	48.2	45.8
Pr	4.4	3.9	4.9	5.9	5.8
Nd	13.5	12.1	17.3	21.5	21.9
Sm	0.5	2.1	2.5	2.41	2.9
Eu	0.1	0.7	0.6	0.41	0.6
Gd	0.3	2.4	1.7	1.01	1.3
Tb	0.01	0.4	0.2	0.08	0.1
Dy	0.03	1.9	0.9	0.37	0.4
Ho-Lu	0.06	2.4	0.5	0.11	0.2
Y	0.1	10.8	3.1	0.03	1.3

四、世界及我国的主要稀土资源

据美国地质勘探局（United States Geological Survey，USGS）的统计（表 2.4），2018 年全球稀土总储量（按氧化物计）约为 11610 万吨，中国约占 38%，巴西占 19%，越南占 19%，俄罗斯占 10%，印度占 6%，美国等其他国家占 8%。其主要工业矿物为氟碳铈矿、独居石、磷钇矿、离子型稀土矿等，这几种矿占稀土产量 95% 以上。

表 2.4 2017~2018 年世界稀土元素的生产和储量

国别	储量 /万吨	占全部储量 比例/%	生产量/t		占全部生产量比例/%	
			2017 年	2018 年	2017 年	2018 年
中国	4400	37.9	105000	120000	79.6	71.4
美国	140	1.2①	—	15000	—	8.9
俄罗斯	1200	10.3	2600	2600	2.0	1.5
澳大利亚	340	2.9	19000	20000	14.4	11.9
印度	690	5.9	1800	1800	1.4	1.1
巴西	2200	18.9	1700	1000	1.3	0.6
缅甸	少量	—	少量	5000	—	—
越南	2200	18.9	200	400	0.2	0.2
其他国家	440	3.8	1680	2600	1.3	1.5
总计	11610	—	131780	168000	—	—

注：数据来自 USGS MINERAL COMMODITY SUMMARIES 2019。

① 美国数据比原有数据大幅减少。

我国稀土资源极为丰富，居世界首位，但经过长期的开发，目前仅占世界的 1/3 左右。其中以氟碳铈矿与独居石混合矿、离子型稀土矿等最为重要。我国包头的氟碳铈矿与独居石混合矿中，铈含量比美国芒廷帕斯矿高。我国南方离子型稀土矿产出的混合稀土氧化物中，富含高价值的中重稀土，为世界所罕见。根据稀土配分特点，南方离子型稀土矿分为三种类型：轻稀土型、中钇富铈型和高钇重稀土型。主要稀土矿物的配分见表2.5。

表 2.5　我国主要稀土矿物的配分

矿物名称	稀土总量/%	稀土元素配分/%														
		LaO$_3$	CeO$_2$	Pr$_6$O$_{11}$	Nd$_2$O$_3$	Sm$_2$O$_3$	Eu$_2$O$_3$	Gd$_2$O$_3$	Tb$_4$O$_7$	Dy$_2$O$_3$	Ho$_2$O$_3$	Er$_2$O$_3$	Tm$_2$O$_3$	Yb$_2$O$_3$	Lu$_2$O$_3$	Y$_2$O$_3$
独居石	65.13	27.67	40.16	6.86	16.53	2.94	<0.75	2.21	0.10	0.37	—	0.12	—	0.74	—	2.08
氟碳铈矿	74.77	22.6	53.3	5.5	16.2	1.1	0.3	0.6	0.1	0.2	—	—	—	—	—	0.1
包头稀土矿	60.15	23	50.1	6.0	19.5	1.2	0.20	0.75	—	—	—	—	—	—	—	0.43
磷钇矿	62.02	0.87	3.97	0.25	1.86	1.49	0.79	5.34	0.75	10.56	3.23	7.57	0.98	11.80	1.12	49.4
褐钇铌矿	39.94	—	—	—	—	—	0.5	4.5	1.2	11.2	3.4	6.9	1.3	7.4	1.86	56.2
淋积型高钇重稀土矿	93.00	2.18	1.09	1.08	3.47	2.34	<0.37	5.69	1.13	7.48	1.6	4.26	0.60	3.34	0.47	64.9
淋积型轻稀土矿	98.00	29.84	7.18	7.41	30.18	6.32	0.51	4.21	0.46	1.77	0.27	0.88	0.13	0.62	0.18	10.07
淋积型中钇富铈稀土矿	92	25.44	0.86	6.61	24.79	5.02	1.23	4.22	0.82	3.49	0.59	1.90	0.30	1.54	0.32	22.75

经过多年的发展，我国稀土产业实际上形成了"三大基地、两大体系"的格局。三大基地是：一是以包头混合型稀土为原料的北方稀土生产基地；二是以江西等南方七省的离子型稀土矿为原料的中重稀土生产基地；三是以四川冕宁氟碳铈为原料的氟碳铈矿生产基地。轻重两大体系是：一是以轻稀土为主的北方工艺体系，二是以中重稀土为主的南方工艺体系。

我国稀土资源呈现储量大、分布广、矿种全、类型多、价值高等特点：

（1）储量分布高度集中（主要是轻稀土）。我国稀土矿产虽然在华北、东北、华东、中南、西南、西北六大区均有分布，但主要集中在华北区的内蒙古白云鄂博铁-铌、稀土矿区，其稀土储量占全国稀土总储量的90%以上，是我国轻稀土主要生产基地。

（2）轻、重稀土储量在地理分布上呈现出"北轻南重"的特点。轻稀土主要分布在北方地区，重稀土则主要分布在南方地区，尤其是在南岭地区分布可观的离子吸附型中稀土、重稀土矿，易采、易提取，已成为我国重要的中、重稀土生产基地。此外，在南方地区还有风化壳型和海滨沉积型砂矿，有的富含磷钇矿（重稀土矿物原料）；在赣南一些脉钨矿床（如西华山、荡坪等）伴生磷钇矿、硅铍钇矿、钇萤石、氟碳钙钇矿、褐钇铌矿等重稀土矿物，在钨矿选冶过程中可综合回收，综合利用。

（3）共伴生稀土矿床多，综合利用价值大。在已发现的数百处矿产地中，2/3以上为共伴生矿产，颇有综合利用价值。但多数矿床物质成分复杂，矿石嵌布粒度细，多为难选矿石，如白云鄂博矿床中有70余种元素，170多种矿物，其中稀土、铌钽储量巨大，为世界罕见的大型稀土、稀有金属矿床。在铁矿石中共生的独居石、氟碳铈矿、氟碳钡铈矿、黄河矿等稀土矿物，虽然矿石结构构造复杂，嵌布粒度细微，但经过不断选冶试验研究，精矿品位和冶炼提取及回收率已有很大提高，成为我国轻稀土主要原料基地。

（4）我国稀土矿产资源储量多、品种全，为发展稀土金属工业提供了优越的资源条件。现已探明的稀土储量达 1 亿吨以上，而且还有较大的资源潜力。品种全，17 种稀土元素除钷尚未发现天然矿物，其余 16 种稀土元素均已发现矿物、矿石。在所勘查和开发的矿床中，通过选冶工艺从矿石矿物中提取出 16 种稀土金属，现已生产出几百个品种和上千个规格的稀土产品，不仅满足了国内需求，而且已大量出口，成为我国出口创汇的主要矿产品及加工产品之一。

五、稀土矿物处理方法概述

当前我国和世界上其他国家开采出来的稀土工业矿物中，稀土氧化物含量通常只有百分之几，甚至千分之几。为了满足冶炼的生产需要，除离子型稀土矿外的矿物，在冶炼之前需要先进行选矿，主要有重选、磁选、浮选、化选、电选或采用这些方法的联合流程，其目的是将稀土矿物与脉石矿物和其他有用矿物分开得到稀土精矿，以提高稀土氧化物的含量，以达到满足稀土冶炼工艺要求。如经选矿后的独居石精矿其成分（质量分数）为：$\sum RE_xO_y$ 大于 60%，Ti 小于 1.0%，Fe 小于 1.0%，ZrO_2 小于 2%，SiO_2 小于 3%；要求含独居石矿物大于 97%，磁性杂质小于 2%，非磁性杂质小于 1%，轻矿物小于 1.8%。对独居石和氟碳铈混合稀土精矿的成分（质量分数）要求为：$\sum RE_xO_y$ 不小于 60%，$\sum Fe$ 不大于 5%，CaO 不大于 5.5%，BaO 不大于 2.5%。

稀土精矿中的稀土还不能直接利用，为了获取便于利用的稀土产品，首先要进行稀土精矿的分解。精矿的分解，是利用化学试剂与精矿作用，将矿物的化学结构破坏，使之转变成其他形式的化合物，以便能用水、酸、碱或其他溶剂浸出转入溶液，或富集于沉淀中，使稀土元素与伴生元素得到初步分离。

稀土精矿的分解方法，根据分解试剂不同，可分为三大类，即酸分解法、碱分解法和氯化法。分解方法的选择，主要依据给定的产品方案和原辅材料的实际情况，精矿的类型、品位及其特点和有利于综合利用与"三废"处理等原则来进行，力求获得最佳效果。

酸分解法包括硫酸、盐酸和氢氟酸分解等。硫酸分解法适用于处理独居石、磷钇矿等磷酸盐矿物和氟碳铈矿等氟碳酸盐矿物及含钛矿物。盐酸分解法主要用于处理褐帘石、硅铍钇矿等硅酸盐矿物。氢氟酸分解法适于分解褐钇铌矿、铌钇矿等铌钽酸盐矿物。酸分解法的特点是分解矿物能力强，对精矿品位、粒度要求不严，适用面广，但选择性差，腐蚀严重，操作条件差，"三废"较多。

碱分解法主要包括苛性钠分解和碳酸钠焙烧法等，它适合对稀土磷酸盐矿物和氟碳盐矿物的处理。对于个别难分解的稀土矿也有采用苛性钠的。碱法分解的特点是：工艺方法成熟，设备简单，综合程度较高。但对精矿品位与粒度要求较严，污水排放量大。

氯化法分解稀土精矿可以直接制得无水氯化稀土，便于熔盐电解制取混合稀土金属。直接氯化时，许多金属氧化物与氯反应的标准自由能变化为正值，但碳与氧反应的标准自由能变化为很大的负值，因此可以采用加碳氯化的方法使原来不能进行的氯化反应变成能进行。氯化工艺是将碳与稀土精矿混合，在竖式氯化炉的高温下直接通入氯气，根据生成不同氯化物的沸点差异，可同时得到三种产物：稀土和钙、钡等金属的氯化物，呈熔体状流入氯化物熔盐接收器；低沸点的氯化物（钍、铀、铌、钽、钛、铁、硅等）为气态产物，收集在冷凝器内，并送综合回收；未分解的精矿与碳渣等高沸点成分则成为残渣。

氯化法的特点是适用于处理不同类型的精矿，对精矿粒度要求不严，虽所得氯化稀土纯度低，但可直接电解制取金属。因存在对设备腐蚀严重，操作条件差，综合回收设备庞大等缺点，在我国尚未被工业采用。

第三节　氟碳铈矿—独居石混合型精矿的处理

内蒙古白云鄂博矿主要含有铁、铌、稀土和放射性元素钍等矿物。在开采铁矿的同时开采出稀土，再以选铁生产中产出的强磁中矿为主要原料，采用浮选工艺生产得到白云鄂博稀土矿，其中以混合稀土精矿为主。混合型稀土精矿主要含有氟碳铈矿和独居石两种矿物，故称氟碳铈矿—独居石混合型精矿。它是一种复合型稀土矿，具有如下特点：

（1）稀土的化学组成为氟碳酸盐和磷酸盐。稀土元素中以铈组元素为主（约97%）。精矿中氟碳铈矿与独居石的相对比例在9∶1~6∶4之间变化，且与稀土品位无关。

（2）由于选矿工艺不同，精矿品位变化较大（有30%，55%，60%三个品级）。目前已经可通过选矿办法使氟碳铈矿与独居石分开，但是成本偏高。

（3）精矿中含有铁矿物（Fe_2O_3，Fe_3O_4）、萤石（CaF_2）、重晶石（$BaSO_4$）、磷灰石等矿物，且含有少量铌的矿物。萤石的粒度比含稀土矿物的颗粒更大，放射性元素含量（ThO_2约0.2%）显著低于独居石精矿，具有重要的综合利用价值。

可供工业上使用的50%~60%（RE_xO_y）品位的混合稀土精矿的化学组成，氟碳铈矿—独居石混合稀土精矿的化学组成见表2.6。

表 2.6　氟碳铈矿—独居石混合稀土精矿的化学组成　　　（质量分数/%）

成分	$\sum RE_xO_y$	$\sum Fe$	F	P	SiO_2	CaO	BaO	S	ThO_2	Nb_2O_5
组成	50.40	3.70	5.90	3.50	0.56	5.55	7.58	2.67	0.219	0.052
组成	54.78	2.10	6.20	4.65	0.67	0.67	4.59	1.64	0.17	0.017
组成	60.12	3.05	6.20	4.85	1.28	1.28	2.42	0.647	0.210	0.023

目前工业上分解精矿主要采用浓酸焙烧法，少数为苛性钠分解法。

一、浓硫酸焙烧法

浓硫酸焙烧法可分为低温硫酸焙烧和高温强化焙烧两种。由于高温强化焙烧消耗化工原料少，工艺流程短，具有较高的经济效益，目前工业上主要采用这一工艺。高温硫酸焙烧处理氟碳铈矿—独居石混合稀土精矿的原则流程如图2.2所示。

高温硫酸焙烧法处理混合稀土精矿主要分为两个阶段：

（1）精矿的硫酸化焙烧和熟料浸出，使稀土转化成硫酸盐并进入溶液中。

（2）从浸出的硫酸溶液中提取稀土。

（一）精矿的硫酸化焙烧和熟料浸出

1. 浓硫酸高温强化焙烧的基本反应

采用50%~55%的高稀土品位的混合型稀土精矿与浓硫酸混合，加入焙烧设备中，稀

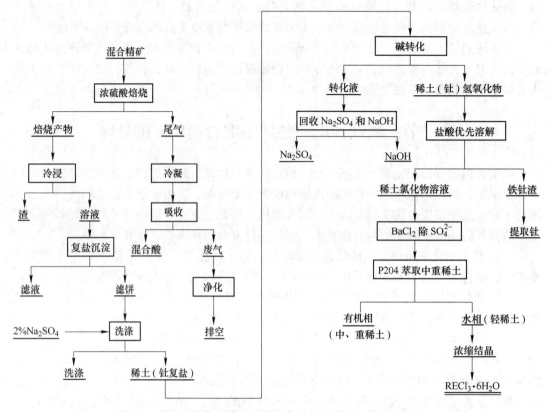

图 2.2　浓硫酸焙烧法高温强化焙烧分解混合稀土精矿原则流程

土精矿约在 200℃ 温度下与硫酸作用，稀土和钍转变为可溶性硫酸盐。主要反应有：

（1）氟碳铈矿的分解：
$$2REFCO_3 + 3H_2SO_4 \Longrightarrow RE_2(SO_4)_3 + 2HF\uparrow + 2CO_2\uparrow + 2H_2O\uparrow$$

（2）独居石矿的分解：
$$2REPO_4 + 3H_2SO_4 \Longrightarrow RE_2(SO_4)_3 + 2H_3PO_4$$
$$Th_3(PO_4)_4 + 6H_2SO_4 \Longrightarrow 3Th(SO_4)_2 + 4H_3PO_4$$

（3）萤石的分解：
$$CaF_2 + H_2SO_4 \Longrightarrow CaSO_4 + 2HF\uparrow$$
$$4HF + SiO_2 \Longrightarrow SiF_4\uparrow + 2H_2O\uparrow$$

（4）铁矿物的反应：
$$Fe_2O_3 + 3H_2SO_4 \Longrightarrow Fe_2(SO_4)_3 + 3H_2O\uparrow$$

（5）石英砂的反应：
$$SiO_2 + 2H_2SO_4 \Longrightarrow H_2SiO_3 + H_2O + 2SO_3$$

（6）当温度高于 300℃，还有如下反应产生：
$$2H_3PO_4 \Longrightarrow H_4P_2O_7 + H_2O\uparrow$$
$$H_4P_2O_7 \Longrightarrow 2HPO_3 + H_2O\uparrow$$
$$Th(SO_4)_2 + H_4P_2O_7 \Longrightarrow ThP_2O_7\downarrow + 2H_2SO_4$$

$$Fe_2(SO_4)_3 \Longrightarrow Fe_2O_3 + 3SO_3 \uparrow$$

$$H_2SO_4 \Longrightarrow SO_3 \uparrow + H_2O \uparrow$$

$$SO_3 \Longrightarrow SO_2 + \frac{1}{2}O_2$$

（7）在高温强化焙烧过程中，还发生部分铈的氧化反应：

$$4CeFCO_3 + 8H_2SO_4 + O_2 \Longrightarrow 4Ce(SO_4)_2 + 6H_2O \uparrow + 4HF \uparrow + 4CO_2 \uparrow$$

$$2CePO_4 + 5H_2SO_4 \Longrightarrow 2Ce(SO_4)_2 + 2H_3PO_4 + SO_2 \uparrow + 2H_2O \uparrow$$

由上可知：稀土和钍生成可溶性硫酸盐，钍生成难溶的焦磷酸盐，萤石转变成硫酸钙及挥发性的氟化氢和氟化硅气体，铁、锰矿物则不同程度地分解并转变成硫酸盐；重晶石基本上不发生反应。焙烧后产物主要有熟料和尾气：

熟料：$RE_2(SO_4)_3$、$Ce(SO_4)_2$、$Th(SO_4)_2$、Fe_2O_3、$Fe_2(SO_4)_3$、$CaSO_4$等；

尾气：HF、SO_2、SO_3、O_2、H_2O、SiF_4。

尾气经冷却将 HF、SO_3 吸收制成混合酸，其他废气进一步净化后排空。熟料供下一步水浸出。

2. 影响高温强化焙烧过程的因素

混合型稀土精矿在强化焙烧过程，其分解率主要取决于酸矿比、焙烧温度、焙烧时间及精矿粒度 4 个主要因素。

A　酸矿比

从上述分解主要反应可知，硫酸不仅消耗在分解稀土矿物上，而且相当部分消耗在分解萤石、铁矿石等杂质上，所以硫酸用量应随精矿品位提高而减少。为了使反应进行得更完全，同时还考虑硫酸在焙烧温度下的部分分解损失，硫酸加入量适当过量。为了使分解率大于 95%，处理 50% 品位的精矿酸矿比控制在 (1.1~1.3)∶1 之间。

B　焙烧温度

焙烧温度的选择应适宜。焙烧温度过低，分解速度慢，分解不完全，钍在浸出时易分散；焙烧温度过高，除了引起硫酸挥发和分解损失之外，还会导致稀土硫酸盐分解成难溶的 $RE_2O \cdot SO_3$ 或氧化物，从而降低浸出时稀土的回收率。为了获得高的分解率和焙烧产物适宜的酸度，通常控制反应温度在 300~350℃，窑尾温度控制在 250~300℃ 左右，窑头温度控制在 700~800℃ 之间，焙烧产物应是浅黄色的均匀松散的小颗粒。

C　焙烧时间

焙烧时间与矿物分解程度相关。时间过短分解不完全，还会使浸出时酸度过高，过长不仅容易使稀土硫酸盐分解，还会引起酸耗增加和产量降低。实践证明，强化焙烧时间控制在 80~100min 之间为宜。

D　精矿粒度

由于硫酸对矿物的浸透能力强及固体产物的多孔性，反应试剂和产物的扩散速度快，因此浓硫酸焙烧工艺对精矿的粒度要求较宽松，一般小于 65~200 目即可。不过粒度过大，将使精矿表面积减小，降低反应速度和分解率。

3. 硫酸焙烧的工业实践

焙烧主要在钢制的回转窑内进行，回转窑内径约 1.1m，长 20m，转窑体倾斜 2° 左右，以便在窑体转动时，使物料从窑尾运动到窑头卸出，内衬防腐耐火砖的回转窑，窑头砌燃烧室，燃料可用重油、煤炭。物料在窑内的焙烧时间与窑的长度、转数、坡度相关。

将混合型稀土精矿与浓硫酸按酸矿比（1.1~1.3）：1均匀混合，由螺旋给料机从窑尾端以一定速度连续均匀加入窑内。焙烧好的炉料，从窑头连续卸出。炉料通过窑的全长需80~100min即可达到足以完全分解的程度。炉料进入窑中经过预热区开始反应，其激烈反应是发生在窑的中部，这时炉料温度为300~350℃。窑头温度较高，为700~800℃，以便使反应进行完全，同时使钍转化成焦磷酸钍并排出过的硫酸。焙烧炉料直接卸入水浸槽中。其精矿分解率大于93%，磷除去率达90%，钍除去率可达95%。

硫酸化焙烧回转窑及尾气回收系统示意如图2.3所示。从窑尾排出的气体温度约为250~270℃，由排风机抽至尾气回收系统。首先进入除尘塔冷却，塔内填有松散的焦炭块以便滤去夹带出来的粉尘。尾气从塔顶排出后，使之连续经过三个喷淋塔，为塔顶淋下来的冷水和循环的HF-H$_2$SO$_4$稀冷溶液所淋洗和冷却，此时尾气中所含SO$_3$、SO$_2$、HF、SiF$_4$、H$_2$O等，冷凝并进入淋洗液中，尾气再经湍球塔加以净化，最后排到大气中，其净化率可达98%以上。

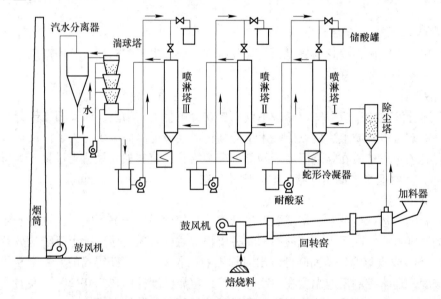

图2.3 硫酸化焙烧回转窑及尾气回收系统示意图

硫酸化焙烧与其他方法相比较，其优点是分解率高，受矿石品位影响小。如处理品位为60% RE$_2$O$_3$的精矿，分解率达95%以上；而处理品位为20% RE$_2$O$_3$的精矿，分解率可达93%。另外对精矿的粒度也不需要磨得太细。

此外，有专利提供一种稀土精矿分解方法，包括以下过程：将稀土精矿与浓硫酸按重量比1：（1.1~1.7）的比例混合；把混合硫酸后的精矿在40~180℃下熟化；熟化后的精矿焙烧1~8h，焙烧温度150~330℃；焙烧产出的焙烧矿采用水浸出，使95%以上的稀土和钍浸出进入溶液中；再经萃取分离钍和稀土，经洗涤、反萃得到硝酸钍产品；萃取钍后溶液经沉淀得到不含钍的稀土产品；焙烧产出的烟气经氨脱氟或水洗涤排放；浸出后的渣，采用水洗涤后排放；采用本发明处理稀土精矿，可以解决稀土提取过程中的放射性废渣、废水和含氟废气排放问题，达到国家排放标准，实现清洁生产。

4. 熟料的浸出

焙烧产物即熟料直接卸入带有搅拌器的耐酸槽中，因硫酸会有残余，浸出时无需再加硫酸，直接用水浸出。其中的稀土已经转变成可溶性的硫酸盐，由于稀土硫酸盐的溶解度是随温度升高而降低的，故浸出时常用的是冷水或返液。

A　浸出及过滤

浸出的用水量应以后续工序对稀土浓度的要求而定。用水量过少，稀土浸出液浓度过高，滤渣中吸附损失的稀土也增加，这对提高稀土回收率不利，故一般用水量控制在使浸出液中 RE_2O_3 的总浓度为 38~40g/L，常用液固比为（10~15）∶1。在搅拌情况下，浸出时间为 3~4h，然后静置 10~12h，澄清后进行过滤。由于有硅酸和极细粒硫酸钙存在，使过滤洗涤比较困难，通常须加入少量聚丙烯酰胺凝聚剂，促使胶体凝聚，增加过滤速度。

B　除杂及洗涤

过滤出的稀土硫酸盐溶液中除含有稀土外，还有少量的铁、钙、硅、铝、镁、锰、钛、磷和微量钍，影响接下来的萃取分离工艺的进行及混合氯化稀土或碳酸稀土的质量，所以须除杂。

当溶液中 Fe/P 小于 3 时，通常加入适量 $FeCl_3$ 产生沉淀，可使磷进一步除掉：

$$FeCl_3 + H_3PO_4 =\!=\!= FePO_4 \downarrow + 3HCl$$

然后溶液用 MgO 或 CaO 中和至 pH 值为 4.0~4.5，铁和钍水解成氢氧化物沉淀：

$$Fe_2(SO_4)_3 + 6MgO + 3H_2SO_4 =\!=\!= 2Fe(OH)_3 \downarrow + 6MgSO_4$$

$$Th(SO_4)_2 + 4MgO + 2H_2SO_4 =\!=\!= Th(OH)_4 \downarrow + 4MgSO_4$$

澄清过滤，所得溶液供下一工序提取稀土使用。浸出渣中除含有萤石、重晶石、二氧化硅、硫酸钙以及未分解的精矿外，尚含有微量的钍的放射性衰变产物，通常渣经两次洗涤，即可弃去。

（二）从浸出液中提取稀土

由于浸出所得硫酸盐溶液成分复杂，从硫酸盐溶液中提取稀土和除掉微量的钍，在现行的工艺方法中，主要有一般硫酸复盐沉淀法和有机溶剂萃取两种。

1. 硫酸复盐沉淀法

该工艺方法的特点是从硫酸焙烧熟料浸出液中，不需中和和净化，便可直接提取稀土。

A　硫酸复盐沉淀

前面已述，轻稀土硫酸稀土能与硫酸钠或钾，生成难溶于过量硫酸钠或硫酸溶液的硫酸复盐沉淀：

$$RE_2(SO_4)_3 + Na_2SO_4 + 2H_2O =\!=\!= RE_2(SO_4)_3 \cdot Na_2SO_4 \cdot 2H_2O \downarrow$$

$$Th(SO_4)_2 + Na_2SO_4 + 6H_2O =\!=\!= Th(SO_4)_2 \cdot Na_2SO_4 \cdot 6H_2O \downarrow$$

上述水溶液（酸度约为 1mol/L）在 80~90℃ 下加入固体硫酸钠或硫酸铵便能生成难溶的稀土硫酸钠（或硫酸铵）复盐，实现与溶液中的非稀土杂质良好分离。

为使复盐沉淀完全，硫酸钠用量为理论用量的 2~3 倍。当钠盐过量太多时，难免有部分钇组元素发生类质同晶共沉淀。硫酸复盐的溶解度随温度升高而降低，故沉淀操作常在 90℃ 下进行，此时还可生成无水的稀土硫酸复盐沉淀。应当指出，由于钍也能生成可溶

性的硫酸复盐 $Th(SO_4)_2 \cdot Na_2SO_4 \cdot 6H_2O$，故实际上也有部分钍同时发生沉淀，分散于沉淀与溶液中。

当浸出液含有相当量的 SO_4^{2-} 时，也可采用加入较 Na_2SO_4 便宜的 NaCl 来进行沉淀：

$$xRE_2(SO_4)_3 + 2yNaCl + yH_2SO_4 + zH_2O \Longrightarrow xRE_2(SO_4)_3 \cdot yNa_2SO_4 \cdot zH_2O \downarrow + 2yHCl$$

一般 x，$y=1$，$z=1\sim2$。

工业生产时控制 RE_2O_3：$NaCl=1:(2.5\sim3)$、洗液为3%NaCl溶液。

中稀土，尤其是重稀土的硫酸复盐的溶解度比轻稀土较大，但混合精矿中的中、重稀土含量很低，在沉淀条件下基本都能被轻稀土载带下来。必须指出，在中、重稀土相对含量很小的溶液中，用硫酸盐复盐的方法将稀土分组是非常困难的。

复盐沉淀后进行过滤，滤饼吸附的母液含铁、磷、锰、铝等少量杂质，为了提高复盐纯度，需进行洗涤。因复盐在水中有一定的溶解度，故通常是用稀硫酸钠溶液/氯化钠作洗涤剂。为了提取滤液中的中重稀土元素，可将滤液加热到90℃左右，加入过量约25%的草酸，使其呈草酸盐沉淀下来，且能较好的与非稀土杂质分离。

B　硫酸复盐的碱转化

一般采用苛性钠溶液使稀土和微量钍的硫酸复盐转化成氢氧化物：

$$RE_2(SO_4)_3 \cdot Na_2SO_4 + 6NaOH \Longrightarrow 2RE(OH)_3 \downarrow + 4Na_2SO_4$$

$$Th(SO_4)_2 \cdot Na_2SO_4 + 4NaOH \Longrightarrow Th(OH)_4 \downarrow + 3Na_2SO_4$$

为了提高转化率，NaOH用量应超过理论需要量的 $10\%\sim20\%$，通常按1kg氧化稀土加入1kg苛性钠。同时，为改善氢氧化物的沉降和过滤性质，要求在接近沸腾温度下转化 $2\sim3h$，并保持 $0.5mol/L$ 的游离碱。

所得稀土等的氢氧化物吸附有大量的硫酸钠、碱及其他杂质，需要进行洗涤。通常在固液比 $1:(10\sim12)$、$70\sim80℃$ 的条件下用水洗涤，直至洗至 pH 值为 $8\sim9$ 时停止。

若要使铈转化成四价铈氢氧化物，可在碱转化的同时，通入压缩空气。其氧化反应为：

$$2Ce(OH)_3 + \frac{1}{2}O_2 + H_2O \Longrightarrow 2Ce(OH)_4$$

C　盐酸优溶与除钍和铁

碱转化所得的稀土、钍的氢氧化物，用盐酸溶解时，稀土和钍分别都以氯化物形态进入溶液：

$$RE(OH)_3 + 3HCl \Longrightarrow RECl_3 + 3H_2O$$

$$Th(OH)_4 + 4HCl \Longrightarrow ThCl_4 + 4H_2O$$

由于在碱转化和水洗过程中或在空气中放置时，少部分 Ce^{3+} 会氧化成 Ce^{4+} 形成 $Ce(OH)_4$ 而难溶于稀的无机酸。但在浓酸溶解时会伴有下列溶解反应：

$$2Ce(OH)_4 + 8HCl \Longrightarrow 2CeCl_3 + 8H_2O + Cl_2 \uparrow$$

为了加速 $Ce(OH)_4$ 的溶解也可加入少量 H_2O_2，使 Ce^{4+} 还原成三价而使其溶解：

$$2Ce(OH)_4 + H_2O_2 + 6HCl \Longrightarrow 2CeCl_3 + 8H_2O + O_2 \uparrow$$

从溶液中除钍和铁是基于它们与稀土沉淀的 pH 值不同，适当控制酸溶液的最终 pH 值，可达到稀土与钍、铁的分离。生产中是用盐酸溶解 $RE(OH)_3$ 至 pH 值为 $0.5\sim1.0$，然后再慢慢补加适量的氢氧化稀土或碳酸稀土，回调至 pH 值为 $4\sim4.5$，此时钍和铁呈氢氧化物沉淀出来。为除去少量的 SO_4^{2-}，常加入 $BaCl_2$，生成 $BaSO_4$ 除去。澄清过滤后的稀土氯化物溶液，即可供生产氯化稀土产品或作为分离单一稀土的原料。

D 氯化稀土晶体的制取

氯化稀土溶液经蒸发浓缩、冷却即可得到结晶 $RECl_3 \cdot nH_2O$ 产品。生产上为了加速蒸发浓缩的速度，通常用减压方式浓缩，在 $5 \times 10^4 Pa$ 真空度下，稀土氯化物沸点可降至 $108 \sim 110℃$。氯化稀土结晶常为粉红色或灰白色固体，其中 RE_2O_3 含量在 45% 以上。在蒸发浓缩过程中，为了防止氯氧化物的生成，常须加入折合溶液中 RE_2O_3 量的 3%~5% 的氯化铵。

2. 有机溶剂萃取法

硫酸法处理混合型稀土精矿时，采用有机溶剂萃取法直接从硫酸盐溶液萃取稀土，是一种较为理想的工艺方法。适合从硫酸溶液中萃取稀土的萃取剂有许多种，如酸性有机磷酸酯和胺类萃取剂等。如采用二（2-乙基己基）磷酸（即 P204）萃取提取稀土的工艺（图 2.4）简述如下。

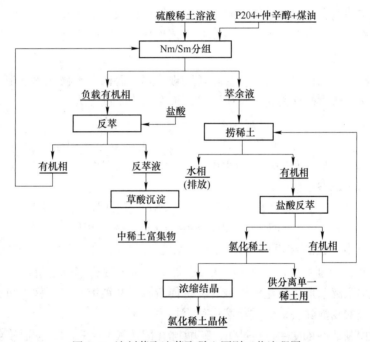

图 2.4 溶剂萃取法萃取稀土原则工艺流程图

A 钕钐分组

经中和净化后的稀土硫酸盐溶液中含 $\sum RE_2O_3$ 38 ~ 40g/L、Fe 约 0.05g/L、P 约 0.005g/L、Th<0.001g/L、pH 值为 4~4.5。调酸度至 0.2mol/L，采用 1mol/L P204-煤油萃取剂，经 7 级萃取 13 级洗涤 8 级 6mol/L HCl 逆流反萃，再经草酸或碳酸氢铵沉淀即可获得含 Eu_2O_3 大于 8% 的钐铕钆富集物。

B 捞稀土

经 1mol P204-煤油萃取中重稀土之后的萃余液，酸度约为 0.14~0.15mol/L，含 $\sum RE_2O_3$ 约 35g/L，萃取之前需经碳酸氢铵中和至 pH 值为 4~4.5，再加水稀释至 $\sum RE_2O_3$ 17~20g/L。

用 1.5mol/L P204-煤油经 7 级萃取 2 级澄清 6 级逆流 6mol/L HCl 反萃，可获得含 $\sum RE_2O_3$ 250~270g/L 氯化稀土溶液。此溶液可能尚含有少量 SO_4^{2-}，定量加入 $BaCl_2$ 后能够沉淀除去。所得氯化稀土溶液，可送往浓缩结晶或供作分离单一稀土的原料。萃余液中含 RE_2O_3 小于 0.5g/L。

二、苛性钠溶液分解法

苛性钠溶液分解法处理氟碳铈矿—独居石混合稀土精矿，主要适用于高品位（RE_xO_y >60%）细粒度的矿物原料。

混合稀土矿的钙含量较高，约在 7% 左右，主要呈萤石（CaF_2）、白云石（$CaCO_3 \cdot MgCO_3$）和方解石（$CaCO_3$）形态存在。在碱分解时萤石不能完全分解，而经后续盐酸分解时，溶液中出现的 F^- 易与稀土形成难溶氟化物沉淀而使稀土损失于渣中。同时，精矿中的钙在碱分解时易转变成微溶的氢氧化钙，它又易与碱液中的磷酸根 PO_4^{3-} 生成难溶性的稀土磷酸盐而造成稀土的损失。为此，用苛性钠溶液处理混合精矿进行酸浸（化学选矿）除钙，使精矿中的萤石等含钙矿物溶解除去，然后进行碱分解处理。

苛性钠溶液处理混合型稀土精矿的原则工艺流程，如图 2.5 所示。

（一）酸浸除钙

用稀盐酸浸泡稀土精矿，使其中含钙矿物被溶解，而稀土矿物的化学形态较少发生变化，因此，这一方法也被称为化学选矿除钙。涉及的主要反应为：

$$CaF_2 + 2HCl \Longrightarrow CaCl_2 + 2HF$$
$$CaCO_3 + 2HCl \Longrightarrow CaCl_2 + H_2O + CO_2 \uparrow$$
$$Ca_5F(PO_4)_3 + 10HCl \Longrightarrow 5CaCl_2 + 3H_3PO_4 + HF$$

部分氟碳铈矿也参与反应：

$$3REFCO_3 + 6HCl \Longrightarrow 2RECl_3 + REF_3 \downarrow + 3H_2O + 3CO_2 \uparrow$$
$$RECl_3 + 3HF \Longrightarrow REF_3 \downarrow + 3HCl$$

在酸浸过程中，萤石和氟碳铈矿均能部分地溶解，但氟化稀土的溶度积（$K_{sp} = 8 \times 10^{-16}$）比氟化钙的溶度积（$K_{sp} = 2.7 \times 10^{-11}$）要小。由于萤石部分溶解而进入溶液的氟能与进入溶液的稀土离子形成氟化稀土沉淀，致使萤石不断被溶解。这样，可使精矿中的萤石相当完全地被酸浸泡除去，而酸浸液中稀土损失又不大。

酸浸一般控制盐酸浓度 = 2.5mol/L，矿酸比（固：液）= 1:2，在温度约 90~95℃下进行 2.5~3.0h。除钙后的酸浸矿中，稀土品位可达 65%~70%，钙的含量小于 1%，钙的除去率大于 90%，稀土损失率仅为 2.5%~4%。酸浸液中的过剩盐酸和溶解的稀土还可以回收利用。

（二）液碱分解

液碱分解混合型稀土精矿的研究和生产经历了 3 个阶段：液碱常压分解法、固碱电场分解法与浓碱液电加热分解法。由于精矿中含氟高于独居石，对碱分解设备腐蚀严重，如仍然用独居石分解所用的蒸汽夹套加热，设备寿命短，运行极不安全。生产中应采用直接加热物料的方式。某工厂在钢制的分解槽中插入三根电极，电流通过精矿和氢氧化钠的混合物，利用物料本身的电阻发热，分解精矿。此方法叫做电场分解。采用 60%~65% 的苛

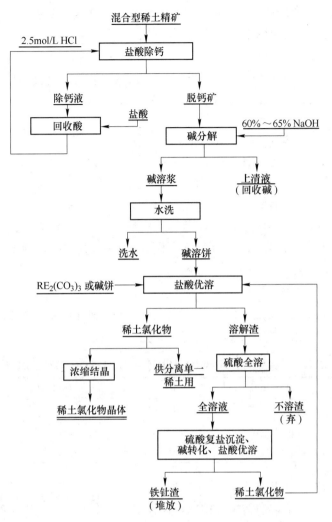

图 2.5 苛性钠溶液处理混合型稀土精矿原则工艺流程图

性钠溶液于 160~165℃ 温度下，在三相交流电极的分解槽中进行混合稀土精矿的液碱分解，稀土、钍、酸浸过程中未分解的萤石将发生如下主要化学反应：

$$REFCO_3 + 3NaOH = RE(OH)_3\downarrow + Na_2CO_3 + NaF$$

$$REPO_4 + 3NaOH = RE(OH)_3\downarrow + Na_3PO_4$$

$$Th_3(PO_4)_4 + 12NaOH = 3Th(OH)_4\downarrow + 4Na_3PO_4$$

$$REF_3 + 3NaOH = RE(OH)_3 + 3NaF$$

$$CaF_2 + 2NaOH = Ca(OH)_2 + 2NaF$$

$$3Ca(OH)_2 + 2Na_3PO_4 = Ca_3(PO_4)_2 + 6NaOH$$

此时铁、钡等杂质也会参与反应，生成相应的氢氧化物。

在液碱分解过程中，铈由三价进一步被氧化为四价：

$$4Ce(OH)_3 + 2H_2O + O_2 = 4Ce(OH)_4$$

过量的 NaOH 和反应生成的 Na_2CO_3、$Na_3PO \cdot NaF$ 等均溶于水，可在水洗时除去。工业生产中按固液比1:（10~12）在60~70℃下水洗7~8次至pH值为8~9，以保证可溶性钠基本除净。较高浓度的废碱液还可送去回收碱。

（三）盐酸溶解

经过洗涤后的沉淀物（碱饼），在酸溶槽中加盐酸溶解。其目的是使氢氧化稀土转为氯化物进入溶液，未分解的矿物及不溶性杂质分离除去。同时，使在水洗过程中被氧化的部分铈也溶于盐酸。过程的主要化学反应为：

$$RE(OH)_3 + 3HCl == RECl_3 + 3H_2O$$
$$Ce(OH)_4 + 4HCl == CeCl_4 + 4H_2O$$
$$2CeCl_4 == 2CeCl_3 + Cl_2 \uparrow$$

工业生产中控制：矿：盐酸=1:1.2、温度95~100℃。

此时，$Th(OH)_4$、$Fe(OH)_3$、$Fe(OH)_2$也与稀土一起进入溶液。酸溶后，溶液中稀土浓度可达200~250g/L，最终pH值为1~2。不溶性渣一般还有少量稀土，经水洗后返回碱分解，或进行单独处理。

（四）氯化稀土溶液的净化

经酸溶后的溶液中，含有RE^{3+}、Th^{4+}、Fe^{3+}、Fe^{2+}，基于它们溶度积和水解沉淀的pH值不同（表2.7），可以从溶液中将杂质逐一除去。

表2.7 $Fe(OH)_3$,$Th(OH)_4$,$RE(OH)_3$,$Fe(OH)_2$沉淀pH值

项 目	$Fe(OH)_3$	$Th(OH)_4$	$RE(OH)_3$	$Fe(OH)_2$
溶度积K_{sp}	1.1×10^{-36}	4×10^{-40}	—	1.64×10^{-14}
沉淀pH值	3.68	4.15	6.83~8.03	9.61
沉淀情况	沉淀完全	沉淀完全	开始析出	沉淀完全

（五）从优溶渣中回收稀土

优溶渣中尚含有未溶解的精矿（RE_2O_3不小于10%）及钍、铁等杂质，为了回收其中稀土，采用硫酸全溶的方法进行处理，其主要溶解反应为：

$$2REPO_4 + 3H_2SO_4 == RE_2(SO_4)_3 + 2H_3PO_4$$
$$2REF_3 + 3H_2SO_4 == RE_2(SO_4)_3 + 6HF$$

同时渣中铁、钍也被硫酸溶解而进入溶液：

$$2Fe(OH)_3 + 3H_2SO_4 == Fe_2(SO_4)_3 + 6H_2O$$
$$Th(OH)_4 + 2H_2SO_4 == Th(SO_4)_2 + 4H_2O$$

硫酸溶出的溶液，经硫酸复盐沉淀分离铁等杂质，稀土和钍的硫酸复盐用碱转化，而后盐酸优溶后返回酸溶工序。

第四节 独居石精矿的碱分解法

独居石是稀土工业的重要原料，目前主要产于澳大利亚、南非、巴西、马来西亚、印度等国家。独居石是稀土和钍的磷酸盐矿物$REPO_4$、$Th_3(PO_4)_4$，其化学组成具有以下特点：

（1）精矿中独居石的矿物量达 95%～98%，其中含有 RE_2O_3 50%～60%，铈组元素约占矿物稀土总量的 95%～98%；

（2）磷的含量高，P_2O_5 25%～27%；

（3）放射性元素 Th、U 含量较高，ThO_2 4%～12%，U_3O_8（$UO_2 \cdot 2UO_3$，所含的铀以 U_3O_8 形式存在）0.3%～0.5%，存在微量的 Th 和 U 放射性衰变产物 Ra；

（4）含有少量金红石（TiO_2）、钛铁矿（$FeO \cdot TiO_2$）、锆英石（$ZrO_2 \cdot SiO_2$）以及石英（SiO_2）等矿物。

工业上处理独居石的方法，主要有浓硫酸分解和苛性钠溶液分解两种工艺。1950 年以前主要采用浓硫酸分解法，之后普遍采用碱法分解。碱法的特点是：含量仅低于稀土的磷以磷酸三钠的形式分离出来，随后将铀、钍同时与稀土分离，最终得到氯化稀土。这样精矿中的有价成分与分解所用的化工试剂几乎全部能回收，经济合理。

苛性钠溶液分解法其原则工艺流程示于图 2.6 中。

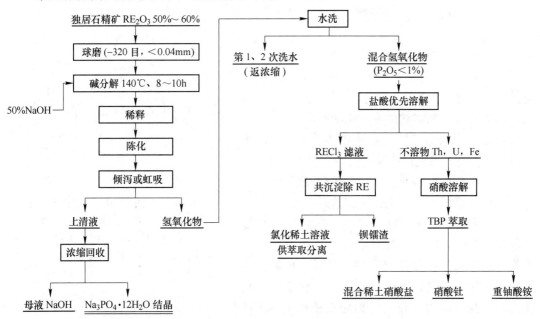

图 2.6　苛性钠分解独居石头原则工艺流程

一、独居石精矿的碱分解的化学反应

氢氧化钠溶液分解独居石精矿，是在带搅拌器的蒸气夹套加热的一般钢制反应槽中进行的。稀土与钍生成不溶于水的氢氧化物，磷转变成水溶性的磷酸三钠。分解过程的主要反应如下：

$$REPO_4 + 3NaOH =\!=\!= RE(OH)_3\downarrow + Na_3PO_4$$

$$Th_3(PO_4)_4 + 12NaOH =\!=\!= 3Th(OH)_4\downarrow + 4Na_3PO_4$$

铀在搅拌情况下与 NaOH、空气中的 O_2 也生成沉淀：

$$2U_3O_8 + O_2 + 6NaOH =\!=\!= 3Na_2U_2O_7\downarrow + 3H_2O$$

同时，钛、铁、锆、硅等部分杂质形成的矿物也同时被碱液所分解：

$$ZrSiO_4 + 4NaOH \Longrightarrow Na_2ZrO_3 + Na_2SiO_3 + 2H_2O$$

$$ZrSiO_4 + 2NaOH \Longrightarrow Na_2ZrSiO_5 + H_2O$$

$$TiO_2 + 2NaOH \Longrightarrow Na_2TiO_3 + H_2O$$

$$SiO_2 + 2NaOH \Longrightarrow Na_2SiO_3 + H_2O$$

$$Al_2O_3 + 2NaOH \Longrightarrow 2NaAlO_2 + H_2O$$

$$Fe_2O_3 + 2NaOH \Longrightarrow 2NaFeO_2 + H_2O$$

二、影响精矿分解的因素

独居石精矿的苛性钠溶液分解属于固-液多相反应。各反应物质不处在一个相中，所以总是存在界面。在两相界面处通常都存在浓度边界层，化学试剂（上述的 NaOH）必须扩散通过边界层，才能达到界面起反应。湿法分解精矿过程如图 2.7 所示，在生成不溶性产物时，精矿湿法分解主要包括以下几个步骤：

（1）化学试剂通过边界层向矿粒表面扩散（外扩散）。

（2）化学试剂被吸附在矿粒表面。

（3）吸附的试剂进一步扩散通过固体膜到未反应的物料表面（内扩散）。

（4）化学试剂与精矿发生化学反应。

（5）生成的不溶性产物使固体膜增厚，而生成的可溶性产物扩散通过固体膜（内扩散）。

（6）生成的可溶性化合物在矿粒表面解析。

（7）生成的可溶性化合物扩散到溶液中。

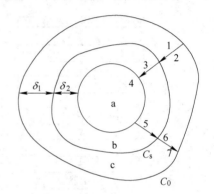

图 2.7　湿法分解精矿过程示意图

a—未反应的矿粒；b—反应生成的固体膜；

c—溶液和固体之间的边界层；

C_0—化学试剂在水中的浓度；

C_s—化学试剂在固体表面的浓度；

δ_1—液膜厚度；δ_2—固膜厚度

一般来说，吸附或解析速度都较快，故扩散或化学反应速度可能成为控制步骤。当扩散是最慢步骤时，反应属于扩散控制类型，即具有扩散过程特征；当化学反应是最慢步骤时，属于化学反应控制类型，即具有动力学特征。独居石精矿的 NaOH 分解，生成了固体的 $RE(OH)_3$、$Th(OH)_4$，且属于致密的固膜，其分解速度将受 NaOH 溶液通过固膜的扩散过程所控制，在冶金原理中已经分析过，扩散控制的动力学方程是：

$$1 - \frac{2}{3}\eta - (1-\eta)^{2/3} = \frac{2MD_2c}{\alpha\rho r_0^2}t$$

式中　　η——经过时间 t 后固体反应产物 $RE(OH)_3$、$Th(OH)_4$ 的反应分数；

M——独居石精矿的相对分子质量；

ρ——独居石精矿的密度；

c——浸矿剂 NaOH 溶液的浓度；

r_0——精矿颗粒球形原始半径；

α——化学计算因子；

D_2——反应物在溶液中的扩散系数。

上方程式表明，生产致密膜时，稀土精矿分解率随扩散系数 D_2 及分解试剂的浓度、精矿的原始半径（即粒度）等的变化而变化。根据动力学方程，可知影响精矿分解的主要因素如下所述。

1. 精矿粒度的影响

对于固液多相反应，通常是固体颗粒越小，颗粒比表面积越大，液固两相接触得越充分，反应速度也越快。如果颗粒太大，两相接触面积小，不仅影响反应速度，而且由于在颗粒表面生成一层难溶的氢氧化物膜，随着反应的进行，生成的固体层厚度也越大，矿粒更难以与 NaOH 接触，致使分解率降低。由动力学方程可以看出，反应速度与精矿颗粒半径 r_0 的平方成反比，所以，精矿粒度对反应速度影响很大。在生产实践中，通常将精矿细磨至 95% 以上小于 0.043mm，分解率可达 98% 以上。

2. 反应温度与时间的影响

苛性钠分解独居石精矿时，反应速度随温度升高而加快，这是由于溶液黏度减小，扩散系数 D 增大所致。但温度过高易引起稀土和钍的氢氧化物脱水，降低它们在后续工序的无机酸中的溶解性能。因此为了强化分解过程，反应温度控制在 140~150℃ 为宜。这一温度与矿浆、碱液浓度组成的料液沸点相当，苛性钠溶液的浓度与沸点的关系见表 2.8。

表 2.8 苛性钠溶液的浓度与沸点的关系

NaOH 浓度/%	沸点/℃
37.58	125
48.30	140
60.13	160
69.97	180
77.53	200

碱煮时不能使分解温度超过浸出料液的沸点，否则易造成溢槽。由动力学方程可知，分解率与分解时间成正比，一般经过 5~6h，即可达到 99% 以上的分解率，时间过长易出现干涸，且对提高分解率效果并不明显。

3. 苛性钠用量及浓度的影响

精矿分解率随着 NaOH 浓度的增加而提高，因为有利于 NaOH 通过固体膜向内层反应界面扩散。因而加大碱用量不但保证了体系的热力学条件，也补充了体系中 NaOH 的消耗，保证了足够的碱浓度以满足动力学条件。只有碱用量达到理论需要量的 2~3 倍或为精矿量的 1.1~1.4 倍，才能获得较高的分解效率。在生产实践中，为了提高反应速度，缩短反应时间，在常压间歇反应槽中采用加固体碱的办法以提高碱的浓度，而在反应终止时加水稀释，便于输送。在连续生产过程中通常使用的浓度为 55%~60%。

此外，适当搅拌，能降低液体边界层的厚度、脱除固体边界层和防止颗粒沉降，增加固、液两相的接触机会，对促进分解反应的进行有一定的作用。

三、从碱分解产物中提取稀土和除镭

经碱分解后稀土、钍、铀均留在氢氧化物沉淀中，而磷及其他杂质生成的可溶性钠盐和过量的 NaOH 则进入上清溶液。欲从中回收稀土，需经过以下过程：

（1）稀释后水洗沉淀物。将第 1~2 次水洗后有较高浓度的 Na_3PO_4 和 NaOH 洗液，同碱分解后的上清液合并一起进行浓缩，先结晶 Na_3PO_4，然后经过除硅处理，回收 NaOH 再返回碱分解。水洗是在搅拌下，用 60~70℃ 的水洗，然后澄清虹吸的方法洗至含 P_2O_5 小于 1%、pH 值为 7~8 为止。

（2）盐酸溶解稀土氢氧化物。为使钍和铀仍留在沉淀中，一般是采用盐酸优溶的办法。由于氢氧化稀土的溶度积比氢氧化钍大得多（表 2.9）即氢氧化稀土开始水解的 pH 值高于氢氧化钍，因此只要控制酸溶时的最终 pH 值为 4.0~4.5，就可使稀土进入溶液。但因 $Ce(OH)_4$ 的溶度积很小，故优溶渣中常含有 Ce^{4+}。

在生产实践中常将氢氧化稀土浆加入浓盐酸中，先将反应酸度控制在 pH 值为 1.5~2.0。为了加速 $Ce(OH)_4$ 的溶解，可加入少量 H_2O_2 进行还原，然后再用氢氧化稀土回调至 pH 值为 4.0~4.5，稀土溶出率可达 90% 以上，此时铁、钍、铀便集中于渣中。此渣可采用硝酸或盐酸全溶，溶液可送去用萃取法分离提取其中的稀土、钍和铀。

表 2.9　氢氧化物溶度积的负对数（25℃）

氢氧化物	pK_{sp}	氢氧化物	pK_{sp}
$Th(OH)_4$	44.9	$Pm(OH)_3$	34.0
$U(OH)_4$	51.9	$Sm(OH)_3$	21.2
$La(OH)_3$	19.0	$Eu(OH)_3$	21.5
$Ce(OH)_3$	19.8	$Gd(OH)_3$	21.7
$Ce(OH)_4$	50.4	$Yb(OH)_3$	23.5
$Pr(OH)_3$	19.6	$Y(OH)_3$	23.3
$Nd(OH)_3$	20.7		

（3）共沉淀除镭。获得的稀土溶液中，常含有微量放射性元素镭，故需除镭。目前普遍采用硫酸钡共沉淀法除镭，即先将稀土氯化物溶液加热至 70~80℃，在搅拌下加入适量硫酸和氯化钡溶液，由于镭、钡离子半径很相近（Ba^{2+} 和 Ra^{2+} 的半径分别为 0.138nm 和 0.142nm），故在硫酸钡沉淀时易将镭载带下来，这便是硫酸钡（镭）类质同晶共沉淀：

$$Ba^{2+}(Ra^{2+}) + SO_4^{2-} \Longrightarrow Ba(Ra)SO_4 \downarrow$$

为了提高除镭效果，除了需要足够量的 Ba^{2+} 和 SO_4^{2-} 外，还需保证充足的陈化时间。此时在稀土氯化物溶液中非稀土杂质含量已较较低，可送往蒸发浓缩，生产不分组的结晶氯化稀土或作萃取分离的原料。

四、磷酸三钠的回收

苛性钠分解独居石后的上清液与第一、二次洗液合并后，其 NaOH 浓度为 2mol/L，P_2O_5 浓度为 20g/L 左右。基于 Na_3PO_4 在 36%NaOH 溶液中溶解浓度仅为 1.3%，故通常采用蒸发浓缩的方法提高磷碱液的浓度，冷却后即可结晶出粗大的 $Na_3PO_4 \cdot 12H_2O$ 晶体；结晶后的母液中，主要含 NaOH，另含有硅等杂质，加入石灰使之生成硅酸钙沉淀：

$$Na_2SiO_3 + Ca(OH)_2 \Longrightarrow CaSiO_3 \downarrow + 2NaOH$$

回收的烧碱溶液可返回碱分解工序配制碱液。

获得的 $Na_3PO_4 \cdot 12H_2O$ 晶体经常含有微量放射性的六价铀，必须除去。先用热水溶解晶体并加热至沸腾，随后加入还原剂锌粉和硫酸亚铁，再加入石灰水，使铀呈四价状态的氢氧化物沉淀除去：

$$UO_2^{2+} + Zn + 2H_2O \Longrightarrow U^{4+} + 4OH^- + Zn^{2+}$$
$$UO_2^{2+} + 2Fe^{2+} + 2H_2O \Longrightarrow U^{4+} + 2Fe^{3+} + 4OH^-$$
$$U^{4+} + 2Ca(OH)_2 \Longrightarrow U(OH)_4\downarrow + 2Ca^{2+}$$
$$2Fe^{3+} + 3Ca(OH)_2 \Longrightarrow 2Fe(OH)_3 + 3Ca^{2+}$$

因铀含量很低，如果只加锌粉不加硫酸亚铁不可能使铀以 $U(OH)_4$ 形式完全沉淀下来；同时加入硫酸亚铁后，生成的 $Fe(OH)_3$ 能将 $U(OH)_4$ 吸附并共沉下来，达到把微量铀、钍的其他放射性元素除去的目的。

经除铀沉降后的滤液，送往结晶槽中冷却结晶，即可得到洁白的 $Na_3PO_3 \cdot 12H_2O$ 产品，其放射性活度低于允许标准，可作为商品出售。

第五节 氟碳铈矿精矿的处理

氟碳铈矿是一种单体稀土氟碳酸盐矿物 $REFCO_3$ 或 $RE_2(CO_3)_3 \cdot REF_3$，这种矿物及其精矿具有稀土含量高、钍含量低、主含轻稀土（铈占稀土元素的50%左右）、放射性低等特点。以美国芒廷帕斯矿山为代表，是目前西方国家稀土工业的最主要原料来源，其化学组成和稀土配分见表2.10和表2.11。

表 2.10 氟碳铈矿的化学组成

成分	RE_xO_y	ThO_2	F	CaO	$BaSO_4$	Fe_2O_3	SiO_2	灼减量
含量（质量分数）/%	68~72	<0.1	5~5.5	0.5~1.0	0.5~1.0	0.3~0.5	0.5~1.0	19~21

表 2.11 某氟碳铈矿的稀土配分

成分	La_2O_3	CeO_2	Pr_6O_{11}	Nd_2O_3	Sm_2O_3	Eu_2O_3	Gd_2O_3	Y_2O_3	其他
含量（质量分数）/%	31.0	50.5	5.0	12.9	0.53	0.11	0.2	0.05	0.02

氟碳铈矿容易分解，在空气中400℃以上可分解成稀土氢氧化物和氟氧化物，在常温下，盐酸、硫酸和硝酸可用于溶解氟碳铈矿中的碳酸盐，基于氟碳铈矿这种易分解的特性，往往依据不同产品方案选择不同的处理方法。这里介绍工业生产中的两种方法，一种是生产混合稀土氯化物的盐酸-氢氧化钠工艺，一种是生产单一稀土化合物的氧化焙烧-盐酸浸出工艺。由于氟碳铈矿中铈含量最高，所以通常先提铈尔后再提取其他稀土元素。我国氟碳铈矿主产地是四川省，生产中所采用的方法以空气氧化焙烧-盐酸浸出为主。

一、氧化焙烧—盐酸浸出法提取稀土

本法处理氟碳铈矿的原则流程示于图2.8。氟碳铈矿在空气中450~550℃焙烧时，首先分解成氟氧化物，同时，铈被氧化成四价：

$$REFCO_3 \longrightarrow REOF + CO_2\uparrow$$

$$6CeOF + O_2 \longrightarrow 2Ce_3O_4F_3(即\ 2CeO_2 \cdot CeF_3)$$

焙烧温度超过 700℃时，在水蒸气存在下，氟氧化物又分解为氧化物：

$$2REOF + H_2O \longrightarrow RE_2O_3 + 2HF\uparrow$$

$$3Ce_2O_3 + O_2 \longrightarrow Ce_6O_{11}(即\ 4CeO_2 \cdot Ce_2O_3)$$

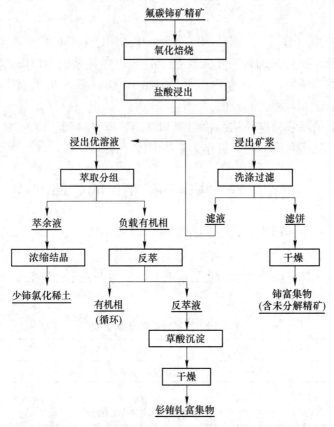

图 2.8　氧化焙烧—盐酸浸出法处理氟碳铈精矿原则流程图

因为焙烧过程中氟基本上逸去，且铈转变成难溶于稀酸的二氧化铈，故可采用优先浸出三价稀土的方法，达到铈与其他稀土初步分离的目的。

经过焙烧冷却后的精矿，先在浸出槽中用水调浆，然后边搅拌边加入盐酸进行优溶。在优溶过程中，由于盐酸不断消耗，体系的酸度不高，二氧化铈不易溶解而与未分解的精矿留在沉淀中，此沉淀物可作为进一步提铈的原料。因为在此过程中，优先浸出的是非铈稀土，所有这种方法也常称为"优浸"。在盐酸溶解时，由于 Cl⁻ 具有还原性，可使部分四价铈还原成三价而进入溶液。

优溶液可用作萃取分组的原料，从而获得钐铕钆富集物和少铈结晶氯化稀土，供进一步分离单一稀土使用。

二、盐酸—氢氧化钠法制取混合稀土氯化物

主要工艺流程来自于美国宾州约克（York）工厂用芒廷帕斯所产精矿作原料的工艺流

程。所用精矿是浮选精矿，先用稀盐酸溶解精矿中的方解石（$CaCO_3$）等碳酸盐矿物，矿物含量95%~97%，然后工艺处理氟碳铈矿精矿，盐酸-氢氧化钠处理氟碳铈矿流程如图2.9所示。

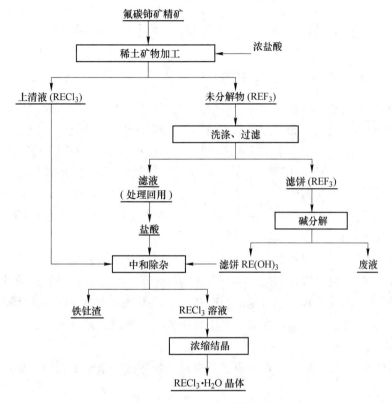

图2.9　盐酸-氢氧化钠处理氟碳铈矿流程示意图

用过量工业浓盐酸浸出精矿中的稀土碳酸盐：

$$RE_2(CO_3)_3 \cdot REF_3 + 6HCl = 2RECl_3 + REF_3\downarrow + 3H_2O + 3CO_2\uparrow$$

分解渣主要是稀土氟化物（REF_3），经水洗后再用碱（200g/L NaOH）转化成氢氧化物：

$$REF_3 + 3NaOH = RE(OH)_3\downarrow + 3NaF$$

经洗涤后，再用浓盐酸中和分解液中过量的碱和溶解氢氧化稀土：

$$RE(OH)_3 + 3HCl = RECl_3 + 3H_2O$$

中和反应得到的氯化物溶液其pH值约为3，经净化除杂（Fe，Th，Pb等），过滤后的液体经浓缩即得到产品，盐酸-氢氧化钠分解法得氧化稀土产品成分见表2.12。

表2.12　盐酸-氢氧化钠分解法得氧化稀土产品成分

成分	RE_xO_y	CaO	MgO	SiO_2	Fe_2O_3	ThO_2
含量（质量分数）/%	≥46.0	≤1.0	≤1.0	≤0.05	≤0.005	痕量

　　上述处理工艺因 REFCO$_3$ 中的 RE$_2$(CO$_3$)$_3$ 不耗碱，故碱耗量低，无需转换介质就可获得结晶混合氯化稀土产品。但浓酸分解时，温度较高，酸雾大，钍集中于渣中，属于放射性废物，应充分考虑设备腐蚀和环境保护。

第六节　风化壳淋积离子型稀土矿的处理

一、风化壳淋积离子型稀土矿的矿床特征

　　风化壳淋积型稀土矿俗称南方离子型稀土矿，其床属于岩浆型原生稀土矿床，经风化淋积后所形成的风化壳构造带，主要分布在我国南方的江西、福建、广东、湖南、广西、云南等省、自治区。一百多个县（市）均有不同程度的分布，仅南岭五省的（区）矿化面积就达近 10 万平方公里，已发现矿床 214 个，江西赣州市所占份额最大。

　　风化壳淋积型稀土矿物中稀土存在多种矿物物相，主要以离子状态吸附于高岭石及云母中，其次为矿物相及胶态相等，各相态中稀土含量有显著差别，其中 80% 以上为离子相，10%~15% 为矿物相，5% 左右的胶态相。

　　离子吸附相稀土是指以水合阳离子或羟基水合阳离子吸附在黏土矿物上的稀土，其特点是母岩中的原生矿物是以氟碳酸盐等易风化的稀土矿物为主。这种状态的稀土含量在风化壳淋积型稀土矿物中占稀土总含量的 80% 以上，高的甚至可达 90%。由于稀土是以水合离子状态存在，因此决定了它的提取技术不是用普通的物理选矿方法，应是采用离子交换方法进行提取。

　　矿物相是指稀土参与矿物晶格或以类质同晶置换分散于造岩矿物中，如以磷钇矿、独居石等矿物存在。

　　胶态沉积相（不溶的氧化物或氢氧化物相，如 CeO$_2$·nH$_2$O 等）是指稀土以氧化物或氢氧化物的胶体形式沉积在矿物上，这是一种新的稀土赋存状态。风化壳淋积型稀土矿中含有的铈元素，在大部分稀土矿中是以四价氧化铈或氢氧化铈状态沉积在黏土矿物上，这就是典型的胶态沉积相稀土赋存状态。

　　风化壳淋积型稀土矿床品位普遍较低，目前工业开采的矿体品位一般在 0.06%~0.1% 之间，个别矿体品位可达 0.1% 以上。矿体埋藏浅，厚度一般 5~10m，局部可达 20m 以上。

　　风化壳淋积型稀土矿根据稀土配分含量分为轻稀土型、中钇富铕型、高钇重稀土型。其中轻稀土型稀土矿又分为高镧富铕轻稀土型、中钇低铕轻稀土型、富铈轻稀土型。风化壳淋积型稀土矿床分类见表 2.13。几种重要类型风化壳淋积型稀土矿的稀土配分可见表 2.5。

　　风化壳淋积型稀土矿中的稀土配分与含矿母岩表面类型密切相关。白云母和黑云母黄岗岩，一般形成以钇组重稀土为主的矿床，而花岗岩、火山岩（如流纹岩和凝灰岩）和某些黑云母花岗岩则以形成铈组轻稀土矿床为主。在含矿母岩中存在的易风化的稀土氟碳酸盐矿物，是该类矿床中离子相稀土的主要来源，其次是钾长石黑云母风化所致。此外，矿床类型也与地貌条件有关。风化壳淋积型稀土矿的稀土配分存在四大效应：铈亏效应、富铕效应、分馏效应、钆断效应。

表 2.13　风化壳淋积型稀土矿床分类

风化壳种类	矿床类型	含矿母岩岩石类型	含矿母岩主要稀土矿物	矿中可交换的离子相稀土占有率/%
深成岩风化壳	高钇重稀土型	细粒白云母花岗岩	氟碳钙钇矿	88.32
	高钇重稀土型	中细粒黑云母花岗岩	氟碳钙钇矿	80.73
	中钇富铈稀土型	中细粒黑云母花岗岩	氟碳钙钇矿	78.48
	富铈低钇轻稀土矿	中细粒黑云母花岗岩	氟碳铈矿	85.25
	中钇低铈轻稀土矿	中细粒黑云母花岗岩	氟碳铈矿	81.38
	富铈轻稀土型	细粒黑云母花岗岩	氟碳铈矿	83.03
浅成岩风化壳	富镧富铈轻稀土矿	花岗斑岩	氟碳铈矿	91.94
喷出岩风化壳	高镧富铈轻稀土型	流纹斑岩	氟碳铈矿	91.98
	高镧富铈轻稀土型	凝灰岩	氟碳铈矿	96.81

（一）铈亏效应

铈是属于偶原子系数，根据地球化学理论，它应该富于元素镨，但是，它的含量在风化壳淋积型稀土矿提取物中很低，铈元素的配分值明显亏损，都在 1% 以下。这是由于 Ce^{3+} 容易被氧化成 Ce^{4+}，在低 pH 值下，仍有强烈的水解作用。因此，它已经水解成难以交换溶解的四价铈，形成氢氧化铈沉淀，然后脱水形成二氧化铈，又称为水铈矿，不易淋洗下来。这种违背元素地球化学的奇偶规则，铈元素的稀土配分值低于镧和镨的配分值，称为铈亏效应。

（二）富铈效应

从原岩到风化壳矿石，再从风化壳矿石到风化壳淋积型稀土矿的提取物，它们的配分值呈现出铈的配分增加。在地质上将风化壳矿石和风化壳淋积型稀土矿的提取物与陨石的稀土元素的配分值相比，铈的配分值明显增高，表明原岩在风化过程铈出现明显的富集现象，这就是富铈效应。

（三）分馏效应

风化壳淋积型稀土矿中，稀土配分变化很大，不仅随横向宽度变化，而且随纵向深度也变化。某地稀土镧、钇随深度变化数据见表 2.14。

表 2.14　稀土镧、钇配分随深度的变化　　　　　　　　（%）

稀土氧化物	深度/m	配分		
		NH 矿	YA 矿	YX 矿
La_2O_3	2	27.12	24.15	28.64
Y_2O_3	2	26.23	23.47	24.36
La_2O_3	4	25.83	23.56	26.57
Y_2O_3	4	28.29	24.89	26.33
La_2O_3	6	23.76	21.73	22.07
Y_2O_3	6	30.78	27.68	28.80

　　风化壳淋积型稀土矿的矿体可被视为一个开放的交换柱，固定相为以黏土矿物为主的矿石，流动相为水合或羟基水合稀土离子。当稀土吸附在黏土矿物上时，不同的稀土离子其被吸附能力仍有微小的差别。自然界中，有许多与稀土元素形成配合物的配体，如 CO_3^{2-}、HCO_3^- 和 F^- 等。重稀土元素相对于轻稀土元素优先与这些配体形成配合物，脱离上层黏土矿物的吸附，随淋洗水往下迁移，富集于深层。换句话说，对于一个含稀土的风化壳矿体，出现了上层轻稀土含量高，下层重稀土含量高的现象。这表明在矿石的风化发育形成风化壳矿时，风化解离出的稀土离子在随地下水迁移富集的过程中发生了分馏现象，这就是分馏效应。

　　（四）钆断效应

　　表2.15为风化壳淋积型稀土矿提取物稀土元素氧化物之间相关矩阵。从表可知，若把相关矩阵表分为三个区域，B区域C区域的正负值出现在钆，A区域与B区域的正负值也基本出现在钆（除配分值低的Ce、Eu和Sm外），表明稀土分成轻重稀土两组时，应该以钆为界，钆之前的元素之间呈正相关，钆之后（含钆）的Gd-Lu、Y元素之间呈正相关，钆之前与钆之后元素为负相关，这种现象称之为钆断效应。

表2.15　风化壳淋积型稀土矿提取物稀土元素氧化物之间相关矩阵

元素	La	Ce	Pr	Nd	Sm	Eu	Gd	Tb	Dy	Ho	Er	Tm	Yb	Lu	Y
La	1.000	−0.060	0.731	0.541	−0.064	0.262	−0.728	−0.624	−0.749	−0.673	−0.707	−0.506	−0.695	−0.470	−0.825
Ce		1.000	0.098	0.159	0.050	−0.033	−0.053	−0.072	−0.068	−0.059	−0.040	−0.101	−0.102	−0.069	−0.150
Pr			1.000	0.834	0.309	0.197	−0.649	−0.661	−0.823	−0.670	−0.721	−0.580	−0.692	−0.541	−0.873
Nd				1.000	0.420	0.268	−0.547	−0.646	−0.761	−0.577	−0.671	−0.586	−0.641	−0.529	−0.846
Sm					1.000	0.420	0.268	−0.031	−0.130	−0.056	−0.160	−0.044	−0.134	−0.066	−0.314
Eu						1.000	−0.047	−0.307	−0.280	−0.172	−0.303	−0.225	−0.343	−0.168	−0.265
Gd							1.000	0.714	0.779	0.605	0.566	0.556	0.553	0.479	0.607
Tb								1.000	0.820	0.711	0.673	0.638	0.656	0.508	0.593
Dy									1.000	0.773	0.802	0.694	0.785	0.591	0.739
Ho										1.000	0.686	0.671	0.674	0.449	0.600
Er											1.000	0.614	0.856	0.561	0.661
Tm												1.000	0.651	0.672	0.502
Yb													1.000	0.569	0.645
Lu														1.000	0.493
Y															1.000

　　风化壳淋积型稀土矿床的特点是，矿化均匀且稳定、储量大、分布广、配分全、中重稀土含量高、采冶性能好和放射性元素含量低，稀土一半以上集存于占原矿重量24%～32%的0.074mm的矿粒中。

二、处理风化壳淋积型稀土矿的基本原理及规律

　　风化壳淋积型稀土矿中主要是黏土类矿物，包括高岭石、多水高岭石和白云母等，其

化学式分别是:

高岭石:　　　　　　　　　　　$[Al_2Si_2O_5(OH)_4]_m \cdot nRE^{3+}$

多水高岭石:　　　　　　　　$[KAl_2(AlSi_3O_{10})(OH)_2]_m \cdot n\,RE^{3+}$

白云母:　　　　　　　　　　$[Al(OH)_6Si_2O_5(OH)_3]_m \cdot n\,RE^{3+}$

由于风化壳淋积型稀土矿与化合物形态的稀土矿截然不同,用通常的选矿方法难以选出其中的稀土,风化壳淋积型稀土矿是以离子吸附的形态存在,所以生产上是采用电解质溶液直接浸取提取稀土的方法。

浸取分为原地浸取和异地浸取两种方法。原地浸取不用采掘矿土,而是通过浸取井让浸出剂渗滤通过矿土层完成稀土的渗滤浸出过程。异地浸取一般在露天通过人力或机械采挖矿土,然后采用池浸、堆浸或水平带式真空过滤机浸取的方法完成矿土中稀土元素的浸取过程。目前离子型稀土矿山产业政策鼓励的浸取方式为原地浸取,基本上不破坏植被,不产生剥离物及尾砂污染,对资源的利用率也有较大提高。

当电解质溶液与原矿接触时,吸附于高岭石 $[Al_2Si_2O_5(OH)_4]$ 等铝硅酸盐矿物上的稀土离子和电解质的阳离子发生交换反应,如:

$$[Al_2Si_2O_5(OH)_4]_m \cdot nRE^{3+} + 3nMe \longrightarrow [Al_2Si_2O_5(OH)_4]_m \cdot 3nMe + nRE^{3+}$$

式中,Me 为 Na^+ 或 NH_4^+。它们与稀土离子交换的顺序是 $H^+ > NH_4^+ > Na^+$,高岭石类黏土矿物在浸取时的浸矿结果见表 2.16。

表 2.16　高岭石类黏土矿物在浸取时的浸矿结果

浸取剂	浓度	pH 值	ΣRE_2O_3交换率/%
盐酸	2%	0.5	52.92
硫酸	2%	0.5	76.09
氯化铵	1mol/L	5.0	94.72
硝酸铵	1mol/L	6.0	94.66
氯化钠	1mol/L	5.4	97.53
柠檬酸三铵	0.5mol/L	4.5	95.18
酒石酸钾钠	1mol/L	7.7	98.06
碳酸钠	1mol/L	13	92.51
碳酸钾	1mol/L	13	92.69
碳酸铵	1mol/L	9	91.42
硫酸高铁	1%	2.5	70.00
硫酸亚铁	1%	2.5	67.00
硫酸铵	2%	4.5	98.50
自然水	—	7.2	0.00
磁化水	—	7.2	0.00
乙醇	95%	—	0.00

稀土离子浸出率与电解质的性质和浓度有关。浸出率随着浓度的升高而提高,当电解质浓度一定时,稀土离子交换率可出现最大值,同时,浸出率也随着电解质的增加而增大。

浸取过程的离子交换反应是可逆的，电解质交换下来的稀土离子当电解质浓度降低时，又可重新被原矿所吸附。

当浸取过程电解质浓度足够时，温度对浸出率无明显影响。浸取过程中的交换反应速度很快，过分延长时间并不能提高浸出率，增加搅拌也不能提高浸出率，强烈搅拌还会恶化渗滤性能。

在浸取过程中发现，中粗粒级矿物中稀土的含量并不高于细粒级矿物，这说明稀土离子主要吸附在硅铝酸盐矿物的表面，故浸取时无需对原矿进行破碎和磨矿。

三、处理风化壳淋积型离子稀土矿的原则工艺及影响因素

（一）稀土矿的浸取工艺

根据风化壳淋积型稀土矿中的稀土以离子相稀土为主的特点，采用电解质进行离子交换浸取稀土方法，形成了三代浸取稀土工艺：第一代浸取工艺为氯化钠和硫酸铵浸取稀土工艺，又分为氯化钠桶浸、氯化钠和硫酸铵池浸两种方式；第二代浸取工艺为硫酸铵堆浸稀土工艺；第三代浸取工艺为原地浸取工艺。

第一代氯化钠和硫酸铵浸取稀土工艺，可分为氯化钠的初期桶浸和早期池浸两个阶段，但以池浸工艺为主。第一代池浸工艺流程工艺如图2.10所示。

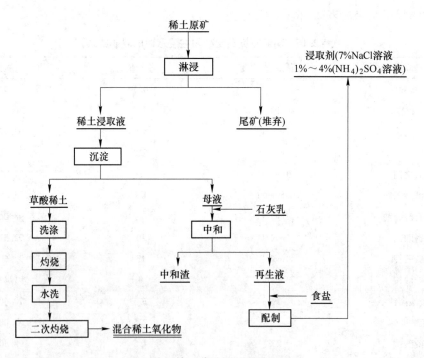

图2.10　第一代池浸工艺流程图

经过一段时间的桶浸实践，20世纪70年代中期出现池浸，实现了工业化操作，并不断完善和提高，形成了早期的氯化钠池浸、草酸沉淀回收稀土的工艺，即第一代氯化钠池浸工艺，浸取剂NaCl水溶液浓度为5%（70g/L NaCl），pH值控制在5.5~6.0，浸取为12~18h，浸出液稀土浓度为1g/L左右，pH值为4.5~5.0尾矿含盐约为1.8%。由于氯化钠使

土地盐化，而且食盐溶解度大，草酸沉淀稀土时，钠离子会大量共沉淀，灼烧成氧化稀土产品时，导致稀土产品中含钠高，稀土总量偏低，需要大量水洗涤，还要进行二次灼烧才能得到稀土总量高于92%的稀土混合氧化物。后改用为农用硫酸铵，实现了低浓度浸取，硫酸铵浓度约为1%~4%，减少了浸取剂消耗，避免了浸取剂对土壤生态环境的污染，所得到的混合稀土氧化物产品纯度也能够达到用户的要求，稀土总量大于92%。因此氯化钠浸取剂已逐渐为硫酸铵液所替代。

第二代硫酸铵堆浸工艺流程如图 2.11 所示。

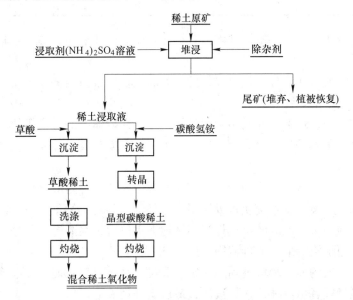

图 2.11 第二代硫酸铵堆浸工艺流程

第二代是离子型稀土矿原矿堆浸工艺，堆浸工艺实际上是放大的原矿池浸工艺，可以解决第一代池浸工艺的出矿问题，减小劳动强度，浸取工艺更为简单，同时，山体形貌可以有计划平整出平地，便于开垦出新的果业用地。这项技术的推广，取得了一定的效益。但堆浸工艺对稀土矿山体进行了挖掘开采，需要砍伐植被，占用大量土地，大量尾砂及剥离物就地堆砌，形成"假山"，如果不加以加固处理，会造成严重的水土流失和引发地质灾害，毁坏农田。风化壳淋积稀土矿堆浸现场如图 2.12所示。

图 2.12 风化壳淋积稀土矿堆浸现场

第二代工艺与第一代氯化钠工艺相比，浸取液中的钠、钙、镁、铅等含量大幅降低，浸取选择性大大提高。表 2.17 是分别用氯化钠和硫酸铵浸取某离子型稀土矿浸出液成分。

表 2.17　氯化钠和硫酸铵浸取某离子型稀土矿浸出液成分　　　　　　　　　（mg/L）

浸取剂	K$_2$O	NaCl	Mg	Ca	Al	Fe
70g/L 氯化钠溶液	170	47000	236.5	181.8	11.07	1.20
20g/L 硫酸铵溶液	170	—	16.80	83.2	11.07	1.73
浸取剂	Mn	Pb	Zn	(NH$_4$)$_2$SO$_4$	pH 值	REO
70g/L 氯化钠溶液	52.00	46.7	1.58	—	3.48	1450
20g/L 硫酸铵溶液	50.00	6.0	0.48	4.95	4.95	2150

第三代原地浸矿工艺是将浸取剂溶液直接注入原生矿注液井，原地浸取。原地浸出过程按以下步骤进行：

（1）电解质溶液沿注液井中风化矿体的孔裂隙在自然重力及侧压力下进入矿体，并附着在吸附了稀土离子的矿物表面。

（2）溶液在重力作用下，在孔裂隙中扩散，挤出在矿体中的孔裂隙水。与此同时，溶液中活泼性更大的阳离子与矿物表面的稀土离子发生交换解吸，并使稀土离子进入溶液生成孔裂隙稀土母液。

（3）裂隙中已发生交换作用的稀土母液被不断加入的新鲜溶液挤出，与矿物里层尚未发生交换作用的稀土离子发生交换解吸作用。

（4）挤出的地下水及形成的稀土母液到达地下水位后，逐渐提高原地浸析采场的原有地下水位，形成原地浸析采场的母液饱和层。

（5）饱和层形成的地下水坡度到达一定的高度（大于 15°）时，形成稳定的地下母液径流，通过出液槽或者出液井流入集液沟，最后流进集液池。

（6）将收集的浸出液进行浓缩和富集处理，制成市场所需的稀土产品。浸取剂溶液注完后，用水顶出稀土浸出液，并充分回收稀土母液，实现闭路循环系统。图 2.13 所示为稀土原地浸取流程。

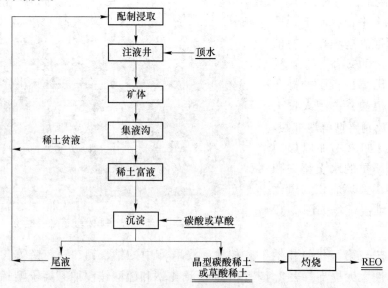

图 2.13　稀土原地浸取流程

风化壳淋积稀土矿原地浸出现场如图 2.14 所示。

图 2.14　风化壳淋积稀土矿原地浸出现场

(二) 原矿浸取稀土的主要影响因素

用 $(NH_4)_2SO_4$ 溶液自上而下渗滤通过吸附有稀土阳离子的矿土层，NH_4^+ 将原矿中的 RE^{3+} 交换至溶液中。

浸出剂浓度与浸出率、浸出剂类型与浸出率的关系分别如图 2.15、图 2.16 所示。影响浸取浸出效果的因素，主要有浸出剂浓度和浸出剂的 pH 值等。

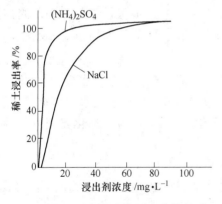

图 2.15　浸出剂浓度与浸出率的关系

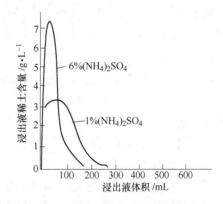

图 2.16　浸出剂体积与浸出率的关系

1. 浸出剂浓度

随浸出剂浓度的提高，稀土浸出率增加，所需时间愈短。浓度相同时，硫酸铵的浸出率高于氯化钠，如采用 1%～2%$(NH_4)_2SO_4$ 或 7%NaCl 水溶液进行浸取，即可使离子相的稀土浸出率达 95% 以上。当尾液再生返回浸出使用时，可采用较高的浸出液浓度。当尾液废弃不再回收时，宜采用较低的浸出剂浓度，一般采用约 2%（相当于 20g/L）$(NH_4)_2SO_4$ 或 NH_4Cl。

由图 2.16 可知，浸出时的前峰液中的稀土含量高，后液中的稀土含量低。为了提高浸出液中的稀土含量，缩小浸出液体积，可用双沟法将滤浸取出时的前液和后液分开。每次浸取时，只将稀土浓度较高的前液部分送沉淀法或有机溶剂萃取法提取稀土。低浓度的后液部分经调整浸出液浓度和 pH 值后，返回浸出。回收稀土后的上清液可作顶补水或用作浸出后液部分的浸出剂使用。工业上采用2%~3.5%(NH_4)$_2SO_4$溶液作浸出剂，前液部分的稀土含量比不分前后液的整个浸出液的稀土含量可提高80%~100%，如江西赣南某矿采用2%(NH_4)$_2SO_4$溶液作浸出剂，浸出液中稀土含量为0.8~1.0g/L，采用3.5%(NH_4)$_2SO_4$溶液作浸出剂时将前后液分开，前液部分的稀土含量可达1.5~1.7g/L。

2. 浸出剂pH值

浸出液pH值对稀土浸出率的影响见表2.18。淋洗剂pH值为4左右时稀土浸出率最高。pH值过高时，稀土离子有水解的趋势，而当pH值过低，杂质铝、铁等也溶出的多。实际操作在配制浸出剂时，加入一定量的缓冲剂，以稳定浸出过程中浸出液流动过程中的pH值，达到提高浸出率和降低杂质铝、铁浸出的目的，这在原地浸出浸取过程中已得到了成功应用。

表2.18 淋洗液pH值对稀土浸出率的影响

淋洗液pH值	1.01	2.01	3.00	4.01	5.02	6.06	7.08	8.05
稀土浸出率/%	75.68	78.0	88.4	96.2	89.78	83.53	72.3	52.21

应当指出，电解质溶液的浸取法只能提取以离子形态吸附在原矿中的稀土，离子相稀土占有率越高，相同条件下，稀土的浸出率愈高。

（三）原地浸出浸取技术

离子型稀土原地浸取工艺中，为提高浸取率，必须防止浸取液从注液井向四周扩散，造成浸取液流失并污染周边环境，同时要尽可能回收浸取液使稀土矿的浸取率最大化。

1. 水封技术

离子型稀土矿底板与潜水面的相互关系决定浸出液能否有效回收，底板与潜水面的关系是原地浸取选择的首要依据和前提条件，也是解决浸出液有效回收的理论依据。从风化壳到原岩的垂方向在一个随基岩与地貌起伏的渐变模糊界面，称为"风化壳底板"。风化壳底板与潜水面的关系可分为"分离型""淹埋型"和"交汇型"三种：

（1）"分离型"即为风化壳底板不论是雨季还是旱季都永远高于潜水面。

（2）"淹埋型"为风化壳底板不论是雨季还是旱季都永远淹埋在潜水面之下。

（3）"交汇型"为界于风化壳底板与潜水面之间。

为了有效防止浸取液从注液井向四周扩散造成污染和流失，原地浸取时，对稀土矿山进行了"以水制漏，用水封闭"的封闭方法，主要是对采场外围和集液沟或集液池实施水封闭。根据矿山生产设施能力，按照地形地貌一般可分为半边山式和全山式采场。对于不同的地形地貌，所采取的水封闭方案各不相同。

（1）半边山式采场。就是当山脊很长，山坡也很长时，沿着山脊分水岭，划分不同时序开采的若干个采场。半边山式采场的水封闭技术主要对与采场对应的山脊分水岭的另一侧及采场内原地下水径流方向的下方实施水封闭。在采场分水岭背后及地下水径流方向的下方，在开挖注液井时，按注液井网度开挖1~2排（行）注水井，一排井称为弱封，渗透性能差的采场使用；二排井的称为强封，渗透性能好的采场使用。注液开始时往注水井中注水，并用液或水柱高度控制，调整使处于同一标高地段的液水注入强度相等，可以同时形成浸取带与浸取液饱和带及水帘封闭带和水封带，半边山式采场水封布置如图2.17所示。

（2）全山式采场。即将山脊较长，山坡较短或山头不大的全山划为一个采场进行开采。全山式采场的水封技术主要是对浸取液可能会向集液系统外渗透的部位实施水封闭，由于地貌和地下水径流不同，全山式采场可分为独立山头式采场、半岛式全山式采场和分段式全山式采场。

（3）集液沟水封闭技术。使采场侧集液沟的渗液面处于地下静止水面以下。在集液沟的外侧，设置排水沟，排水沟底略高于集液沟底，一方面使原有

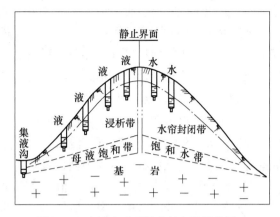

图 2.17　半边山式采场水封布置示意图

山泉水及天然雨水有出路，另一方面可以在排水沟中分段设置拦水坝，调整排水沟的水面比集液沟底高。集液沟水封如图 2.18 所示。

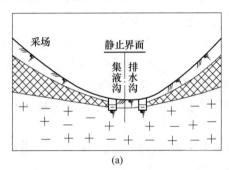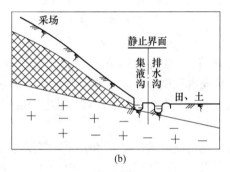

图 2.18　集液沟水封示意图

（a）山山相对式；（b）山田相对式

2. 布液技术

风化壳淋积型稀土矿原地浸取关键在于注液和收液。稀土矿中所含黏土矿物较多，影响其渗透性，采取加压注液可以提高其渗透速度，可利用浸取液的自身压力来满足原地浸取所需要的渗透速度。

注液井要挖到矿体层，其液面高度通过流出液的量来控制。注液井井距和排距根据其向下的渗透速度和横向扩散速度来设计，而渗透速度和扩散速度根据取岩心试验和现场试验确定。排与排之间按花排错开排列。对于渗透性交换的大矿床，注液井可呈行列式分布，对于小矿体或渗透性较差的矿体可按网格式分布。一般来说，对埋藏很深的矿体，钻孔费较高，可用稀疏的网孔；对埋藏不深的矿床，用较密的网孔较合理。浸出剂溶液沿矿体中的空隙渗透扩散，并与稀土离子发生交换反应，最终流入集液沟，然后用泵送至浸取液贮池。在集液沟外围还要设置一些观察孔，监视浸取液是否有渗透现象，以便调节水位加以控制。

3. 原地浸取负压抽液技术

当风化壳淋积型稀土矿原地浸取的地质条件复杂，前水位很低，地下前水位在含矿层

以下时，难以采取水封回收浸取液时，可采用负压抽液技术。

抽液井可以钻成和注液井平行的竖井，错开排列，但数量比注液井少得多。也可以在底板之上，沿水平方向钻横井。在原地浸取中，负压抽液适应性较广，应用也较普遍。采用负压抽液，稀土资源回收率达到76%。

4. 原地浸取防再吸附技术

在采用风化壳淋积型稀土矿原地浸取稀土时，有的采场有时会出现浸取液稀土浓度过低、原矿浸取率低、稀土收率低、浸取剂耗量高等现象。究其原因，主要是稀土矿原地浸取的稀土离子在原地浸析的过程中被再吸附。

在实际浸取过程中，当浸取剂溶液中含有足够浓度的铵离子时，稀土离子才能被铵离子交换解析，进入浸取液中。但当含稀土离子的浸取液在矿体孔裂隙中流动和扩散时，浸取液中的铵离子浓度因不断交换解吸离子而愈来愈低，有时几乎为零，这时矿体中的黏土矿物因断键而出现的未饱和负电荷，反过来吸附浸取液中被浸下来的稀土离子，使浸取液中的稀土含量愈来愈低，出现再吸附现象，使得早期提取此类稀土矿石的工艺存在着原矿浸取率低，稀土直收率低及浸取药剂耗量大等问题。

风化壳淋积型稀土矿原地浸取，采矿场一般长数十米至上百米，宽50～70m，浸取液从山顶运行至山脚集液沟距离少则数十米，多则上百米。浸取液在长距离地下运行中，总处于"解吸"与"再吸"的动态平衡状态之中。

风化壳淋积型稀土矿原地浸取采矿过程中，在浸取液运行方向上，大致可分为六带：未浸取带、地下水饱和带、再吸附带、浸取液峰值浓度带、有效浸取带（解吸带）与已浸取带。

浸取剂溶液注入矿层开始瞬间，离子相稀土离子被浸取剂阳离子解吸下来而形成有效浸取带，有效浸取带浸取剂溶液中阳离子浓度较高（5～20g/L），能有效地交换解吸黏土矿物中的稀土离子。随着不断加注新浸取剂溶液的时间延长，有效浸取带在采场内不断扩散，随之形成的稀土浸取液逐步向未浸取带推进，排挤出存在于矿体中的孔裂隙水，并逐渐形成地下水饱和带。浸取液中剩余的浸取剂阳离子由于在随浸取液运行中不断地交换解吸稀土离子而逐渐减少，浸取液中稀土离子逐渐增多而形成峰值浓度浸取液带。峰值浓度浸取液带中浸取剂阳离子浓度为5～20g/L，而稀土离子可达到6～10g/L，峰值浓度浸取液带的前峰液中，浸取剂阳离子趋近于零，丧失了交换解吸能力，在其向前运行的过程中，浸取液中的稀土离子再次被黏土矿物吸附形成再吸附带（对矿体而言为二次富集带）。

当源源不断加注浸取剂溶液，将有效浸取带中的稀土，交换完毕后使其变为已浸取带（在已浸取带中加注高浓度浸取剂溶液将提高浸取液中杂质的含量）。而原来的峰值浓度浸取带变为有效浸取带，再吸附带变为峰值浓度浸取液带，地下水饱和带变为再吸附带。在浸取液运行方向上不断存在着"解吸"与"再吸"的动态平衡。

在实施稀土矿原地浸取时，要遵循"三先"注液原则，即"先上后下""先浓后淡""先液后水"的注液原则。

（四）从浸取液中提取稀土

稀土矿经浸出所得浸出液中含有大量的钙、镁、铝、钠、铅等杂质，在提取稀土之前必须将它们除去，否则影响产品质量，增加草酸用量，无法形成晶型碳酸稀土沉淀。若采用萃取法提取稀土，因在萃取时的 pH 值为 4 时，铝形成 $Al(OH)_3$ 胶体沉淀，使萃取过程发生乳化影响操作，同时影响稀土产品质量。根据杂质特点，主要采用中和水解沉淀、硫化物沉淀和环烷酸萃取等除杂。

由除杂后浸取液中提取稀土的方法有两类。一是以草酸、碳酸氢铵或碳酸铵沉淀稀土，灼烧草酸盐得混合稀土氧化物产品；另一是以有机溶剂（P204 萃取、环烷酸萃取等）萃取分组，再以沉淀剂沉淀，灼烧得各富集物或单一氧化物。目前工业上主要采用沉淀法。

1. 沉淀法

作为沉淀剂的有草酸、碳酸氢铵、碳酸铵。

草酸沉淀法：向浸取液中加入饱和草酸溶液即可获得稀土的草酸盐，其反应式为：

$$2RE^{3+} + 3H_2C_2O_4 =\!=\!= RE_2(C_2O_4)_3\downarrow + 6H^+$$

草酸稀土在水中的溶解度很小，重稀土草酸盐溶解度比轻稀土溶解度要大得多；在弱酸中的溶解度也较小，但随酸度的升高而增大；稀土离子与草酸能生成配合物，降低草酸稀土的沉淀率。因此，生产实践中要提高草酸稀土的沉淀率，对草酸根离子的浓度控制至关重要，提高草酸根离子的浓度，由于同离子效应，能降低草酸盐溶解度，稀土沉淀率一般随沉淀剂用量的增加而增大。但对于重稀土而言，草酸根离子的浓度过高会使稀土产生可溶性配合物而降低稀土的沉淀率。

浸出液中某些金属杂质离子能与草酸作用生成难溶于水的草酸盐与稀土共沉淀而影响稀土产品纯度，也有一些金属草酸盐溶度积常数小于稀土草酸盐溶度积常数，常见的金属元素草酸盐溶度积不是太大，如果杂质离子浓度不是太高时，在酸性条件下，草酸沉淀稀土时，能将镁、铁、铝、镍、铬等元素分离，锌、铜等则与稀土有一定共沉。稀土沉淀率一般随沉淀剂用量的增加而增大，但杂质的沉淀也随之相应增加而使产品纯度降低。

当浸取液中含有钙离子时，为了防止钙的共沉淀，必需控制 pH 值为 $1.5 \sim 2.5$，$H_2C_2O_4 : RE_2O_3 = 2 \sim 2.5$，此时稀土沉淀率可达98%以上，草酸钙沉淀率小于1%。沉淀物经过滤、烘干、灼烧即可获得混合稀土氧化物大于92%的产品。

对于用食盐浸取所得的浸取液，草酸沉淀过程会有大量草酸钠共沉淀，灼烧得稀土含量65%~70%。通常需采用微酸性热水洗涤草酸盐沉淀或草酸稀土灼烧后水洗，以保证稀土产品的纯度。

草酸沉淀后溶液的 pH 值约为 1.5，因有过量草酸根存在，不能直接返回浸出使用。可根据钙与草酸作用的 pH 值不同的特点，向滤液中加碱或石灰乳，调整 pH 值为 $5.5 \sim 6.0$，使大量草酸钙沉淀除去，此时滤液含 $C_2O_4^{2-}$ 降至40mg/L以下，可返回浸矿。滤渣中含 RE_2O_3 约45%~60%，能直接作生产稀土硅铁的原料。

碳酸氢铵沉淀法。碳酸氢铵是一种价廉易得的化工产品，其价格大致为草酸的1/10。为降低生产成本，近年来，在采用硫酸铵浸取工艺中，以碳酸氢铵或碳酸铵代替草酸沉淀稀土获得稀土碳酸盐沉淀。其反应为：

$$2RE^{3+} + 3NH_4HCO_3 =\!=\!= RE_2(CO_3)_3 + 3NH_4^+ + 3H^+$$

碳酸氢铵与稀土离子反应得到的沉淀为正碳酸盐，用碱金属碳酸盐或碳酸氢铵与稀土盐溶液作用制得的碳酸稀土一般有三种不同形式：$RE_2(CO_3)_3 \cdot 8H_2O$，$RE_2O_3 \cdot 2CO_2 \cdot H_2O$ 和 $RE_2O_3 \cdot 2.5CO_2 \cdot 3.5H_2O$。

稀土溶液加入碳酸氢铵或碳酸氢钠溶液，可得到无定型泥状稀土碳酸盐沉淀，在一定条件下可转化为 $RE_2(CO_3)_3 \cdot nH_2O$ 结晶状，同时伴生碱式碳酸盐。将稀土碳酸盐混悬物煮沸，会发生水解和分解反应放出 CO_2，逐渐变成碱式碳酸盐 $RE(OH)CO_3$。碳酸稀土也能与碱金属碳酸盐形成复盐，重稀土较轻稀土更易形成。

用碳酸氢铵沉淀浸取液中的稀土制得的碳酸稀土，能将稀土与浸取液中的碱金属离子、铵离子和无机酸根等杂质离子分离，也能与碱金属离子在某种程度上分离。但常规制得的碳酸稀土是无定型絮状沉淀，体积庞大，浆液很难过滤、不易洗涤，碳酸稀土纯度不高，铝等杂质随同稀土进入沉淀物，等等，这些是长期阻碍碳酸氢铵沉淀在工业中的应用的根本原因。因此，能否稳定地生成利于过滤、洗涤的大颗粒晶型碳酸稀土沉淀是碳酸氢铵沉淀新工艺的关键所在。

通过对晶型碳酸稀土沉淀技术的深入研究，只要严格控制条件，可得到沉淀颗粒在 $5 \sim 10\mu m$ 颗粒大的晶型碳酸稀土，其体积与草酸稀土相当。晶型碳酸稀土的制备一般是往稀土浸出液中加入碳酸氢铵，此时形成体积大的絮状沉淀，沉淀经放置后逐渐结晶，体积逐渐减小，颗粒逐渐增大，这个过程称为晶态化过程，从无定形沉淀到完全结晶成晶型沉淀所需的时间称为晶态化时间。生成晶型碳酸稀土沉淀与搅拌条件、碳酸氢铵用量比 [NH_4HCO_3/REO]（摩尔比）、温度等有关。

对于净化后稀土溶液，搅拌时间小于 $10min$，则形成通常的无定型沉淀，搅拌时间大于 $10min$，才能形成晶型沉淀，搅拌时间增加，晶态化时间缩短，但不很明显，搅拌速度对沉淀过程的影响不大。

碳酸氢铵用量比 [NH_4HCO_3/REO]（摩尔比）为 $2.5 \sim 6.0$ 的条件下，均能生成晶型碳酸稀土沉淀，当碳酸氢铵用量比在 $3.3 \sim 4.0$ 时，晶型碳酸稀土沉淀大于 99%，且晶态化时间短。

温度低于 $10℃$ 时，晶态化时间较长，随温度的增加，晶态化时间减短，但不明显，尤其是超过 $80℃$ 时，基本无影响。因此生产中温度不宜超过 $80℃$，通常在常温下进行。

所得沉淀经过滤、洗涤、烘干和灼烧，即可得 RE_2O_3 不小于 92% 的产品，在燃烧过程中，经历了生成 $RE_2O_2CO_3$ 中间产物阶段，稀土碳酸盐的分解温度大多随着原子序数的增加而降低。该法具有沉淀率高、成本低、生产周期短、污染小等特点。

氯化钠和硫酸铵两种浸取法的比较：氯化钠和硫酸铵浸取法均可获得 RE_2O_3 不小于 92% 的合格产品。氯化钠法所得产品中的 Y_2O_3 配分略高于硫酸铵法（约高 $0.4\% \sim 0.8\%$），但稀土总量硫酸铵法高于氯化钠法 $1\% \sim 3\%$。杂质 Ca、Al、Pb、Si 等的含量硫酸铵法也更低。硫酸铵法的稀土回收率（$70\% \sim 85\%$）高于氯化钠法（$65\% \sim 70\%$）。草酸或碳酸氢铵沉淀时，硫酸铵浸取液沉淀物，灼烧时氨可全部挥发，氯化钠浸取液沉淀物中钠则不挥发，故需增加一道水洗钠的工序。两法的废水都不超过工业排放标准，但植被时硫铵留于尾渣中更为有利。因此从整体看，硫铵法优于氯化钠法，其化工原料消耗少，回收率高，单位产品成本约低 20%，是目前处理淋积型稀土矿的主要工业方法。

2. 有机溶剂萃取法

由于浸取液中稀土浓度较低，每升溶液只含几克稀土氧化物，故一般常选用价格便宜的 P204 或环烷酸萃取剂，进行萃取富集。通常视浸取液中轻、重稀土的配分不同，而分别使用不同的萃取剂。在浸取液中采用稀土全捞和分段反萃，有机溶剂循环使用，萃余液返回浸矿的提取工艺。由于浸取液稀土浓度低，给萃取过程带来诸多操作性问题，因此该法现很少在生产中使用。

除此之外，还有沉淀-浮选法，液膜萃取法等。

第七节　磷钇矿和褐钇铌矿的处理

一、磷钇矿的处理

磷钇矿与独居石相类似，也是一种稀土磷酸盐类矿物。其精矿的典型化学组成和稀土配分见表 2.19 和表 2.20。

表 2.19　磷钇矿精矿的化学组成　　　　　（质量分数/%）

RE_xO_y	ThO_2	U_3O_8	P_2O_5	Fe	CaO	SiO_2	Al_2O_3	TiO_2	ZrO_2
55.0	1~2	0.8	20~30	0.5	1.0	3.0	0.2	小于2.0	小于1.0

表 2.20　磷钇矿的稀土配分　　　　　　　　　　　（%）

Y_2O_3	La_2O_3	Ce_2O_3	Pr_6O_{11}	Nd_2O_3	Sm_2O_3	Eu_2O_3	Gd_2O_3
59.3	1.2	3.0	0.69	3.5	2.15	<0.2	5
Tb_4O_7	Dy_2O_3	Ho_2O_3	Er_2O_3	Tm_2O_3	Yb_2O_3	Lu_2O_3	
1.2	9.1	2.6	5.6	1.8	不小于6.0	1.8	

与独居石相比，磷钇矿的特点是钇含量较高（Y_2O_3/RE_2O_3大于50%），轻稀土含量较低，钍含量也相对较低（1%~2%），但较独居石难分解，多采用浓硫酸焙烧、液碱加压、碱熔融或碳酸钠烧结等方法处理。

用浓硫酸或液碱处理时，其分解反应与独居石处理类似。

在液碱压热法中，为了强化分解，在高压釜内用较浓的碱液分解精矿，采用精矿：NaOH：水＝1：1.2：0.8（质量比）；精矿粒度对分级率影响很大，精矿在磨细至-200 目才能获得比较高的分解率；分解温度约 275℃，时间为 5h，釜内压力为 2.75MPa，分解率可达 97%以上。

浓硫酸分解法处理磷钇矿比碱法经济。在硅铸铁锅内分解，采用 93%的硫酸，酸矿比为（1.5~2.5）：1，在 200~250℃分解 3h；冷却后，以冷水浸出反应产物，$RE_2(SO_4)_3$和 $Th(SO_4)_2$溶于水，一般杂质留在渣中，过滤；滤液中，加入过量 10%的焦磷酸钠溶液，稀释后用氨水调节 pH 值至 1.0，即析出焦磷酸钍沉淀，过滤分离钍富集物与 $RE_2(SO_4)_3$溶液；由于精矿中的中、重稀土含量高，若用复盐沉淀法处理稀土硫酸盐溶液，则稀土沉淀不完全。因此，通常采用草酸沉淀法，将稀土沉淀下来或直接用有机溶剂萃取法分离钍、铀及进行稀土分组。草酸沉淀时，草酸质量为 REO 质量的二倍，再将溶液 pH 值调至 1~2，加热溶液，析出 $RE_2(C_2O_4)_3$沉淀。再经离心机脱水，煅烧，得富集物。

二、褐钇铌矿的处理

褐钇铌矿是一种氧化物矿，有价元素含量丰富，主要含有铌（钽）和稀土（表

2.21）。因此，精矿处理方案应考虑有价元素综合回收。

表 2.21　褐钇铌矿的化学组成　　　　　　　　（质量分数/%）

RE$_x$O$_y$	Nb$_2$O$_5$	Ta$_2$O$_5$	U$_3$O$_8$	ThO$_2$	TiO$_2$	ZrO$_2$	Fe$_2$O$_3$	SiO$_2$	CaO	K$_2$O	Na$_2$O	WO$_3$	P$_2$O$_5$	灼烧减量
30.0	26~30	2~3	2~3	1.8~3	2.0	1.0	10	3~8.5	1.0	0.5	0.2	1.5	0.7~2	3

这类矿物还含有钍、铀和镭等放射性元素。在选择处理方法时，必须注意放射性防护，最好能将放射性元素富集到某生产中间产物中，以便进一步回收利用。通常采用，氢氟酸分解法处理褐钇铌矿原则工艺流程如图 2.19 所示。

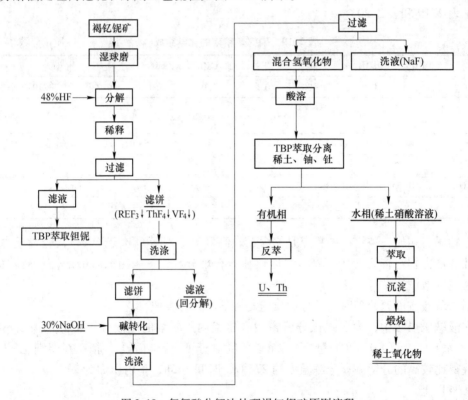

图 2.19　氢氟酸分解法处理褐钇铌矿原则流程

在氢氟酸分解时，稀土生成氟化稀土留在固相中，铌（钽）则溶于氢氟酸，从而可达到铌（钽）与稀土的分离，其主要分解反应为：

$$Nb_2O_5 + 14HF =\!=\!= 2H_2NbF_7 + 5H_2O$$

$$Ta_2O_5 + 14HF =\!=\!= 2H_2TaF_7 + 5H_2O$$

$$RE_2O_3 + 6HF =\!=\!= 2REF_3 \downarrow + 3H_2O$$

钍也转变为氟化钍存在于固相中：

$$ThO_2 + 4HF =\!=\!= ThF_4 \downarrow + 2H_2O$$

精矿中铀以 U$_3$O$_8$ 形式存在于矿物中，其组成为 UO$_2 \cdot$ 2UO$_3$，反应为：

$$UO_2 + 4HF =\!=\!= UF_4 \downarrow + 2H_2O$$

$$UO_3 + 2HF =\!=\!= UO_2F_2 + H_2O$$

当精矿中存在还原性杂质（如 Fe^{2+}）时，六价铀易被还原为四价：

$$UO_2^{2+} + 2Fe^{2+} \longrightarrow U^{4+} + 2Fe^{3+}$$

因此，绝大部分铀应以 UF_4 形态留在酸分解的渣中。

钛、锆（铪）、铁、硅等杂质与氢氟酸则生成可溶性盐进入溶液：

$$TiO_2 + 4HF === H_2TiOF_4 + H_2O$$
$$Zr(Hf)O_2 + 6HF === 2H_2Zr(Hf)F_6 + 3H_2O$$
$$Fe_2O_3 + 10HF === 2H_2FeF_5 + 3H_2O$$
$$SiO_2 + 6HF === H_2SiF_6 + 2H_2O$$

当用 100%TBP 萃取铌（钽）时，这些杂质不被萃取而留在萃余液中，与主要产品铌（钽）分离。

氢氟酸分解褐钇铌矿的所得渣中，主要含稀土（40%～50%）、铀（4%～5%）、钍（3%～4%）的氟化物。用碱可将这些氟化物转化成易溶于酸的氢氧化物：

$$REF_3 + 3NaOH === RE(OH)_3 + 3NaF$$
$$UF_4 + 4NaOH === U(OH)_4 \downarrow + 4NaF$$
$$2UF_4 + 10NaOH + O_2 === Na_2U_2O_7 \downarrow + 8NaF + 5H_2O$$
$$ThF_4 + 4NaOH === Th(OH)_4 \downarrow + 4NaF$$

用热水洗去可溶性的氟化钠，再用硝酸溶解，除镭之后，送 TBP 萃取分离稀土与铀、钍。为防止氟的腐蚀，可采用石墨衬里的分解设备。

此外，还可采用碱熔融法分解。精矿与过量 NaOH 在 700℃ 左右条件下，稀土、铌（钽）、钍、铀不溶，其他杂质则生成易溶的钠盐。然后用酸溶解滤饼，进行分离。

独居石、氟碳铈矿、混合稀土矿等稀土精矿通过各种方法处理后，得到混合稀土氧化物或稀土氯化物；风化壳离子型稀土矿采用各种盐，如硫酸铵，用堆浸或原地浸出等方法浸取、除杂、草酸或碳酸氢铵沉淀、灼烧得稀土总量大于 92% 的混合稀土氧化物，混合稀土氧化物或碳酸盐经酸分解后，得到一定浓度的混合氯化稀土。由于稀土在冶金工业、玻璃、发光材料、激光晶体、陶瓷方、催化材料、磁性材料等方面的应用更多的是单一稀土化合物或单一稀土金属或合金，因此、还得将稀土十五种稀土元素一一分离开来。目前主要采用溶剂萃取、离子交换及液膜技术等方法进行分离。

思 考 题

2-1 稀土在自然界的分布有何特点，用于工业的矿物原料赋存状态怎样。

2-2 国内外用于稀土生产的主要矿物原料有哪些，它们如何分类，有何特点，与国外矿相比有何优势？

2-3 比较酸法和碱法处理混合型稀土精矿的基本原理和技术特点？

2-4 试根据本章阐述的基本原理，分别设计一个处理氟碳铈矿和独居石精矿的可行方案，并说明其特点。

2-5 风化壳淋积型稀土矿有何基本特征，你认为该矿现行处理工艺存在的主要问题是什么，应如何改进？

2-6 包头矿的第二代高温强化浓硫酸焙烧法与第一代低温焙烧相比的主要区别是什么？

2-7 混合型稀土精矿的浓硫酸焙烧工艺流程中，按先后顺序大致经历了哪 5 个工序，分别加以叙述。

2-8 包头混合型稀土精矿浓硫酸焙烧产物采用 35～45℃ 热浸的原因是什么？

2-9 按稀土配分的不同，南方离子型稀土可分为哪三种类型，处理南方离子型稀土矿使用的第二代浸矿剂有哪些?

2-10 独居石碱分解属什么控制过程,影响分解的因素有哪些,分解过程中碱饼洗涤的目的是什么,从磷酸钠中除铀为什么要加锌粉,$FeSO_4$和石灰各起什么作用?

2-11 南方离子型稀土矿的特点及主要的开采方法?

2-12 南方离子型稀土矿稀土配分四大效应分别是什么?

参 考 文 献

[1] 吴炳乾. 稀土冶金学 [M]. 长沙:中南工业大学出版社,1997.

[2] 徐光宪. 稀土 [M]. 2版. 北京:冶金工业出版社,1995.

[3] 池汝安,田君. 风化壳淋积型稀土矿化工冶金 [M]. 北京:科学出版社,2006.

[4] 吕松涛. 稀土冶金学 [M]. 北京:冶金工业出版社,1981.

[5] 黄礼煌. 稀土提取技术 [M]. 北京:冶金工业出版社,2006.

[6] 吴文远. 稀土冶金学 [M]. 北京:化学工业出版社,2005.

[7] 张长鑫,张新. 稀土冶金原理与工艺 [M]. 北京:冶金工业出版社,1997.

[8] 苏锵. 稀土化学 [M]. 郑州:河南科学技术出版社,1993.

[9] 张若桦. 稀土元素化学 [M]. 天津:天津科学技术出版社,1987.

第三章　溶剂萃取法分离稀土元素

第一节　溶剂萃取的基本概念

溶剂萃取法是指含有被分离物质的水溶液与互不混溶的有机溶剂接触，借助于萃取剂的作用，使一种或几种组分进入有机相，而另外一些组分仍留在水相，从而达到将不同的组分分离的目的。

由于溶剂萃取法具有处理容量大，反应速度快，分离效果好，生产连续化、操作安全简便等优点，现已成为国内外稀土工业生产中分离提取稀土元素的主要方法，也是分离制备高纯单一稀土化合物的主要方法之一。用溶剂萃取分离法在工业上已实现了生产纯度达99.999%（5N）的单一稀土。

目前，溶剂萃取法的实践和理论正处在蓬勃发展的阶段，稀土新萃取剂的研究，新萃取分离工艺的研究、萃取机理和萃取化学规律的研究日益受到人们的重视。

一、萃取体系的组成

萃取过程和吸收、精馏、结晶等过程一样，都是属于两相之间的传质过程，也就是利用物质在互不相混溶（或基本上互不混溶）的两相中分配的不同，使之从一相转入另一相的过程。溶剂萃取是水相和有机相两个液相之间的萃取过程，又称为液—液萃取。因此，萃取体系的组成包括水相和有机相。

水相是由水溶液所组成的液相，可以含有多种金属离子，作为萃取过程的被萃取液，也可以是一定酸度的溶液或去离子水，作为洗液或反萃液，在某些体系还包含盐析剂。

在萃取中料液、反萃液、洗涤液及萃余液都可称为水相。

（1）料液。指在串级萃取工艺中作为原料的含有待分离物质的水溶液，在稀土冶金中，独居石、氟碳铈矿、风化壳离子型稀土矿等稀土矿经处理后得到的稀土氯化物或氧化物经浸出得到的浸出液。

（2）反萃液。指使被萃取物从负载有机相中分离出来的稀土水溶液，反萃液再进一步分离成单一化合物或制取单一稀土产品。

（3）洗涤剂。指洗去负载有机相中难萃组分，使易萃组分进一步纯化富集的水相溶液。这一过程称为洗涤。在洗涤中也可除去夹带的有机相，即在这种洗涤过程使用的溶液称为洗涤剂。

（4）萃余液。指萃取后残余的水相，一般指多次连续萃取后出口水相，逆流或回流萃取的萃余液中含有较纯净的难萃组分。在萃取过程中称这种出口水相为萃余液。

因此，水相主要包含：

（1）被萃取物：原先在水相，后被有机相萃取的物质。

（2）络合物：它是溶于水相，能与金属离子生成各级配合物的配位体，1）抑萃络合剂，如 EDTA（掩蔽剂），2）助萃络合剂，如 P350 萃取稀土时的硝酸根离子。

（3）盐析剂：使被萃物在水相中浓度增加，有利于萃取（水合作用）。

（4）无机酸：水相通常用字母 a 表示。

有机相指有机溶剂所组成的液相，一般由萃取剂、稀释剂、萃合物及改质剂（极性改善剂）组成。通常用字母 o 表示。

（1）萃取剂。一般是指与被萃取物有化学结合而又能溶于有机相或形成的萃合物能溶于有机相的有机试剂。萃取剂通常在室温时为液体，它能构成连续有机相，所以也是溶剂，又称为萃取溶剂。萃取剂在室温时是固体的，称为固体萃取剂，那就不能称为溶剂了。固体萃取剂可溶于有机相，如 HTTA（噻吩甲酰三氟丙酮）、HO_x（8 羟基喹啉）等，也有能溶于水相的，如铜铁试剂等。

萃取剂可以分为三类：酸性萃取剂（含螯合萃取剂）如 P507、环烷酸，HTTA 等；中性萃取剂如 TBP、P350、亚砜等；离子缔合萃取，如胺类、季铵盐萃取剂 N263 等。

（2）稀释剂。指萃取剂溶于其中构成连续有机相的溶剂，主要用于改善有机相的物理性质，如密度、黏度和极性的有机溶剂。顾名思义，稀释剂另一作用是通过稀释来调整萃取剂的浓度。稀释剂一般不与被萃取物作用，但往往能影响萃取剂的性能。常用的稀释剂有磺化煤油、重溶剂、液体石蜡等。

（3）萃合物。是指萃取剂与被萃取物发生化学反应生成的不溶于水相而溶于有机相的化合物、该化合物通常是一种配合物，如$(NO_3)_3 \cdot 3TBP$。

（4）改质剂。在萃取中为了防止乳化或产生第三相而加入的有机溶剂称为改质剂或称为极性改善剂或相调节剂。通常用的是高碳醇，其中以仲辛醇居多。

在稀土萃取分离中，常用的稀土萃取剂有酸性磷型萃取剂、羧酸类萃取剂、中性磷型萃取剂及胺类萃取剂。按萃取剂官能团的酸碱性质，可以分为酸性、中性和碱性萃取剂三大类。国外正在积极开发多官能团有机磷萃取剂用于稀土分离。尽管稀土萃取化学与分离工艺研究自 20 世纪 60 年代以来一直很活跃，所研究的萃取剂种类很多，但用于工业分离稀土的萃取剂仅十几种。常用于分离和纯化稀土的萃取剂有 P204、P507、C272、TBP、P350、N235、环烷酸及异构酸等。萃取稀土常用萃取剂和稀释剂的结构及性能见表 3.1。

根据萃取机理或萃取过程中生成的萃取配合物的性质来划分。其一般分为六大类型。（1）中性配合萃取体系；（2）酸性配合萃取体系或螯合萃取体系；（3）离子缔合萃取体系；（4）胺类萃取体系；（5）协同萃取体系；（6）高温萃取体系、简单分子萃取体系和混合或过渡萃取体系等其他萃取体系（表 3.2）。稀土萃取分离主要有酸性配合萃取体系、中性配合萃取体系、离子缔合萃取体系等，有关其在稀土分离中的应用将在第三节至第五节中加以阐述。

二、萃取体系的表示方法

为讨论简略起见，用下列式子表示萃取体系：被萃取物（起始浓度范围）/水相组成/有机相组成（萃合物分子式），例如：

（1）$La(NO_3)_3$（以 La_2O_3 计 100~200g/L）/HNO_3（0.5mol/L），NH_4NO_3（8mol/L）/P350（70%）-煤油/$La(NO_3)_3 \cdot 3P350$。

表 3.1 稀土萃取分离常用萃取剂、稀释剂结构与性能

类型	名称	代号或缩写	结构式	相对分子质量	密度 /g·cm⁻³	水溶性 /g·L⁻¹	表面张力 /N·m⁻¹	闪点 /℃
酸性磷型萃取剂	二（2-乙基己基）磷酸	D2EHPA 或 HDEHP P204	$CH_3(CH_2)_3CHCH_2O_2P$ （带 CH_3，$=O$，OH 结构）	322.43	0.970 (25℃)	0.012 (25℃)	28.8 ×10⁻³	206
	2-乙基己基磷酸单（2-乙基己基）脂	EHEHPA 或 HEHEHP P507	$CH_3(CH_2)_3CHCH_2O$ $CH_3(CH_2)_3CHCH_2$（带 C_2H_5，P，$=O$，OH 结构）	306.4	0.9475	—	—	—
酸性磷型萃取剂	二（2,4,4-三甲基戊基）膦酸	Cyanex272	R_2POOH R＝2,4,4-三甲基戊基	—	—	—	—	—
羧酸萃取剂	环烷酸	—	（环状结构，带 R 基团）$(CH_2)_nCOOH$ $n＝7\sim9$	200~300	0.9530 (20℃)	0.08	—	198
	异构羧酸	Versatic acid	$R-C-COOH$（带 R'，R''）	—	0.920 (20℃)	~0.3	—	—
中性磷型萃取剂	磷酸三丁酯	TBP	C_4H_9O $C_4H_9O-P=O$ C_4H_9O	266.37	0.9727 (25℃) 0.9760 (水饱和)	0.39 (25℃)	26.7 ×10⁻³	146
	甲基膦酸二甲庚脂	P350	（带 CH_3，C_6H_13CH-O，$H_3C-P=O$，C_6H_13CH-O，CH_3）	320.3	0.9148 (25℃)	~0.01 (25℃)	28.9 ×10⁻³ (25℃)	165
	丁基膦酸二丁酯	DBBP	C_4H_9-O $C_4H_9-P=O$ C_4H_9-O	250.3	0.9492	0.68	25.5 ×10⁻³	134
	氧化三烷基膦	Cyanex923	$(C_6H_{13})_3PO$ 60% ＋ $(C_8H_{17})_3PO$ 40%	386.65	–	0.008 (20℃)	—	—

续表 3.1

类型	名称	代号或缩写	结构式	相对分子质量	密度/g·cm^{-3}	水溶性/g·L^{-1}	表面张力/N·m^{-1}	闪点/℃
胺类萃取剂	伯胺	N1923	$\begin{array}{c}R\\ \diagdown\\ CHNH_2\\ \diagup\\ R'\end{array}$ (R+R'=C$_{16}$~C$_{22}$)	280~300	0.8151	0.0625 (0.5mol/L H$_2$SO$_4$)	—	—
	叔胺	N235 Alamine 336 TOA	$(C_nH_{2n+1})_3$N $n=8$~10	387	0.8153	<0.01 (25℃)	—	—
	氯化三烷基甲胺	N263 Aligust 336	$R_3N^+CH_3Cl^-$ R=C$_8$~C$_{10}$	459.7	0.8951 (25℃)	0.04	31.1×10^{-3}	160
常用稀释剂	仲辛醇	Octanol-2	$CH_3(CH_2)_5CHOH$ | CH_3	130.22	0.8193 (20℃)	1.0g/L	—	—
	磺化煤油（260煤油）	芳烃含量（质量分数/%）小于0.001	脂肪烃含量（质量分数/%）98.3（正烷烃）	—	—	—	—	—
	240号煤油	2.4	96.5（正烷烃）	—	—	—	—	—

注：本书提及的其他萃取剂的代号（缩写）与中文名称对照：P125：二（1-甲基庚基）磷酸；DIOMP：甲基磷酸二异辛酯；TBPO：三丁基氧膦；MIBK：甲基异丁基酮；TTA：噻吩甲酰三氟丙酮。

表示：用 70% 的 P350 的煤油溶液，从含有 8mol/L NH$_4$NO$_3$ 和 0.5mol/L 的 HNO$_3$ 溶液中萃取硝酸镧，它的起始浓度为以 La$_2$O$_3$ 计 100~200g/L，HNO$_3$ 和 NH$_4$NO$_3$ 是助萃络合剂或盐析剂，萃取到有机相去的化合物的分子组成是 La(NO$_3$)$_3$·3P350，萃取反应：RE^{3+}+3NO$_3^-$+3P350 → RE(NO$_3$)$_3$·3P350。

（2）Pr(NO$_3$)$_3$0.15mol/L，Nd(NO$_3$)$_3$0.15mol/L，DTPA 0.22mol/L，NH$_4$NO$_3$ 6mol/L，pH 值为 3~4/0.7mol/L N263-18% TBP-磺化煤油/(R$_3$CH$_3$N$^+$)$_3$[RE(NO$_3$)$_6^{3-}$] 或 RE(NO$_3$)$_3$·3[R$_3$CH$_3$N$^+$NO$_3^-$]。

表 3.2 萃取体系的分类

大类	名 称	符号	举 例	按萃取剂种类数目的分类
1	中性配合萃取体系	A	$La(NO_3)_3/NH_4NO_3/P350$-煤油	单元萃取体系
2	酸性配合萃取体系或螯合萃取体系	B	Sc^{3+}/H_2O(pH 值为 4~5)/$HO_x(0.1mol/L)-CHCl_3$	
3	离子缔合萃取体系	C	$RE(NO_3)_3/NH_4NO_3/R_3CH_3N^+NO_3^-$	
4	胺类萃取体系	D	$UO_2SO_4/H_2SO_4/R_3NH$	
5	协同萃取体系	A+B 等	$\left.\begin{array}{l}HTTA\\RE^{3+}/NH_4NO_3/TBP\end{array}\right\}C_6H_6$	二元萃取体系
		A+B+C 等	$\left.\begin{array}{l}P204\\UO_2^{2+}/H_2O-H_2SO_4/TBP\\R_3N\end{array}\right\}$煤油	三元萃取体系
6	其他萃取体系： (1) 简单分子萃取体系； (2) 高温萃取体系； (3) 混合或过渡萃取体系	E F G	$I_2/H_2O/CS_2$ $RE(NO_3)_3/LiNO_3-KNO_3$(熔融)/ TBP-多联苯(150℃) $RE(NO_3)_3/HNO_3/P204$	单元萃取体系

表示：用 0.7mol/L N263-18%TBP-磺化煤油萃取剂分离 $Pr(NO_3)_3$ 和 $Nd(NO_3)_3$ 的混合物，浓度各为 0.15mol/L，水相中还含有 0.22mol/L 的 DTPA 和 6mol/L NH_4NO_3 作为助萃配合剂和盐析剂，水相平衡 pH 值为 3~4，萃合物组成为 $(R_3CH_3N^+)_3[RE(NO_3)_6^{3-}]$ 或 $RE(NO_3)_3\cdot3[R_3CH_3N^+NO_3^-]$，萃取反应为：$RE^{3+}+6NO_3^-+3R_3CH_3N^+\rightarrow(R_3CH_3N^+)_3[RE(NO_3)_6^{3-}]$。

三、萃取工艺过程的主要阶段

一般来说，萃取工艺过程经历萃取、洗涤、反萃取 3 个主要阶段，与之相对应的称为萃取段、洗涤段、反萃段。萃取工艺过程的主要阶段模式如图 3.1 所示。在实际生产中，根据萃取方式的不同有所变化。

（一）萃取段

两种不相混溶的液相，经充分混合接触，物质从一相转移到另一相的过程。萃取段的主要作用是将易萃组分尽可能地萃入有机相中，以保证萃余液难萃组分的纯度和易萃组分收率，从而达到萃取分离或富集的目的。在萃取中根据反应机理不同，可分为液-液萃取、矿浆萃取、协同萃取、交换萃取、配合萃取等方式。

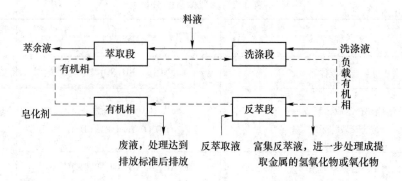

图 3.1 萃取工艺过程的主要阶段模式

（二）洗涤段

用一种溶液对萃取后的负载有机相进行洗涤，使由于萃入或机械夹杂而进入有机相的杂质被洗回到水相中。因为绝对的萃取和绝对的不萃取是不存在的，有的组分萃取的多些，有的组分萃取的少些。洗涤段的作用是尽量将萃入有机相中的难萃组分洗涤下来，以提高有机相产品中易萃组分的纯度和水相产品难萃组分的收率。

（三）反萃段

有物质从水相转入有机相的萃取过程，就必须有与之相反的过程，即使物质从有机相返回到水相的过程，这一过程称为反萃取。能使被萃取物从萃取液中分离出来的溶液称为反萃剂。通过反萃既可以从有机相中回收产品，又可以使有机相再生循环使用。

第二节 串级萃取操作方式及萃取设备

一、串级萃取操作方式

凡是经历混合与澄清这样一对操作过程，称为一级萃取。由于稀土元素的化学性质极为相似，分离比较困难，一级萃取（或者说单级萃取）是不能将稀土一一分离开来，需要经过多次萃取和洗涤，多次利用它们之间的差异才能纯化，从而得到分离效果好的产品。通常易萃组分用 A 表示，难萃组分用 B 表示，空白有机相用 S 表示。

把若干个萃取器串联起来，使有机相与水相多次接触，进行多次萃取和洗涤，从而大大提高分离效果的萃取工艺，称为串级萃取。

按水相与有机相的接触方式将串级萃取操作方式分为错流萃取、逆流萃取、分馏萃取、回流萃取等 10 种操作方式，串级萃取分类见表 3.3。以下就几种常见的操作方式加以描述。

（一）错流萃取

料液由第一级流入，以后各级的萃余液，都与新鲜的有机相进行接触的串级萃取方式，错流萃取如图 3.2 所示。该萃取操作方式可获得纯水相产品，即获得纯的难萃产品，但收率不高，有机相也没有得到充分利用，用量大。

表 3.3　串级萃取分类

串级方式	流　动　方　式	特点及应用
1. 错流萃取	F→［1］x_1→［2］x_2→［3］x_3→［4］→x_4（纯B），顶部进S，底部出y_1、y_2、y_3、y_4	分离系数 β 很大时，可得纯B，但B的收率低，有机相消耗大，生产中不常用
2. 错流洗涤	S→［1］y_1→［2］y_2→［3］y_3→［4］→y_4（纯A），顶部进F、W、W、W，底部出x_1、x_2、x_3、x_4	分离系数 β 很大时，可得纯A，但A的收率低，洗液消耗大，生产中不常用；也可用于稀土与少量难萃非稀土杂质间的分离
3. 错流反萃	$\overline{F}$→［1］y_1→［2］y_2→［3］y_3→［4］→S，顶部进H，底部出x_1、x_2、x_3、x_4	反萃液消耗大。仅用于高纯产品和难反萃元素的生产工艺
4. 逆流萃取	S、x_1←［1］⇄［2］⇄［3］⇄［4］→y_4（纯B），←F；中间 x_2、x_3、x_4 与 y_1、y_2、y_3	分离系数 β 不大时，也可得到纯B，有机相消耗不大，但B的收率不很高
5. 逆流洗涤	$\overline{F}$、x_1←［1］⇄［2］⇄［3］⇄［4］→y_4（纯A），←W；中间 x_2、x_3、x_4 与 y_1、y_2、y_3	分离系数 β 不大时，也可得到纯A，洗液消耗不大，但A的收率不很高
6. 分馏萃取	S→［1 … i … $n-1$｜n｜$n+1$ … j … $n+m$］→Y_{n+m}，x_1←，←W	分离系数 β 不大时，可同时获得纯A、纯B，收率很高，在实际生产中应用最广
7. 回流萃取	在分馏萃取中将S改为含纯B的有机相，或把W改为含纯A的洗液，或两者都改	分离系数 β 很小时，可利用纯组分回流方式来提高纯度，但产量要降低；一般用于启动或工艺调整阶段
8. 半逆流萃取	S→［F］y_1→［F］y_2→［F］y_3→［F］→y_4	与离子交换工艺类似，可用于多组分元素的分离，是间歇式操作，但交错区大，收率低，实际生产中很少使用
9. 半逆流反萃	H→［$\overline{F}$］x_1→［$\overline{F}$］x_2→［$\overline{F}$］x_3→［$\overline{F}$］→x_4	与萃淋色谱工艺类似，仅用于对难反萃金属的反萃工艺，以降低反萃余液酸度、提高反萃效果
10. 共流萃取	S、F←［1］y_1→［2］y_2→［3］y_3→［4］→y_4，←x_4；底部 x_1、x_2、x_3	没有分离效果，仅用对水相金属溶液的萃取浓缩

注：F为料液，W为洗涤剂，S为萃取剂，H为反萃剂。

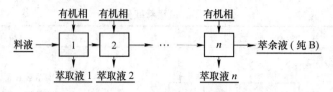

图 3.2　错流萃取示意图

（二）逆流萃取

逆流萃取是指将料液与有机相从萃取器的两端加入，两相逆流而行，在水相与有机相的多次接触中，尽可能将水相中的易萃组分 A 萃入有机相，从而可获得纯水相产品 B，但收率仍不高，不能同时获得高纯度和高收率的 A 和 B 产品。此操作连续，易实现自动化，同时，有机相可得到充分利用，用量相对错流萃取减少。逆流萃取如图 3.3 所示。

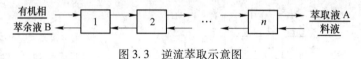

图 3.3　逆流萃取示意图

（三）分馏萃取

加有洗涤段的逆流萃取或料液从萃取器中间某一级进，有机相和洗液从萃取器的两端进入的萃取方式称为分馏萃取，其示意图如图 3.4 所示。

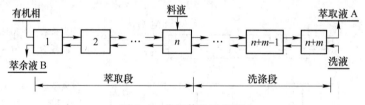

图 3.4　分馏萃取示意图

萃取段的作用是将水相中的易萃组分 A 尽量萃入有机相，在出口水相获得纯水相产品。而洗涤段主要是将有机相中的难萃组分 B 尽量洗回到水相，在有机相出口获得纯的易萃产品。所以，两端可同时获得高纯度，高回收率的两个纯产品，最容易实现萃取工艺最优化。

（四）回流萃取

在分馏萃取中，如果把水相出口的一部分在另一转相萃取器中萃入有机相，然后把含有纯难萃组分的有机相进入串级萃取器的第一级，这样的串级称为萃取单回流萃取工艺。如果把含有易萃组分的有机相在另一萃取器中反萃到水相，然后把部分反萃取水相作为洗液进入最后一级萃取器，这样的串级工艺称为洗涤单回流萃取工艺。如果两头都回流，则称为全回流萃取，这三种情况总称回流萃取，如图 3.5 所示。有时为了提高单级萃取效率，在箱式萃取槽中的澄清室中液体抽回混合室，这叫本级回流。回流萃取可用于分离性质极其相似的两元素，以改善产品的纯度，提高分离效果。串级萃取回流启动还可以有效地缩短从启动到生产合格产品的时间，保证稀土分离试产中不出不合格的中间产品，大大节省试产费用，不足之处是降低生产产量。

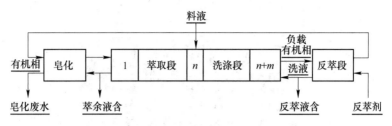

图 3.5　回流萃取示意图

二、萃取设备

萃取设备是溶剂萃取过程中实现有机相和水相两相接触与分离的装置。按操作方式可分为逐级接触式萃取设备和连续接触式（微分式）萃取设备。根据萃取设备结构特点，大致分为箱式混合澄清萃取槽、塔式萃取器和离心萃取器三大类。

（一）逐级接触式萃取设备

由一系列独立的接触级组成，水相和有机相经混合后在澄清区分离，然后再逆流到下一级与逆流来的液相的混合、再澄清。箱式混合澄清萃取槽是这类萃取设备中的典型代表，目前工业上稀土萃取分离用的就是箱式混合萃取澄清槽，下面主要介绍箱式混合萃取澄清槽。

（二）连续接触式（微分式）萃取设备

在连续接触式设备中，两相在连续逆流流动中接触并进行传质，两相浓度连续地发生变化，但并不达到真正的平衡。许多柱式萃取设备属这一类，如萃取塔、离心萃取器等。

（三）箱式混合澄清萃取槽

箱式混合澄清萃取槽（又称为混合澄清槽、萃取槽）是靠重力实现两相分离的一种逐级接触萃取设备，主要由混合室和澄清室两部分组成。它是将混合、澄清连成一个整体，内部用隔板分隔成一定数目的级，每一级又分隔成混合室与澄清室，奇数级与偶数级的混合室交叉相对排列，在长箱的两边（澄清室也同样）。就水相和有机相的流向而言，可分逆流式和并流式；就能量输入方式而言，可分为空气脉冲搅拌、机械搅拌和超声波搅拌，机械搅拌装置一般有桨叶式（平桨或涡轮）及泵式两类；就箱体结构而言，除简单箱式混合器之外，还有多隔室的、组合式等各种其他混合器。为了加速澄清过程，可在澄清室内充填填料，安装挡板或装设其他促进分散相聚集的装置。根据混合槽、澄清槽的不同及它们的连接方式的不同，目前发展了约 20 种混合澄清槽。其中普遍应用的是箱式混合澄清萃取槽如图 3.6 所示。图 3.7 所示为箱式混合澄清萃取槽两相流动示意图。

由于搅拌操作是在混合室单独进行的，因此可以维持所要求的搅拌强度，达到较高的传质效率，级效率可达 85%~95% 甚至 100%。单独进行搅拌可以处理其他类型设备难于萃取的高黏度液体，而且萃取过程可以在相比变化很大的条件下进行操作。澄清室的面积通常为混合室的 2~4 倍，以保证足够的停留时间，一般情况，酸性磷类萃取剂澄清室是混合室的 2.5 倍，羧酸类萃取剂是 3 倍，由于每一级的长度一样，即酸性磷类萃取剂澄清室宽度是混合室的 2.5 倍，羧酸类萃取剂是 3 倍。一个混合室和一个相应的澄清室称为一级。混合澄清萃取槽通常以多级串联方式进行连续逆流操作。

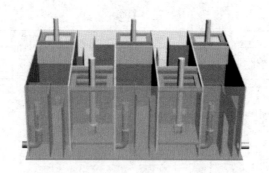

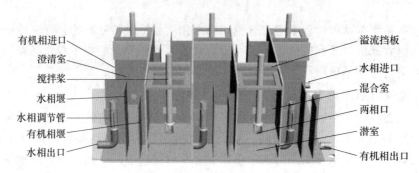

图 3.6 箱式混合澄清萃取槽

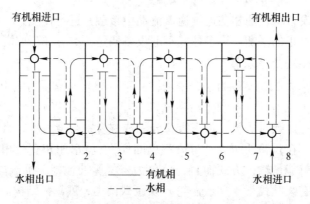

图 3.7 箱式混合澄清萃取槽流动示意图

混合澄清槽结构主要由以下四部分组成：

（1）混合室。混合室的作用是机械搅拌或脉冲搅拌，使水相和有机相充分接触，形成乳状液，完成传质过程，它的形状通常采用正方形，正方形截面的混合室比矩形搅拌均匀，死角小，可有挡板，也可无挡板。混合室可分为以下两部分，下部分是一个小室，称为潜室。它的作用是使有机相和水相稳定地引入混合室，并防止混合相返混。小型的混合室均设有潜室，而大型的则采用一个三通管代替潜室。

（2）澄清室。澄清室的作用是使水相和负载有机相分层，并使其相向流出澄清室，分别进入混合室。

（3）搅拌浆。搅拌浆的作用不仅使两相充分混合接触，同时因搅拌在两相口产生向上的抽力，混合室表面形成涡流两相混合液溢向澄清室而起输送液体的作用。

（4）转移室。转移室分为由轻相堰围成的有机相的转移室和重相堰围成的水相转移室，主要目的是防止未澄清的混合相返回进入相邻一级。有的为了严格防止残余的有机相进入水相转移室，将水相入口制成可调节高低位的管状设备，通过连通器原理调节高度还可调节两相液面高度。

除上述部分外，有的在各相孔口设置挡板，以防止返混或对澄清室有影响。

箱式萃取槽的主要优点一是可以精准掌握萃取级数，级效率高，几乎为100%。其次是结构简单、组合灵活、相比可变化、产量的伸缩性大、操作容易、维修费低等。它的缺点是占地面积大，物料的周转率小，特别是澄清室造成有机相大量存积，但由于简单可靠，故被广泛应用。

（四）萃取塔

萃取塔是一种将混合物溶液中某一种或几种化合物组分，用另外一种液体（称作溶剂，与混合物溶液的溶剂互不相溶）将其提取出来，使其达到分离、富集、提纯的效果。这种过程称作液-液萃取过程。所采用的设备称为萃取器，连续多次萃取采用的萃取器是一种塔式设备，称为萃取塔。其内部结构是利用重力或机械作用使一种液体破碎成液滴，分散在另一连续液体中，进行液-液萃取。有机相从塔身下部入口处流入，水相从塔身上部入口孔流入。充分混合后萃余液从塔底出口流出，负载有机相从塔顶出口孔流出。

液-液萃取的作用是尽快使稀土在有机相和水相的分配比达到稳定值，采用的方式是利用有机相和水相密度不同，或者外加能量，如脉冲、振动、搅拌等，将一种液体破碎成液滴，分散在连续的液体中，以提高质量传递效率。根据两相混合方式不同，可分为脉冲萃取塔、振动筛板塔和机械搅拌萃取塔（或叫转盘萃取塔）。如图3.8所示。

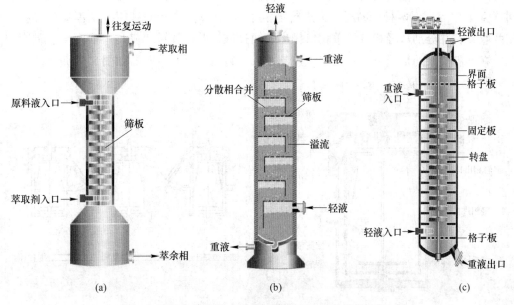

图 3.8 脉冲萃取塔、振动筛板塔和机械搅拌萃取塔

（a）以转盘萃取塔为例；（b）筛板萃取塔；（c）转盘筛板萃取塔

转盘萃取塔属于机械搅拌萃取塔，简称为 RDC，由带水平静环挡板的垂直的圆筒构成，分成三部分：上澄清段，混合段，下澄清段。其中混合段为一圆筒形状，内部被静环挡板分割成一系列萃取室，两个静环挡板中间为固定转盘，且随着搅拌轴一起旋转。静环挡板为中心开孔的平板，静环挡板将圆筒分成一系列萃取室，萃取室中心有转盘，一系列转盘平行地安装在转轴上，转盘和静环的上部和下部分别是两个澄清室。工作时，重相（水相）和轻相（有机相）分别从塔顶和塔底进入，在塔内呈逆流接触。在固定转盘的搅动下，分散相形成小液滴，使传质面积增加，完成萃取过程后，轻相和重相分别从塔顶和塔底的出口流出。

转盘萃取塔可用于所有的液-液萃取工艺，特别是两相必须逆流或并流的工艺过程。体系中也可以含少量固体悬浮物，原则上，RDC 还可以用于有传质或没有传质的逐级化学反应。

国外最新研究出一种不用搅拌装置的萃取塔，它是通过惰性气体（或空气）充当两相混合传质的媒介，并在接触面产生一个传质区，且具有极大的接触面积，因此这种萃取塔相比于传统的筛板萃取塔、填料萃取塔等有更大的传质效率，更能完成萃取操作。

萃取塔的优点是相分散好、接触好、效率高，可以多级操作。缺点是两相密度差不能太小，不适用于易乳化的体系和高的流速比。

（五）离心萃取器

离心萃取器形式有多种，如转筒式离心萃取器。转筒式离心萃取器是借助离心力实现液液两相萃取、分离、洗涤，即混合传质过程和两相分离过程。其混合室是固定的，分离室是旋转的圆筒，搅拌桨将轻重两相吸进混合室。通过两个入口管进入混合室并激烈地混合，通过搅拌桨将混合挡板和流体导向板附近的混合相送入转筒。在离心力作用下重相移向转筒外侧，并向上运动，轻相向转筒的内侧并向上运动，使两相澄清分相。具有密度不同（互不相溶）但两相借助离心力进行液液萃取/分离。分开的液相分别汇集到轻相、重相两收集腔并分别从轻相口、重相口排出，通过调控堰板和转速满足不同密度、黏度的液相。在不需要泵的情况下可实现多级逆流萃取。转筒式离心萃取器如图 3.9 所示。

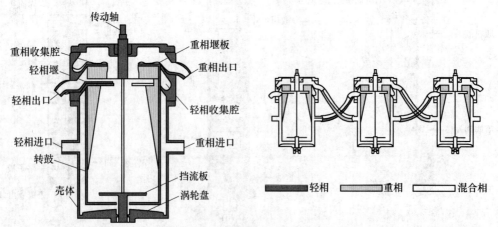

图 3.9　转筒式离心萃取器

离心萃取过程主要包括混合传质过程和两相分离过程：

（1）混合传质过程：轻重两相溶液按一定比例分别从两个进料管口进入转鼓和壳体之间形成的环隙型混合区内，借助转鼓的旋转，通过涡轮盘和叶轮使两相快速混合和分散，两相溶液得到充分的传质，完成混合传质过程。

（2）两相分离过程：混合液在涡流盘的作用下进入转鼓，在副板形成的隔舱区内，混合液很快与转鼓同步回转，在离心力的作用下，密度大的重相液在向上流动过程中逐步远离转鼓中心而靠向转鼓壁；密度小的轻相液体逐步远离转鼓壁而靠向中心，澄清后的两相液体最终分别通过各自堰板进入收集室并由引管分别引出机外，完成两相分离过程。

离心萃取器的优点是能连续萃取/分离，生产能力大，萃取/分离效率高，接触时间短，占用厂房面积少，设备中物料存留少；适合处理两相密度差小，要求接触时间短，不易分离的液体；全封闭操作，有利于处理有毒、有害、易挥发的物质。具有很好的应用前景。

（六）萃取设备的选择

一般而言，选择箱式混合萃取澄清槽、塔式萃取器或离心萃取器主要应考虑萃取体系的性质、理论级数等因素。

1. 萃取体系的性质

A　萃取体系的物化性质

萃取体系的化学性质不稳定，要求接触时间短，或溶液昂贵，所需级数又多的体系，要求试剂存槽量小时，则需选用离心萃取器，或其他高效萃取设备，而不宜选用混合澄清槽。

B　影响两相混合澄清性能的因素

主要是两相的澄清分离。对于易混合而不易澄清的体系（两相密度差及界面张力均小），适宜的设备是离心萃取器，不应选用外加能量的萃取设备；不易混合而易于澄清分离（两相密度差及界面张力较大的体系），则宜选用外加能量的萃取设备。

C　动力学因素的影响

体系反应速度快，则可供选用的设备较多。假如体系反应速度慢，又需较长的澄清分离时间，则不应选用接触时间短的离心萃取器，而需采用混合澄清槽。

D　处理含固体悬浮物的料液

很多萃取器要定期停工清洗，脉冲筛板塔，转盘塔却能适用；若处理未经固液分离的浸出液，应采用矿浆萃取槽。

E　放射性及其他有害气体和液体

应选用密封性能好，或防护较易的萃取器，特别是对于挥发性大的体系，一般不选用混合澄清槽。

2. 理论级数

理论级数小于3级时，几乎所有的萃取设备均可选用，理论级数较大（如大于15级）时，则不宜用各种塔式设备，较宜选用卧式混合澄清槽。

3. 处理能力

对于处理量很小的系统，不宜采用生产能力很大的设备，如离心萃取器，而应选择塔式萃取设备。对于处理量很大的系统，不宜采用塔式萃取设备，也不宜用离心萃取器（除非多个并联），而应选择箱式混合萃取澄清槽。

第三节　定量描述萃取平衡的几个重要参数

在萃取过程中始终存在着有机相和水相争夺被萃取物，当达到了暂时的平衡时，称之为萃取平衡。例如，酸性磷类萃取剂 P507 在盐酸体系下对稀土的萃取，由于 P507 在煤油溶液中以二聚体存在，以 HA 表示 P507，故萃取平衡反应可表示为：

$$RE^{3+} + 3(HA)_{2(O)} \rightleftharpoons RE(HA_2)_{3(o)} + 3H^+$$

在萃取平衡反应中，由于 RE^{3+} 与 P507 作用，生成了萃合物 $RE(HA_2)_{3(o)}$ 而被萃入有机相。同时有机相中的萃合物，也按一定速度分解为 RE^{3+} 与 P507，使 RE^{3+} 返回水相。当萃合物的生成速度等于分解速度时即达到了平衡，这个平衡是暂时、相对的，一旦条件发生改变，平衡就被打破，新的平衡被建立。

一、分配比

分配比(D)有时也称为分配系数。当萃取体系达到平衡时，被萃取物在有机相的总浓度与在水相中的总浓度之比称为分配比，以 D 表示，则：

$$D = \frac{C_o}{C_a} \tag{3.1}$$

式中　C_o——被萃取物在有机相中的平衡总浓度，mol/L；

　　　C_a——被萃取物在水相中的平衡总浓度，mol/L。

分配比表示萃取体系达到平衡后，被萃取物在两相中的实际分配情况，因而在萃取的生产和科研中有很大的实用意义。D 越大，说明被萃取物在有机相中的浓度越高，越易被萃取。

应该指出的是，分配比与分配常数不同，前者不是一个常数，而是随被萃取物在溶液中浓度、溶液的酸度、萃取剂的浓度、稀释剂的种类与性质以及温度等因素而改变。只有在最简单的萃取体系中，被萃取物在两相中只以一种相同的分子形式进行分配时，分配比才和分配常数相同。

二、相比及流比

相比为有机相和水相混合澄清后两相的体积比，用 R 表示，$R = V_o/V_a$。

流比为有机相、料液、洗液等各种水相流入萃取槽的实际流量比，它描述的是有机相、料液、洗液相对大小，一般用 L/min、mL/min 等来表示。

归一化流比：在流比中，以进料的流量为一个单元单位相应地进行换算得到的流比。

三、萃取率

用 D 值可以衡量在一定条件下被萃取物被萃入有机相的程度，但不能直接表示出经过萃取后被萃取物有多少量被萃取到有机相，因此，实际的萃取率(q)可用萃取百分率来表示：

$$q = \frac{被萃取物在有机相中的总量}{被萃取物在两相中的总量} = \frac{m_o}{m_F} \times 100\% = \frac{m_o}{m_o + m_a} \times 100\%$$

$$= \frac{C_o V_o}{C_o V_o + C_a V_a} \times 100\% = \frac{\dfrac{C_o}{C_a}}{\dfrac{C_o}{C_a} + \dfrac{V_a}{V_o}} \times 100\% = \frac{D}{D + \dfrac{V_a}{V_o}} \times 100\% \tag{3.2}$$

式中　m_o——被萃取物在平衡有机相中的总量；

　　　m_F——被萃取物在料液中的总量；

　　　m_a——被萃取物在平衡水相中的总量；

　　　V_o——有机相体积；

　　　V_a——水相体积。

则萃取百分率 q 与分配比 D、相比 R 之间的关系式为：

$$q = \frac{DR}{DR + 1} \times 100\% \tag{3.3}$$

由此可见，要提高被萃取物的萃取率，可增加有机相的用量，即增加相比，相比 R 越大，萃取越完全；同时萃取率也随着分配比 D 的增加而增大。生产上通过改变流比 R 来调节萃取百分率最方便。

当 $V_o = V_a$，即 $R = 1$ 时：

$$q = \frac{D}{D + 1} \times 100\% \tag{3.4}$$

此时，萃取率大小完全取决于分配比。

四、萃取比

萃取比(E)是指在萃取达到平衡时被萃取物质有机相中的量(m_o)与在水相中的量(m_a)之比：

$$E = \frac{m_o}{m_a} = \frac{C_o V_o}{C_a V_a} = DR \tag{3.5}$$

萃取百分率 q 与萃取比 E 之间的关系式为：

$$q = \frac{E}{1 + E} \times 100\% \tag{3.6}$$

从上式可看出，当 $E = 0$ 时，被萃取物不被萃取；当 $E = 1$ 时，被萃取物有一半被萃取；当 $E = \infty$ 时，被萃取物完全被萃取。

所以萃取比也是表示被萃取物被萃取程度的物理量。

五、分离系数

分离系数(β)表示两种元素自水相转移到有机相的难易程度的差别，它等于两种被分离元素在同一体系中，在同样萃取条件下分配比的比值。令 A 表示易萃元素，B 表示难萃元素，则：

$$\beta_{A/B} = \frac{D_A}{D_B} \tag{3.7}$$

式中　D_A——易萃组分 A 的分配比；

　　　D_B——易萃组分 B 的分配比。

β 值的大小表示 A 和 B 两种元素分离效果的好坏，β 值越大则分离效果越好，即萃取剂的选择性越高。当 $\beta=1$，则说明两种物质用该萃取剂不能得到分离。

六、萃取平衡线（萃取等温线）及饱和容量

在一定的温度下，被萃取物在两相之间的平衡分配可用作图法表示，即将被萃取物在有机相的浓度和在水相的浓度关系作图，所得的曲线称为萃取平衡线或萃取等温线。表示单位萃取剂对金属的最大萃取量，$(\overline{M})_s$，mol/L。

多数萃取体系的萃取平衡线具有类似图 3.10 曲线的形状。其特点是，当有机溶剂浓度一定时，随着水相中金属离子浓度的增加，有机相中金属离子浓度也随着增加，但当有机相中金属离子浓度增加到一定值时，即使水相中金属离子浓度再增加，有机相中的金属离子浓度也不再增加，趋于一常数，也就是说此时有机相中金属离子浓度达到饱和，该饱和值称为萃取剂对该被萃取物的饱和容量。不同萃取剂在不同条件下有不同的饱和容量。

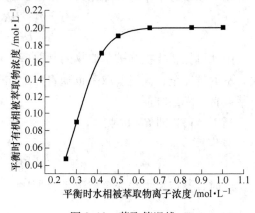

图 3.10　萃取等温线

根据萃取剂的饱和容量可以确定相比和萃合物的组成：

（一）确定相比 R

如某料液 $(m)_F = 0.2$ mol/L，50%RE 萃入有机相，则：

$$q = \frac{m_o}{m_F} \times 100\% = \frac{0.2V_o}{0.8V_F} \times 100\% = \frac{R}{4} \times 100\% = 50\% \Rightarrow R = 2$$

（二）确定萃合物的组成

如 1mol/L P507+煤油萃取稀土的饱和容量为 $(\overline{M})_s = 0.167$ mol/L，则 RE：P507 = 1：6，即萃合物的组成是 $RE(HA_2)_3$。

所以萃取剂的饱和容量是描述萃取平衡的重要参数之一。

第四节　中性络合萃取体系萃取分离稀土

中性萃取剂一般可分为中性含磷萃取剂（如 TBP、P350）、中性含氧萃取剂（如酮类、醇类溶剂）、中性含氮萃取剂（如吡啶）、中性含硫萃取剂（如亚砜类）。而在稀土工业中最广泛应用的是 TBP 及 P350。它们主要用于稀土元素与铀、钍、铁等元素的分离，以及个

别稀土元素的萃取分离提纯，例如用 TBP 萃取分离提纯镧、铈、镨、钕及 P350 萃取分离提取纯镧。

中性络合萃取体系的特点是：

（1）萃取剂是中性有机化合物，如 TBP，P350。

（2）被萃物是中性分子，如 $RE(NO_3)_3$。

（3）萃取剂与被萃物生成中性萃合物被萃取。但在高酸度情况下，也可能按锌盐机理发生萃取作用。

本节主要讨论以 TBP、P350 为代表的中性磷（膦）氧萃取剂萃取稀土元素。

一、中性络合萃取机理及萃取性能

（一）萃取机理

根据表 3.1 中可知，中性磷（膦）萃取剂含有磷酰氧功能团，中性磷（膦）萃取剂萃取稀土是通过磷酰氧上未配位的孤电子对（大于 $P = \dot{C}$）与中性稀土化合物中的稀土离子配位，生成配价键的中性萃取络合物。以 TBP 为例，其萃取三价硝酸稀土的反应为：

$$RE^{3+} + 3NO_3^- + 3TBP_{(0)} \Longrightarrow RE(NO_3)_3 \cdot 3TBP_{(0)}$$

萃取平衡常数　　$K = \dfrac{[RE(NO_3)_3 \cdot 3TBP]}{[RE^{3+}][NO_3^-]^3[TBP]^3}$

分配比　　$D = \dfrac{[RE(NO_3)_3 \cdot 3P_{350}]}{[RE^{3+}]} = K[NO_3^-]^3[P_{350}]^3$　　　　　　　（3.8）

上式表明，增加硝酸根浓度可使分配比增加。另据研究表明 P350、TBP 萃取稀土元素时，磷氧键参与络合，而与磷氧碳键无关。

中性磷（膦）氧萃取剂能萃取无机酸。红外光谱证明 TBP 萃取 HNO_3 是以分子形式结合，属中性络合萃取机理。

TBP 萃取酸的能力按下列次序减小：

草酸 - 醋酸 $>$ $HClO_4$ $>$ HNO_3 $>$ H_3PO_4 $>$ HCl $>$ H_2SO_4

中性磷（膦）氧萃取剂也能萃取 H_2O 分子。例如，TBP 通过氢键与 H_2O 分子缔合成为 1 : 1 的萃合物：$(RO)_3P = O + H_2O \rightleftharpoons (RO)_3P = O \cdots H—O—H$。

常温下 1L 纯 TBP 大约可溶解 3.6mol 的水（纯 TBP 浓度为 3.65mol/L）。

P350 对 H_2O 也有明显的萃取能力，即在萃取稀土的同时也萃取 H_2O。

（二）萃取性能

影响萃取性能的主要因素有萃取剂结构、稀土离子性质等。

1. 萃取剂结构的影响

中性磷（膦）氧萃取剂的结构决定其反应官能团的 Lewis 碱性（磷酰氧原子的电子云密度）、结构空间效应和溶解度，从而直接影响其萃取能力和分离效果。一般说来，配位键 $O \rightarrow M$ 键越强，则形成的萃合物越稳定，萃取能力越强。在中性磷（膦）氧萃取剂取代基团中，如果取代基团是 R 基，具有推电子效应，使诱导效应增强，磷酰氧原子（$P = O$）的电子云密度增大，给电子能力增大，极性增加，配位能力增强，其萃取能力也增强。反之，如果是烷氧基取代，由于含电负性大的氧原子，拉电子能力强，$P = O$ 键的氧原子的孤对电子就有被 RO 拉过去的倾向，它与金属离子生成配位键 O→M 的能力就减弱了。故不同萃取剂结构的萃取能力大小如下：

$$R_2RP=O \quad > \quad R_2(RO)P=O \quad > \quad (RO)_2RP=O \quad > \quad (RO)_3P=O$$

TBP 属（RO）$_3$P＝O 类，而 P350 属（RO）$_2$RP＝O 类，故 P350 的萃取能力大于 TBP，所以可在较低酸度下萃取。一般而言，两种萃取剂的碳原子数相同时，碱性较强的中性磷类萃取剂的水溶性也大一些。当碳原子数不同时，碳键长短是决定水溶性的关键因素，TBP 有 12 个碳原子，P350 有 17 个碳原子，故 P350 在水中的溶解度仅为 0.01g/L。另外，结构空间效应对萃取性能也有重要影响，分子中邻近萃取官能团的烷基有较多支链时，萃取剂就会产生空间位阻效应。当烷基碳原子数目相同时，随着支链增多，空间位阻增大，萃取分配比减小。但萃取剂的空间位阻效应，可提高它对中心离子的选择性，使相邻稀土元素的分离系数增大。

2. 稀土离子性质的影响

在其他条件一定时，萃合物的稳定性决定于稀土离子的电荷与半径。一般有以下规律：

（1）稀土离子价数越高，萃合物越稳定，分配比 D 越大

（2）同价稀土离子，半径越小，萃合物越稳定，分配比 D 越大。

但是在多数情况下，中性磷（膦）氧萃取剂萃取稀土元素的分配比并不随原子序数（Z）的增加而单调变化。若干中性磷（膦）氧萃取剂在 HCl、HCNS 介质中的 $D \sim Z$ 关系图呈不明显的四分组效应。TBP 在 HCl 介质中随 Z 的增大 D 值变化不大，在 HCNS 介质中 D 值随 Z 的增大而增大。P350 的 $1gD \sim Z$ 也呈不明显的四分组效应，钇的位置在重稀土范围。轻稀土的 D 随 Z 增加而增大，而重稀土的 D 值则出现倒序现象。中性磷类萃取剂在 HNO$_3$ 及 HNO$_3$ 加盐析剂介质中的萃取能力比在 HCl 介质中普通高出 1～2 个数量级。1.5mol/L P350-煤油萃取稀土的 lg$D$-Z 关系如图 3.11 所示。

3. 酸度的影响

图 3.12 所示为用 100%TBP 在无盐析剂的硝酸介质中萃取稀土元素时，HNO$_3$ 浓度对 TBP 萃取稀土离子（Ⅲ）的分配比的影响。

由于萃取体系中存在着稀土与硝酸的竞争萃取，HNO$_3$ 浓度对 D 的影响较为复杂，但由图 3.12 可看出，D 对 HNO$_3$ 浓度的曲线呈 S 形。这是因为 HNO$_3$ 浓度对 D 的影响有三种作用：

（1）在硝酸浓度不高时，[NO$_3$]$^-$ 浓度随 HNO$_3$ 浓度增加而增加，由前面的公式可知，D 与 [NO$_3$]$^-$ 的 3 次方成正比，所以 D 也随 [NO$_3$]$^-$ 的增加相应增加。

（2）随着 HNO$_3$ 浓度的增加，引起 HNO$_3$ 的竞争萃取，自由萃取剂浓度 [TBP] 减小，而 D 与 [TBP]^3 成正比，所以 D 也相应减小。

（3）HNO$_3$ 浓度继续增加，水相盐析作用增加，故 D 又增大。所以曲线呈 S 形状。

由图 3.12 还可知，在高酸度下，分配比、分离系数都增大。所以，实际生产中用 TBP 在 HNO$_3$ 介质中萃取分离稀土元素都是在高酸度下进行。

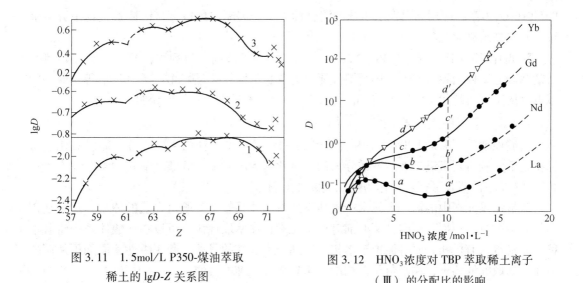

图 3.11　1.5mol/L P350-煤油萃取
稀土的 lg$D$-Z 关系图

1—0.1mol/L HCl；2—0.1mol/L HNO$_3$；

3—0.1mol/L HiNO$_3$+4mol/L LiNo$_3$

图 3.12　HNO$_3$ 浓度对 TBP 萃取稀土离子
（Ⅲ）的分配比的影响

硝酸浓度对 P350 萃取稀土元素的影响与 TBP 的情况不尽相同，总的趋势是酸度增高，分配比减小。详情见 P350-HNO$_3$ 体系提取纯氧化镧。

4. 盐析剂的影响

盐析剂的作用是多方面的，主要有：

（1）盐析剂的阴离子与被萃物阴离子相同时，加入盐析剂相当于增加了［NO$_3^-$］浓度，由于同离子效应而使 D 增加。

（2）盐析剂的离子水合作用吸引了一部分自由水分子，使体系中的自由水分子数量减少，因而被萃取物在水相中的有效浓度相应增加，使分配比增加。

（3）盐析剂可以降低水相介电常数，抑制水相中被萃金属离子的聚合等作用，从而有利于萃合物形成。

盐析剂的摩尔浓度相同时，阳离子的价数越高，盐析效应越大。对于同价的阳离子，其半径越小，盐析效应越大。这是因为价数高、半径小的阳离子的水化作用强，使自由水分子数减少作用增大。一般金属离子的盐析效应按下列次序递减：

$$Al^{3+} > Fe^{3+} > Zn^{2+} > Cu^{2+} > Mg^{2+} > Ca^{2+} > Li^+ > Na^+ > NH_4^+ > K^+$$

二、TBP、P350 萃取分离稀土元素工艺

TBP 是第一个被用于工业上萃取稀土元素的萃取剂，20 世纪 50~60 年代国内外曾用它来提取 La、Ce、Y，进行 Nd、Sm 分组，从钐钆富集物中制取纯钆，以及提取钪等。TBP 在高酸度（8~15mol/L）硝酸和硫氰酸铵下萃取稀土元素为正序萃取，而在 HCl、HCNS 介质中萃取稀土元素的能力很弱，实际应用少。

我国首先合成出 P350，并首先应用于稀土萃取分离。与 TBP 相比，P350 可在低酸度下对稀土元素有高的萃取率，但 D~Z 图在铕、钆处出现转折，分配比逐渐减小。因此，

P350-HNO$_3$体系的应用局限在从少铈的混合稀土中分离制取纯镧，从镨钕富集物中分离镨钕，制取高纯氧化钪等。

20 世纪 70 年代以来，分离系数较小，需要高酸度或高盐析剂浓度的中性磷（膦）氧萃取剂萃取分离稀土元素的工艺逐渐被性能更为优良的酸性磷（膦）酸酯、环烷酸等萃取剂的萃取分离工艺所替代了。以下就 TBP、P350 萃取分离稀土元素举例说明。

（一）　P350-HNO$_3$体系提取氧化镧

用酸性磷类萃取剂 P204 进行稀土分组后的轻稀土中，铈为主要成分，如以氧化法将铈提走后，则得到富镧母液，其成分大约含氧化镧 50%左右，含镨钕氧化物 40%左右，还含有 3%左右的氧化钐，可以作为提取纯镧的原料。

镧是镧系元素中的第一个元素，提纯镧的萃取体系较多，既可在盐酸体系、也可在硝酸体系中进行。利用酸性磷型萃取剂对稀土元素正序萃取规律，可以在盐酸体系中将其他稀土元素萃入有机相，而将镧留于水相，达到分离提纯的目的。利用中性萃取剂可从硝酸体系中萃取非镧稀土，镧则留于水相中，达到分离提纯的目的。

以 50%的 TBP 作有机相，可从含稀土氧化物达 450g/L 的硝酸盐溶液中用回流萃取法分离提纯镧。P350 按中性配合萃取分离镧，萃取稀土时，发生下列反应：

$$RE^{3+} + 3NO_3^- + 3P350 \Longrightarrow RE(NO_3)_3 \cdot 3P350$$

结构转变式为：

P350　　　　　　　　　　RE(NO$_3$)$_3$·3P350

用水或极稀硝酸反萃时，发生萃取反应的逆反应。根据式（3.8）及其影响因素可知，增加［NO$_3^-$］可使分配比增加。可通过增加硝酸浓度，添加硝酸锂、硝酸铵等盐析剂的浓度以及增加水相中硝酸稀土的浓度来提高［NO$_3^-$］。若添加硝酸，只有在硝酸浓度很高的情况下，由于浓硝酸的盐析作用才会使分配比有较大的提高。但高硝酸浓度会造成操作环境差，危害现场人员健康。添加硝酸盐及盐析剂，利用硝酸根的同离子效应，可使 D 增加，但又将使生产成本增加。因此最好的方法是增加料液稀土浓度，利用硝酸稀土的"自盐析"作用，使分配比增加。自由萃取剂浓度增加，分配比显著增加，而增加自由萃取剂浓度的唯一办法，是提高有机相中 P350 的浓度。实践表明，P350 浓度小于 50%时，分配比太小，不利于萃取；当 P350 浓度大于 70%时，分配比虽大，但分离系数有所降低，且有机相黏度增大，分层变慢，也不利于萃取过程的进行。

因此实际工艺中选用的有机相组成为 70%P350+30%磺化煤油；料液组成为含 RE$_2$O$_3$ 320g/L 及 0.5mol/L HNO$_3$。其萃取级数为：萃取 38 级、洗涤 22 级、反萃 20 级。P350-HNO$_3$体系提取纯氧化镧工艺流程如图 3.13 所示。

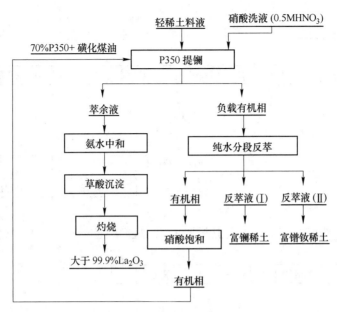

图 3.13　P350-HNO₃体系提取纯氧化镧工艺流程图

（二）TBP-HNO₃体系萃取四价铈

铈在弱酸性介质(pH 值为 5~6) 中能被氧化剂(如 H_2O_2、空气等)氧化成四价，四价铈与三价稀土元素的性质差别较大，从而构成了它们分离的基础。四价铈可用 P204 萃取，也可用中性萃取剂萃取，三价铈可用 P507 萃取，因而可省去铈的氧化作业。TBP 萃取四价铈按锌盐机理进行，发生下述反应：

$$Ce(NO_3)_4 + 2HNO_4 + 2TBP \rightleftharpoons Ce(NO_3)_6^{2-} \cdot [H \cdot TBP]_2^{2+}$$

锌盐萃取的特点是需要较高的酸度，因为锌盐在高酸度时稳定，而在低酸下则被破坏，故反萃可用水或低浓度酸。

用 TBP 萃取分离四价铈与三价稀土元素，分离系数 $\beta_{Ce/RE}$ 大于 50，萃取容量大，需要级数少（3 级），且不发生乳化现象。煤油具有还原性，而 Ce^{4+} 具有氧化性，故 TBP 萃取分离四价铈时，不用煤油作稀释剂，常使用稳定性强的液体石蜡作稀释剂。

在双氧水的碱性、中性或弱酸性(pH 值为 5~6) 介质中能将三价铈氧化成四价，但在较强的酸度条件下又可将四价铈还原成三价，故可利用这一性质实现铈的还原反萃。

萃取提纯四价铈的工艺流程如图 3.14 所示。有机相的组成均为 60%TBP+40%液体石蜡。料液稀土浓度 120~140g/L（以氧化物计），其中铈的浓度为 100~110g/L（以氧化铈计），料液含硝酸浓度为 4~5mol/L。由于 TBP 有机相本身能萃取酸，所以用双氧水反萃时，反萃得水相为酸性。如将含有双氧水的 TBP-液体石蜡直接返回使用，会使四价铈被双氧水还原。因此，反萃后的有机相需用 0.1%的 $KMnO_4$ 氧化处理。

锌盐萃取需保持水相有适当酸度，而由于 TBP 本身可萃酸，故被氧化处理的有机相需要用硝酸饱和以后，才能返回萃取段使用。

铈反萃液经中和、草酸沉淀、灼烧后可得到 99.9%~99.99%的氧化铈产品，铈回收率大于 85%，而反萃液直接浓缩结晶可得到含氧化稀土大于 39%，纯度为 99.9%~99.99%

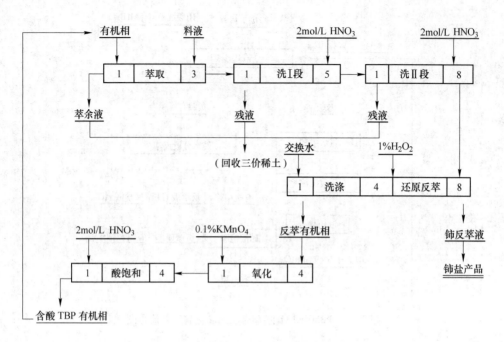

图 3.14 萃取提纯四价铈的工艺流程

的硝酸铈，如果通过 P204 萃取，盐酸反萃转型，可得到氧化稀土大于 48%，纯度为 99.9%~99.99% 的氯化铈产品。

（三）TBP 萃取分离铀、钍和稀土

1. 基本原理

用 TBP 从硝酸溶液中分离铀、钍和稀土是基于在相同条件下它们之间的分配比不同，其分配比的顺序是 $D_U > D_{Th} > D_{RE}$（Ce^{4+} 除外），如在 30%TBP－煤油－硝酸体系中，水相 HNO_3 浓度为 4mol/L 时，其分离系数 $\beta_{U/Th}=13$，$\beta_{U/RE}=1 \times 10^4$，$\beta_{Th/RE}=7.5 \times 10^2$。由此可见，铀、钍为易萃组分萃入有机相，稀土为难萃组分留在水相。其萃取反应为：

$$2TBP_{(o)} + UO_2^{2+}{}_{(a)} + 2NO_3^-{}_{(a)} \Longrightarrow UO_2(NO_3)_2 \cdot 2TBP$$

$$3TBP_{(o)} + RE^{3+}{}_{(a)} + 3NO_3^-{}_{(a)} \Longrightarrow RE(NO_3)_3 \cdot 3TBP$$

$$TBP_{(o)} + xH^+ + xNO_3^-{}_{(a)} \Longrightarrow xHNO \cdot TBP(x 为 1 或 2)$$

2. 主要影响因素

TBP 浓度增加，D_U、D_{Th}、D_{RE} 增加，萃取能力也增加，但浓度不宜过大；D_U 和 D_{Th} 在硝酸浓度为 4mol/L 时达到最大，而 D_{RE} 基本不变；料液中加入盐析剂，分配比 D 增加；料液中阴离子 PO_4^{3-}、SO_4^{2-}、F^-、Cl^- 等离子的存在均会和 UO_2^{2+}、RE^{3+} 形成络合物，使得分配比 D 降低；温度升高，分配比 D 下降，低温范围内变化不明显。

3. 工业实践

如前所叙，铀钍渣是独居石经碱分解后，再经盐酸优溶后得到的物质。其提取稀土原则工艺流程如图 3.15 所示。

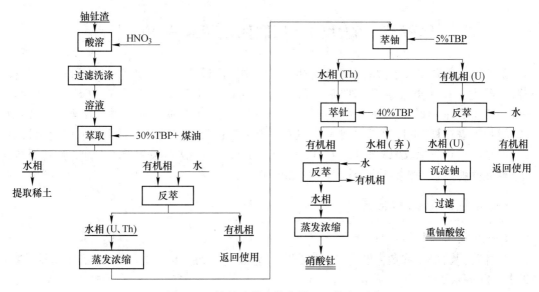

图 3.15 铀钍渣萃取分离稀土工艺流程图

（1）热水洗。为了保证残留的氯离子（Cl^-）不进入硝酸溶液中，首先用热水洗涤铀钍渣。

（2）硝酸全溶。将洗去 Cl^- 后的铀钍渣用硝酸溶解，将发生：

$$Na_2U_2O_7 + 6HNO_3 = 2UO_2(NO_3)_2 + 2NaNO_3 + 3H_2O$$

$$Th(OH)_4 + 4HNO_3 = Th(NO_3)_4 + 4H_2O$$

$$RE(OH)_3 + 3HNO_3 = RE(NO_3)_3 + 3H_2O$$

在铀、钍和稀土溶解的同时，部分铁、钛、锆、硅等也进入溶液。上述溶解过程均为放热反应，溶解时可使温度升高到 115～120℃，为使下一步骤萃取反应能进行，溶解液和酸溶渣水洗液的合并液游离硝酸浓度应保持在 3～5mol/L，供 TBP 萃取用。

（3）TBP 萃取铀、钍。用 30% 的 TBP-煤油溶液萃取硝酸溶液中的铀、钍。在相比 $R=1$ 时，经 10 级萃取，萃余液中即稀土溶液中铀钍的含量（以 ThO_2 计）小于 0.2g/L，负铀钍有机相经热水反萃，再经浓缩结晶后，可得含高浓度铀、钍溶液，其浓度含 ThO_2 为 100～120g/L、U_3O_8 5～8g/L、酸度为 4～4.5mol/L，供下一工序 TBP 萃取分离铀、钍使用。

（4）TBP 萃取铀分离铀、钍。用 5% 的 TBP-煤油溶液萃取高浓度铀、钍溶液，在萃取相比 $R=1$，洗涤相比 $R=5$，反萃相比 $R=2$ 时，经 10 级萃取、用 2mol/L 硝酸 10 级洗涤、用水 10 级反萃，反萃液用氨水沉淀，可得重铀酸铵 $[(NH_4)_2U_2O_7]$ 产品。

$$2UO_2(NO_3)_2 + 6NH_4OH = [(NH_4)_2U_2O_7] + 4NH_4NO_3 + 3H_2O$$

萃余液中含钍及少量 RE^{3+}、Fe^{3+}、Zr^{4+} 等。

（5）TBP 萃取钍。用 40% 的 TBP-煤油溶液，在 10 级萃取、相比 $R=2～2.5$，10 级水洗、相比 $R=7～8$，10 级热水反萃、相比 $R=3$，可将钍与 RE^{3+}、Fe^{3+}、Zr^{4+} 分离以制备硝酸钍。

第五节 酸性络合萃取体系萃取分离稀土

酸性络合萃取体系是目前工业实际生产过程中应用最广的一类体系,其萃取剂一般包括酸性磷类、羧酸类及螯合萃取剂。螯合萃取剂是一种含多官能团(—OH、═NOH、—SH—等)的有机酸,主要的萃取剂有8-羟基喹啉、2-甲基-8-羟基喹啉、α-亚硝酸-β-萘酚、噻吩甲酰三氟丙酮、乙酰丙酮等,其在稀土分离中较少应用。在稀土工业中应用目前最广的是酸性磷类萃取剂,如P204、P507、Cyanex272,其次是羧酸类萃取剂,如环烷酸。以下就酸性磷类、羧酸类萃取剂分离稀土加以阐述。

一、酸性萃取剂结构特点

(一)酸性磷类萃取剂

酸性磷(膦)类萃取剂主要有二大类即一盐基磷(膦)酸(Ⅰ、Ⅱ、Ⅲ)和二盐基磷(膦)酸(Ⅳ、Ⅴ)两大类,如下所示:

它们的萃取均以>P(O)OH为反应基团,其中应用较为广泛的是一盐基磷(膦)酸,稀土分离常用的酸性磷类萃取剂P204、P507、Cyanex272分别是一盐基磷(膦)酸(Ⅰ、Ⅱ、Ⅲ)的代表。

(1)P204。化学名称为二(2-乙基己基)磷酸,缩写为 D_2EHPA 或 HDEHP。相对分子质量为322.42,密度 $0.97g/cm^3$、黏度($\eta=25$)$3.47mPa\cdot s$、闪点206℃、燃点233℃。其结构式为:

缩写为:

(2)P507。化学名称为二(2-乙基己基)膦酸单2-乙基己基酯,缩写为 HEHEHP。国外商品名为PC88A。相对分子质量为306.4,密度为0.949(25℃),密度 $0.95g/cm^3$,折光率为 $n_D^{20}=1.4491$,水中溶解度为0.029g/L,闪点196℃、燃点228℃。其结构式为:

缩写为:

（3）Cyanex272。化学名称为二(2，4，4-三甲基戊基)次磷酸，缩写为 C272 或 HBT-MPP。纯度约为 85%，相对分子质量为 290，密度 0.91g/cm^3、黏度($\eta=25$) 1.42mPa·s、闪点 108℃。其结构式为：

$$\left[\begin{array}{c} CH_3 \quad\quad CH_3 \\ | \quad\quad\quad | \\ CH_3-C-CH_2-CH-CH_3 \\ | \\ CH_3 \end{array}\right]_2 P \begin{array}{c} \nearrow O \\ \searrow OH \end{array}$$

缩写为：

$$\begin{array}{c} R \searrow \quad \nearrow O \\ P \\ R \nearrow \quad \searrow OH \end{array}$$

P507 与 P204 相比，多一个烷基(R)，少一个烷氧基(OR)，由于 R 基具有推电子效应，使 P507 上的 H$^+$ 难以释放出来（空间位阻效应），即 P507 酸性比 P204 弱，对金属的萃取能力也相应降低，生成萃合物的稳定性比 P204 差，因而反萃比 P204 容易。这样就克服了 P204 萃取重稀土反萃困难的缺点，即反萃液酸度高、反萃也不完全，这就是通常所说的 P507 萃取能力小于 P204。同样，C272 与 P507 相比多一个烷基(R)，少一个烷氧基(OR)，C272 酸性比 P507 弱，萃取能力也弱，C272 的 pK_a 值比 P507 及 P204 高(表 3.4)，即萃取能力 P204>P507>C272，反过来，C272 易反萃，其次是 P507，相对 P204 更难反萃。由于稀土具有正序萃取特性，即重稀土容易萃取，且 Cyanex 272 萃取分离稀土的选择性较 P204、P507 好，相邻稀土元素间平均分离系数大，Cyanex272(3.24)>P507(2.49)>P204(2.46)。如 C272 萃取 $\beta_{Er/Y}=1.62$、$\beta_{Ce/La}=8.98$、$\beta_{Sm/Nd}=13.4$(表 3.5)，远远大于 P507 体系中的分离系数，故 Cyanex 272 具有萃取酸度低、易反萃等优点，更适合于重稀土分离。但由于 C272 存在饱和容量低、相对价格昂贵等缺点，生产上往往采用 P507+C272 协萃体系用于铥、镱、镥的分离。P507 与 P204 相比，P507 萃取稀土的平均分离系数 $\beta_{z+1/z}$ 大于 P204，分离稀土时所需的水相酸度较低，反萃更容易，故在稀土元素分离中，广泛采用 P507 萃取分离。

表 3.4　酸性磷（膦）类萃取剂两相酸碱性

萃取剂	P204	P507	Cyanex272
pK_a	5.2	7.1	8.7

注：另一相为 1mol/L 的 NaCl 溶液。

表 3.5　Cyanex272 萃取稀土时在不同 pH 值相邻元素平均分离系数

pH 值范围	平均分离系数 $\bar\beta$	pH 值范围	平均分离系数 $\bar\beta$
3.50~3.70	$\beta_{Ce/La}=8.98$	2.20~2.75	$\beta_{Dy/Tb}=1.89$
3.20~3.40	$\beta_{Pr/Ce}=2.90$	2.10~2.70	$\beta_{Ho/Dy}=2.07$
3.15~3.35	$\beta_{Nd/Pr}=1.45$	2.10~2.60	$\beta_{Y/Ho}=1.30$
2.85~3.05	$\beta_{Sm/Nd}=13.4$	2.10~2.60	$\beta_{Er/Y}=1.62$
2.65~2.95	$\beta_{Eu/Sm}=1.34$	2.00~2.60	$\beta_{Tm/Er}=2.00$
2.65~2.95	$\beta_{Gd/Eu}=1.34$	1.90~2.60	$\beta_{Yb/Tm}=2.69$
2.55~2.75	$\beta_{Tb/Gd}=3.18$	1.80~2.30	$\beta_{Lu/Yb}=1.33$

由于酸性磷类萃取剂，如 P204、P507、Cyanex272 等分子中有一个羟基(—OH)，则

在非极性溶剂如苯、煤油或液态石蜡的烃类中，可以通过氢键聚合成二聚分子形式（称为二聚体）存在，聚合形式如下：

$$RO \underset{RO}{\overset{O \cdots H-O}{\underset{O-H \cdots O}{P}}} \overset{OR}{\underset{OR}{P}} \qquad R \underset{R}{\overset{O-H \cdots O}{\underset{O-H \cdots O}{P}}} \overset{R}{\underset{R}{P}}$$

（二）羧酸类萃取剂

羧酸是弱酸性萃取剂，包括环烷酸、异构酸和脂肪酸，其中环烷酸和异构酸是两类最常用的羧酸类萃取剂，稀土分离主要是用环烷酸。

环烷酸一元弱酸，一种淡黄或棕色的黏稠液体，市售环烷酸为多种化学结构体的混合物，其主体成分是环戊烷的衍生物，也含有部分环己烷和稠环的衍生物。平均相对分子质量 $200 \sim 300$，黏度 $(\eta = 38)0.9 \sim 1.30$ mPa·s，密度 $0.943 \sim 0.982$ g/cm^3，酸值 $180 \sim 230$ mgKOH/g，闪点 149℃，不皂化物（中性油）5%~20%。主要结构式为：

$$\begin{array}{c} R3-C-C-R4 \\ R2-C-C-(CH_2)_n COOH \\ C \\ R1 \end{array} \qquad \text{(R——烷基或H)}$$

大多数羧酸是弱酸，其离解常数 K_a 随羧酸的结构而异，pK_a 值一般为 $4 \sim 5$，环烷酸的 pK_a 值为 5.5。羧酸在非极性溶剂、苯、煤油、氯仿中均有二聚体形成，但在极性溶剂中，如醇，由于极性溶剂与羧酸缔合，降低了二聚作用，使溶液中二聚体减少，基本不以二聚体存在。环烷酸、异构酸就是类似情况。

$$R-C \underset{O-H \cdots O}{\overset{O \cdots H-O}{}} O-R$$

由于羧酸的聚合作用，且环烷酸黏度大（$90 \sim 130$cPa，38℃），使用时易乳化，影响分层，所以在使用前要进行稀释，常用的稀释剂有煤油、苯、甲苯、乙烷、四氯化碳、异戊醇、乙醚、正辛烷等。采用磺化煤油作稀释剂时，要添加 10%～20% 的辛醇或碳原子数为 7~9 的混合醇以改善极性，降低黏度。这是因为由于氢键作用，环烷酸及环烷酸氨在非极性溶剂会发生聚合，例如在 20%(V/V) 的环烷酸煤油溶液加等当量的氨水进行皂化制成环烷酸铵盐后，有机相就成为胶冻状，这是环烷酸铵盐在非极性溶剂中高度聚合形成如下的多聚物并相互交联：

$$O=C-O \cdots H-N-H \cdots O-C=O \cdots H-N-H$$

用皂化后的有机相萃取稀土也同样发生乳化，难于将两相分离。若在其中添加 15%～20%(V/V) 的极性溶剂如混合醇，则在皂化形成环烷酸铵盐时的流动性很好，说明聚合作用已大为减少，这是因为极性溶剂混合醇 ROH 阻断了聚合高分子的形成而转为与 ROH 缔合的单分子，这已由红外光谱的分析得到证明。

$$R \!-\! OH \cdots O \!=\! \underset{\underset{R}{|}}{C} \!-\! O \cdots H \!-\! \underset{\underset{H}{|}}{\overset{\overset{H}{|}}{N}} \!-\! H \cdots O \!-\! R$$

羧酸萃取剂，特别是环烷酸（石油副产品）价格低廉，来源广泛，在高纯氧化钇的萃取工艺中，环烷酸能一次除去轻重稀土杂质，这是采用其他萃取剂不容易办到的。

二、酸性萃取剂萃取稀土的基本原理

如果未聚合的酸性磷类萃取剂以 HA 表示，则酸性磷类萃取剂二聚体可表示为 $(HA)_2$，当其与较高浓度的苯或煤油溶液与低浓度稀土元素盐类的低酸度溶液组成萃取体系时，酸性磷（膦）类萃取剂萃取三价稀土离子的反应一般可表示为：

$$RE^{3+} + 3(HA)_2 \Longrightarrow RE(HA_2)_3 + 3H^+ \tag{3.9}$$

从萃取反应可以看出，酸性络合萃取体系的特点是：

（1）萃取剂是有机弱酸 HA。

（2）被萃取物是稀土阳离子 RE^{3+}。

（3）萃取机理属于阳离子交换。

在萃取过程中，水相中的稀土离子取代二聚体中的一个氢离子，另一个氢键仍被保留，同时磷酰基 P＝O 键的氧原子与稀土离子配位形成八原子螯环，与通常螯合物不同处在于它的螯环中含有氢键，其配位数为6，一个稀土离子与三个双聚分子结合，同时置换出三个氢离子，形成如图 3.16 结构的螯合物 $RE(HA_2)_3$。图 3.16 所示为 P204 与稀土萃合生成的萃合物的结构式。由于稀土离子与酸性磷（膦）类萃取剂形成了电中性的有机大分子螯合物，使它丧失了原先水合离子 RE^{3+} 的亲水性，易溶于有机溶剂中，从而

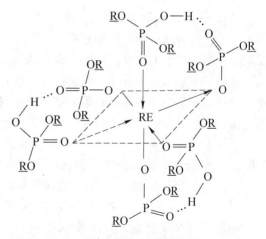

图 3.16　P204 与稀土萃合生成的萃合物结构式

达到提取稀土元素的目的。对于常用的酸性磷（膦）类萃取剂 P204、P507、Cyanex272 等对稀土的萃取符合正序萃取，萃取顺序为 La ＜ Ce ＜ Pr ＜ Nd ＜ Sm ＜ Eu ＜ Gd ＜ Tb ＜ Dy ＜ Ho ＜ Y ＜ Er ＜ Tm ＜ Yb ＜ Lu。

根据式（3.9）反应，其萃取反应的平衡常数 K 可表示为：

$$K = \frac{[RE(HA_2)]_{3(o)} \cdot [H^+]^3_{(a)}}{[RE^{3+}]_{(a)} \cdot [(HA)_2]^3_{(o)}} = \frac{D \cdot [H^+]^3_{(a)}}{[(HA)_2]^3_{(o)}} \tag{3.10}$$

假定稀土元素在有机相中仅以 $RE(HA_2)_{3(o)}$ 形式存在，而在水相中主要以 RE^{3+} 形式存在，则稀土元素的分配比 D 与 K 的关系为：

$$D = K \frac{[(HA)_2]^3_{(o)}}{[H^+]^3_{(a)}} \tag{3.11}$$

对式（3.11）取对数：

$$\lg D = \lg K + 3\lg\left[(HA)_2\right]_{(o)} + 3pH \tag{3.12}$$

对于 $R=1$，$D=1$，即 $q=50\%$ 时的 pH 值称半 $pH_{1/2}$ 值

$$\lg D = \lg K + 3\lg\left[(HA)_2\right]_{(o)} + 3pH_{1/2} \tag{3.13}$$

$$pH_{1/2} = -1/3\lg K - \lg\left[(HA)_2\right]_{(o)} \tag{3.14}$$

故可用来 $pH_{1/2}$ 值表示萃取能力的大小，$pH_{1/2}$ 值越小，K 越大，越易萃取。

由式（3.12）可知，当自由萃取剂浓度 $\left[(HA)_2\right]_{(o)}$ 保持恒定时，$\lg D$ 随 pH 值的增加而增加，pH 值每增加一个单位，则分配比 D 增加 1000 倍。如以 $\lg D$ 对 $\lg\left[H^+\right]$ 作图得斜率为 -3 的直线，P204 萃取稀土离子时 D 与酸度的关系，如图 3.17 所示。

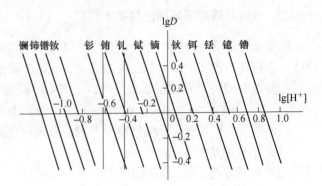

图 3.17　P204 萃取稀土离子时 D 与酸度的关系
（实验条件：P204（1mol/L）-甲苯，料液浓度：$RECl_3$ 为 0.05mol/L）

由于从 La 至 Lu 离子半径减小，故与有机萃取剂结合能力越强，即分配比 D 随原子级数的增加而增加，这种萃取顺序称为正序萃取。以 $\lg D$ 对原子序数 Z 作图，具有四组分效应。

在同一水相酸度下分配比差别很大，控制一定的条件，使原子序数大的元素萃入有机物，某些原子序数小的元素则留在水相，达到分离的目的。在图上可找到各稀土元素 $D=1$ 时的水相酸度，如：当 $D_{Sm}=1$ 时，$\lg(H^+)=-0.6$，即 $[pH]=0.25$，如果选择 pH 值稍小于 0.25，则 $D_{Sm\sim Lu}\gg1$，$D_{La\sim Nd}\ll1$，从而使 La-Nd 留在水相 Sm-Lu 萃入有机相达到在 Nd/Sm 之间分组，因此调整、控制适当的水相酸度，即可实现稀土离子的定量萃取、反萃取以及它们之间的相互分离，在 HCl 体系中从 La 至 Lu，即 $\beta_{Lu/La}=3\times10^5$ 相邻两元素平均 $\beta_{(Z+1)/Z}=2.46$，或者控制适当的反萃取液酸度，可使部分稀土离子选择性反萃下来。酸度只是稀土分组、分离条件之一，此外，还有萃取剂浓度、稀土浓度、相比、级数有关。

由式（3.11）可见，分配比与自由萃取剂的浓度的三次方成正比，当水相料液稀土浓度一定时，增加萃取剂总浓度，自由萃取剂浓度也相应增加，故稀土离子的分配比也增加。但根据式（3.12），当有机相浓度一定时，随水相中稀土离子浓度增加，有机相中稀土萃合物浓度也增加，乃至接近饱和时，自由萃取剂浓度 $[HA]_{(o)}$ 就很小，D 相应减小，同时从式（3.14）可知 $pH_{1/2}$ 值增加，所以在稀溶液萃取时的 $pH_{1/2}$ 值小于近饱和萃取时的 $pH_{1/2}$ 值。

与酸性磷（膦）类萃取剂萃取不同的是，羧酸在煤油等溶液中形成二聚体，但由于添加了极性溶剂如醇，由于极性溶剂与羧酸缔合，降低了二聚作用，使溶液中二聚体减少，故羧酸类萃取剂萃取稀土反应表示为：

$$3(HA)_{(o)} + RE^{3+} \Longrightarrow REA_{3(o)} + 3H^+$$

环烷酸萃取属酸性络合萃取体系，对稀土的萃取也为阳离子交换反应。分配比 D 与萃取平

衡时自由萃取剂浓度及 pH 值的关系为：

$$\lg D = \lg K + 3\lg[(HA)_2]_{(o)} + 3pH$$

与酸性磷类萃取剂一样，环烷酸萃取时 pH 值对稀土分配比 D 的影响很大。图 3.18 所示为不同 pH 值时，环烷酸萃取稀土分配比与原子序数的关系。

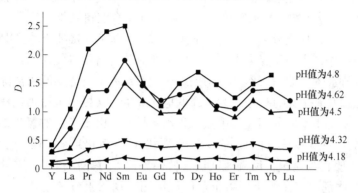

图 3.18　不同 pH 值时，环烷酸萃取稀土分配比与原子序数的关系

由图 3.18 可见，各稀土的分配比 D 随 pH 值增加而提高，且各非钇稀土的分配比 D_{RE} 比钇的分配比 D_Y 增加更快，因此提高 pH 值有利于分离。任何 pH 值时，D_Y 最小，由各稀土元素的 $pH_{1/2}$ 值（表 3.6）也可看出，钇的 $pH_{1/2}$ 值比其他稀土的 $pH_{1/2}$ 值都要大，所以最难萃取。因此，控制一定的 pH 值和萃取率，可以将钇留在水相，其余稀土萃入有机相，从而达到萃取提纯钇的目的。

表 3.6　环烷酸稀溶液中萃取各稀土元素的 $pH_{1/2}$ 值

元素	La	Ce	Pr	Nd	Pm	Sm	Eu	Gd
$pH_{1/2}$ 值	3.95	3.89	3.78	3.76	4.10	3.73	3.62	3.76
元素	Tb	Dy	Ho	Er	Tm	Yb	Lu	Y
$pH_{1/2}$ 值	—	3.73	3.91	3.84	3.92	4.02	—	4.30

三、酸性络合萃取有机相皂化

酸性萃取剂萃取稀土离子时，有氢离子放出，水相平衡 pH 值会下降，由式（3.11）可知分配比将减小。因此，为了维持水相平衡 pH 值，有机相使用前必须采用氨水、氢氧化钠等碱性物质进行皂化处理，使它们部分变成铵盐、钠盐等，它们的铵（钠）盐占酸性萃取剂量的百分数称之为皂化度。一方面，皂化度过低自然不利于稀土离子的定量萃取，但过高、使有机相过量萃取，使黏度增加，生成胶冻状沉淀物形成乳化，影响分相，破坏过程的连续进行。另一方面，如果料液稀土浓度过高，也会使有机相过量萃取，也形成乳化；如果有机相中萃取剂浓度偏高，也会使有机相黏度增加，导致乳化的发生。P204 的皂化度不能超过 50%，一般情况 P204 的皂化度为 30%，P507 为 36%，环烷酸为 90%。

（一）皂化反应

皂化反应有酸性磷类和环烷酸类。

酸性磷类：　　　　　$NH_4OH + (HA)_2 \xLongequal{\quad\quad} NH_4(HA_3)_2 + H_2O$

环烷酸类：　　　　　　$NH_4OH + HA \xLongequal{\quad\quad} NH_4A + H_2O$

（二）皂化剂

有机相皂化剂主要有氨水、氢氧化钠、氢氧化钙(镁)等。有机相皂化技术是采用氨水皂化 P204、P507 和环烷酸，氨水皂化迅速在稀土分离企业得到推广应用。随着国家对环境的要求越来越严格，稀土分离企业排放的废水中氨氮排放标准要求达到 15 mg/L。因此，稀土萃取分离过程中产生的氨氮废水问题，成为企业和科研机构关注的热点。由于氨氮废水缺乏有效的治理技术或治理成本高，用钠离子代替铵离子皂化从源头消除氨氮废水的产生，故应用了氢氧化钠皂化有机相。为了降低皂化成本，又提出了用钙或镁离子替代铵离子皂化萃取剂，实现了萃取分离过程中氨氮废水零排放。由于产生的氯化钠、氯化钙或氯化镁废水目前没有限制指标，因此许多企业采用了钠皂化或钙(镁)皂化技术。由于 NH_4OH 价格相对便宜、纯净，反应速度快，使用方便，对操作和产品质量影响小，严格地讲是最好的皂化剂，曾在稀土分离企业广泛应用。现稀土分离企业普遍改用 Na 皂或 Ca 皂或 Mg 皂。NaOH 具有纯净，使用方便的优点，但价格较高，增加了生产成本；钙皂化具有价格便宜，生产成本低，与 NH_4OH 皂化剂相比，可降低 60%～70%成本，其效益显著。

存在问题：一是石灰(CaO)纯度低，大量 Fe、Al、Si 等杂质引入萃取系统，不仅造成分相差，而且影响产品质量，增加除杂成本。二是 $Ca(OH)_2$ 溶解度小，皂化时采用 $Ca(OH)_2$ 浆液，易产生三相，分相较差，导致有机相（P507）损失增加。建议企业根据具体情况，合理选择皂化剂。

1995 年发明了萃取法连续浓缩稀土浓度的方法，即所谓的稀土皂技术，在稀土分离企业中广泛应用。采用稀土皂技术的目的：一是提高出口水相稀土浓度，便于萃取分离工艺或后续产品处理工序衔接。二是可除去出口水相产品中的部分非稀土杂质，如 Na^+、Ca^{2+}、Mg^{2+}等。三是对直接进皂化有机相易造成乳化的萃取体系（如环烷酸萃取提钇），可采用稀土皂进入萃取段，避免乳化、改善分相。稀土皂技术的关键是控制好稀土皂的饱和度，确定的饱和度，应有利于提高出口水相稀土浓度；有利于除去出口水相部分非稀土杂质；有利于控制皂后液稀土的零排放。

（三）皂化方式

主要有槽外间隙式皂化、萃取槽内连续皂化技术。

1. 槽外间隙式皂化

在反应槽内根据皂化度将萃取剂与浓氨水按一定比例进行搅拌混合进行皂化反应（实质是酸碱中和），反应完成后分相，所得有机相为皂化有机相。因采用氨水皂化时，氨水中的氮与水中的氢形成共价键，使得有机相和水形成微乳状液，造成有机相体积增加，一般情况下酸性磷类萃取剂增加3%，环烷酸增加1%，一旦与稀土发生萃取时，微乳状液被破坏，皂化所增加的水便进入水相，在进行串级萃取理论计算时注意该体积变化。

2. 萃取槽内连续皂化

将皂化有机相与氢氧化钠加入到萃取槽中，经萃取分相后的含钠有机相与萃取分离工艺中出口水相稀土溶液接触萃取稀土，萃取了稀土的有机相，称为稀土皂。含 B 组分的有

机相 V_s 进入分馏萃取的萃取段，作为 A/B 分离段的有机相，这就是稀土皂技术。萃取槽内连续皂化技术。节省了有机相的周转量并省去了皂化用的搅拌槽、厂房、人力等。

稀土槽内皂化过程如图 3.19 所示。

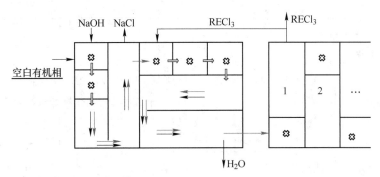

图 3.19 稀土槽内皂化过程示意图

四、酸性络合萃取的洗涤和反萃—洗液、反液共用技术

在稀土萃取分离工艺中，早期的洗涤段和反萃段是分开的，是分别加入酸作洗液和作反液，其缺点是：反萃液 A 产品出口液中含残余的酸高，不便于萃取分离工艺衔接或不利于后续产品的处理。为了萃取分离工艺衔接或后续产品处理，有时需加碱中和余酸，从而增加了酸碱耗量；没有充分利用 A 与 B 组分的交换功能，余酸也未得到充分利用。随着稀土萃取分离工艺发展，凡是有反萃段的分馏萃取，均可采用洗液、反液共用技术。洗液、反液共用技术，就是将反萃段和洗涤段打通，不分洗涤段和反萃段，在反萃段有机相出口只加酸作为反液(V_H)，保证有机相中稀土反萃完全。所加入的酸反液，一部分随 A 产品排出(V_A)，另一部分含 A 组分的溶液进入 A/B 分离洗涤段作洗液 V_W($V_W = V_H - V_A$)。采用洗液、反液共用技术时，在工艺设计时适当增加反萃段级数，或设计双搅拌反萃取槽，或设计本级回流萃取，或在保证 A 产品质量的情况下，适当调整 A 产品出口级位置，A 产品出口液的余酸可以降得很低，使酸得到充分利用，并有利于工艺衔接。同时还可充分利用稀土元素之间的交换功能，提高分离效果，保证产品质量。

五、酸性萃取剂萃取稀土工艺实例

（一）P204-HCl 体系萃取稀土分组工艺（以离子型稀土为例）

根据稀土硫酸复盐溶解度的差异，可将稀土元素分为轻、重稀土两组或轻、中、重稀土三组。用 P204-HCl 体系萃取分离稀土时，可将稀土元素首先分成下列三组：

（1）轻稀土：镧、铈、镨、钕。

（2）中稀土：钐、铕、钆。

（3）重稀土：铽、镝、钬、铒、铥、镱、镥、钇。

从萃取稀土的基本原理可知，通过对水相酸度、相比、级数和洗涤条件的调控，可使中、重稀土进入有机相，而轻稀土进入水相。再利用不同酸度的反萃液，分别将中、重稀土反萃下来，以达到轻稀土、中稀土和重稀土分组的目的。图 3.20 所示为早期的 P204-煤油-HCl 体系萃取分组稀土流程。

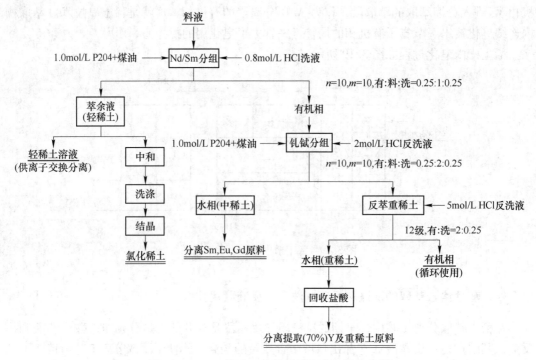

图 3.20　P204-煤油-HCl 体系萃取分组稀土流程

1. 料液

风化壳离子型稀土矿采用硫酸铵经原地浸出等方法浸取后、经除杂、草酸或碳酸氢铵沉淀、灼烧得稀土总量大于 92% 的混合稀土氧化物后或碳酸稀土，在稀土分离厂用盐酸分解得到 1mol/L 氯化稀土、pH 值为 4~4.5 的稀土料液。

2. Nd/Sm 分组

采用料液水相进料、有机相浓度为 1.0mol/L P204-煤油溶液、0.8mol/L HCl 洗液洗涤，萃取段和洗涤段均为 10 级，有机相、料液、洗液的归一化流比为 $V_有 : V_料 : V_洗 = 2.5 : 1 : 0.25$，可得到含轻稀土的水相和中重稀土有机相。轻稀土的水相可经离子交换或萃取色层分离得到单一稀土。含中重稀土有机相可作为有机相进料进行 Gd/Tb 分组。

3. Gd/Tb 分组

经由 Nd/Sm 分组洗涤后的有机相作为有机相进料，第一级进浓度为 1.0mol/L P204-煤油、皂化度为 30% 的皂化有机相，洗液浓度为 2mol/LHCl，萃取段和洗涤段均为 10 级，有机相、料液、洗液的归一化流比为 $V_有 : V_料 : V_洗 = 0.25 : 1 : 0.25$，经分离得到含有 Sm、Eu、Gd 的混合中稀土水相和重稀土有机相，重稀土有机相经 5mol/L HCl 反萃。含有 Sm、Eu、Gd 的混合中稀土供化学法或萃取法分离得到 Sm、Eu、Gd 单一稀土。（见第 6 章）

4. 重稀土反萃

因 P204 具有萃取能力强，同时镧系元素为正序萃取，故反萃须高酸反萃，由 Gd/Tb 分组后得到的有机相经 12 级 5mol/L HCl、有机相和反萃液流比 $V_有 : V_反 = 2 : 0.25$ 反萃，得到富含高钇重稀土并含残余 1~2mol/L HCl，经电渗析器或其他设备分离回收其中的盐酸，高钇重稀土再经环烷酸萃取提 Y（见本章第四部分环烷酸萃取），非钇重稀土经盐酸反萃后供萃取色层或 C272+P507 进行重稀土分离，反萃后的空白有机相返回循环使用。

（二）P507、环烷酸萃取分离稀土工艺

对于南方离子型稀土矿，根据稀土配分特点，可分为轻稀土型、中钇富铕型和高钇重稀土型三种类型。轻稀土型以轻稀土为主，其中铈、镧含量占 65% 以上，镧的含量一般约为 25%，重稀土钇的含量低，约在 3% 以下；中钇富铕型轻稀土约占 50%，其中 Ce、Pr 含量较低，中稀土约占 10%，其中 Eu 含量高达 0.8%，重稀土约占 40%，其中 Y 约占重稀土的 90%；高钇重稀土型为高钇低镧、铈，其中钇的含量约为 60%，镧的含量一般小于 3%。对于北方稀土矿，由于主要含有轻稀土，分离相对简单，故全分离稀土萃取工艺主要介绍南方离子型稀土矿。由于稀土配分不同，所采用的分离切割位置也不同。

1. 稀土分离三出口工艺

一般情况而言，对含有三个组分的元素萃取分离，只能获得一个纯产品，要想得到三个纯产品，必须再进行一次萃取分离。在萃取时，介于难萃组分和易萃组分之间的中间组分在槽体内某一级有不同程度的积累与富集，形成积累峰，在两出口工艺中，由于受工艺本身的限制，使已得到部分分离的几种组分又被强行组合，若从积累峰级开一个第三出口就可能同时得到第三个产品，即引出中间组分的高浓度、小体积，便于再处理的富集物溶液，该工艺称为三出口工艺。以 A 表示易萃组分，C 表示难萃组分，B 表示中间组分，在两出口工艺中，若 B 随 A 出口，则中间元素 B 的积累峰在洗涤段，若 B 随 C 出口，则 B 的积累峰在萃取段，对于第三出口开在萃取段，第三出口成分以 C、B 为主，开在洗涤段以 A、B 为主。三出口萃取模型如图 3.21 所示。三出口的开口位置和产品纯度可以从理论上进行计算。三出口萃取分离工艺不仅简化了工艺，提高了设备生产能力，而且可以减小基建投资，降低成本。对于三个元素或三组分的物料通常采用三出口萃取分离工艺，即两边出口得到纯产品，中间出口得到富集物。

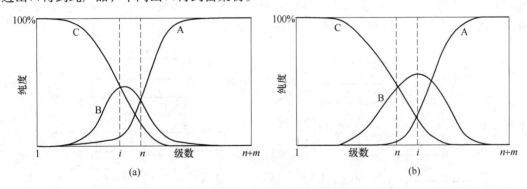

图 3.21　三出口萃取模型示意图

（a）第三出口开在萃取段；（b）第三出口开在洗涤段

2. 轻稀土型稀土矿萃取分离工艺

稀土分离时往往按"四分组"效应首先将原料分为轻、中、重稀土富集物。分组的切割位置通常选择边界元素间分离系数（或等效分离系数）较大、并保持易萃取组分比例均衡，同时兼顾产品要求、设备条件、工艺衔接、操作稳定性、可行性等因素以降低生产成本、提高流程的稳定性等因素。

对于轻稀土型稀土矿，由于铈、镧含量占 65% 以上，钇的含量低，约在 3% 以下，故首先进行钕钐分组，再进行钆铽分组。轻稀土型稀土矿萃取分离工艺，如图 3.22 所示。

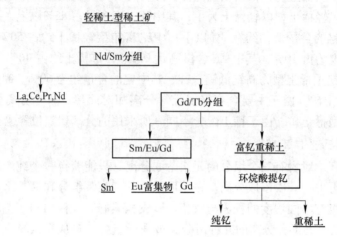

图 3.22 轻稀土型稀土矿萃取分离工艺

分组后得到轻、中、重稀土富集物再按下列分离方法进行分离。

A 轻稀土 La、Ce、Pr、Nd 的分离

轻稀土 La、Ce、Pr、Nd 的分离经近几十年的发展，逐步由传统的离子交换色层法、二组分萃取分离逐渐向三出口工艺和现行的模糊联动萃取工艺。离子交换色层法将在后续的章节中阐述。

（1）传统两组分分离工艺。根据串级萃取理论，将 La、Ce、Pr、Nd 四个元素分成两组逐一进行分离，得到 La、Ce、Pr、Nd 单一稀土，轻稀土传统两组分分离工艺如图 3.23 所示。由于钕广泛用作制备磁性材料，故通常先将钕分离出来。

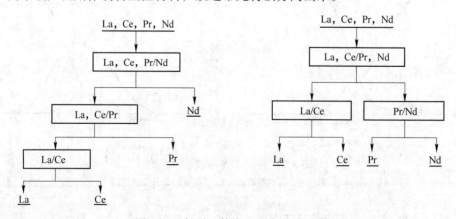

图 3.23 轻稀土传统两组分分离工艺

（2）三出口萃取分离工艺。由于三出口萃取分离工艺提高了设备生产能力，而且可以减小基建投资，降低成本。因此，三出口萃取分离工艺逐渐取代二出口工艺，轻稀土分离

三出口工艺如图 3.24 所示。采用左图 La/CePr/Nd 分离、第三出口开在萃取段，可以得到高纯度、高收率的钕、高纯度的镧和铈镨镧富集物，富集物可以作为产品也可进行进一步分离。

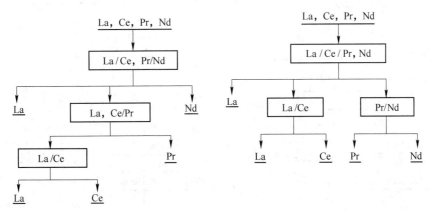

图 3.24　轻稀土分离三出口工艺

（3）模糊联动萃取工艺（见后续章节）。

B　中稀土 Sm、Eu、Ga 分离

采用三出口工艺将铕进一步富集得到钐铕钆富集物，同时得到钐、钆产品。富集物可利用两价铕具有碱土金属性质采用碱度还原法进行分离。对于含铕较高的中稀土也可以将铕还原，再利用两价铕和三价钐钆的萃取性能差异进行分离。

C　高钇重稀土的分离

由于采用环烷酸萃取稀土时，钇的半萃取 $pH_{1/2}$ 值比其他稀土的 $pH_{1/2}$ 值大，钇最难萃取，故可先采用环烷酸进行萃取提钇（见环烷酸萃取提钇章节），得到的无钇重稀土再采用 C272 或 C272+P507 协同萃取分离。

3. 中钇富铕型稀土分离工艺

中钇富铕稀土矿是我国南方稀土矿中储量大、含 Eu 高、经济价值较高的稀土矿。相比之下，它的萃取分离工艺较多，有传统的 P507 Nd /Sm、Dy/Ho 分组工艺，P507 三出口工艺及环烷酸 YLa /Ce~Lu 先分组以及一步多出口等工艺。

A　传统二分组工艺

目前，大多数企业首先都是将其分为三组或四组，然后再进入各组分细分离，传统的三分组一般是首先采用 Nd/Sm 或 Dy/Ho 分组的工艺，或先 Nd/Sm 分组、再 Dy/Ho 分组，或先 Dy/Ho 分组、再 Nd/Sm 分组。中钇富铕型稀土传统分离工艺如图 3.25、图 3.26 所示。

中钇富铕稀土矿传统分离工艺或先 Nd/Sm 分组、再 Dy/Ho 分组，或先 Dy/Ho 分组、再 Nd/Sm 分组得到轻稀土、富钇重稀土和钐铕钆富集物，同时，铽镝分离后得单一铽和镝产品。分组得到轻稀土、富钇重稀土和钐铕钆富集物再进行分离。

B　三出口萃取分离工艺

三出口萃取分离工艺如图 3.27（一）、图 3.28（二）、图 3.29（三）、图 3.30（四）流程所示。

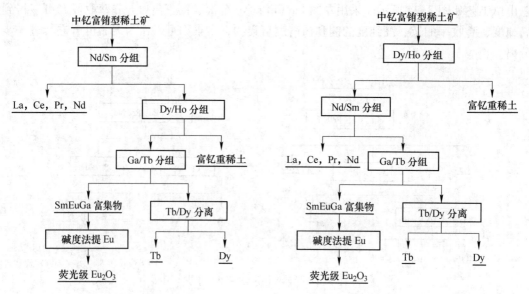

图 3.25　中钇富铕型稀土传统分离工艺（一）　　　图 3.26　中钇富铕型稀土传统分离工艺（二）

流程（一）首先采用分离系数大的 Nd/Sm 两出口分组，得到占原料组成约 50% 的轻稀土和中重稀土富集物；轻稀土分离采用三出口工艺分离（图 3.24），易萃组分中重稀土以有机相料液直接进入 Gd/Tb/Dy 三出口分离段，得到 Sm-Eu-Gd 富集物、含 Dy 的富钇重稀土（Y 大于 85%）以及富 Tb（大于 45%）富集物；Sm-Eu-Gd 经过三出口工艺得到纯 Sm（大于 99.9%）、纯 Gd（99.9%）和富 Eu（大于 50%）富集物；富钇重稀土再通过环烷酸-HCl 体系分离出高纯 Y（99.999%）和少钇重稀土（Y 小于 5%）。少钇重稀土再以 P507-HCl 体系的 Er/Tm 和 Y/Er 分离得到纯 Er（99.9%），最后 Dy/Ho 分离得到纯 Dy（99.9%）。

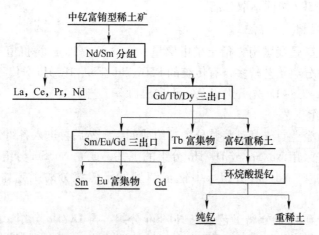

图 3.27　中钇富铕稀土矿三出口萃取分离工艺流程（一）

流程（二）采用与流程（一）相同的 Nd/Sm 分组，随后再对有机相出口料液进行 Dy/Ho 分组。由于 $\beta_{Ho/Dy}$ 较大，且易萃组分中 Ho 含量低，因而有效分离系数更大，得到的 Sm~Dy 中 Ho 含量小于 0.01%，而富钇重稀土则 Dy 含量小于 0.5%。由于 Sm~Dy 不含重稀土，因此 SmEuGd/Tb/Dy 三出口工艺可得到纯 Dy（大于 99.9%）、Sm-Eu-Gd 和富 Tb（大于 50%）富集物。得到的 Sm-Eu-Gd 进行 Sm/Eu/Gd 三出口分离。由于富钇中的 Dy 含量低，环烷酸-HCl 体系分离 Y/非 Y 时分离系数将大于流程 A 的同一工艺。少钇重稀土再通过 Er/Tm 和 Y/Er 两段工艺可得到纯 Er（99.9%）。与流程 A 的纯 Er 提取相比，由于该少钇重稀土含 Dy 量小，可降低提 Er 工艺的处理量。

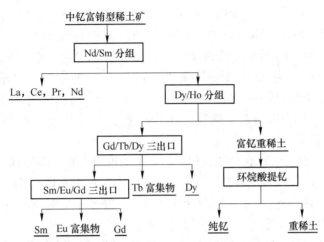

图 3.28　中钇富铕稀土矿三出口萃取分离工艺流程（二）

流程（三）和流程（四）采用三出口分离工艺一步得到轻稀土富集物、富钇重稀土和 Sm～Dy 富集物（含约 40% 的 Ho～Lu）。轻稀土分离前面已述，Sm～Dy 富集物经 Sm～Dy/Ho 分组将 Sm～Dy 与约占 40% 的 Ho～Lu 分开。与流程（二）的 Dy/Ho 不同，该段工艺的处理量小，并采用水相进料。Ho～Lu 富集物与富钇重稀土合并进行环烷酸-HCl 体系提钇。

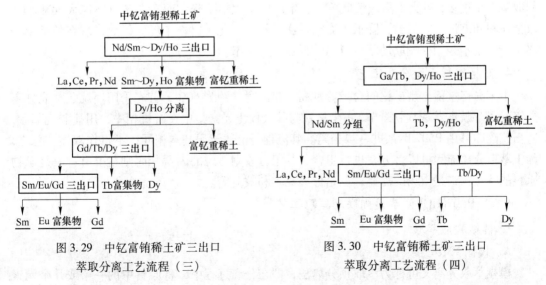

图 3.29　中钇富铕稀土矿三出口　　　　　图 3.30　中钇富铕稀土矿三出口
萃取分离工艺流程（三）　　　　　　　　萃取分离工艺流程（四）

上述各分离工艺的易萃取和难萃取组分出口稀土纯度（P_A、P_B）大于 99%，三出口与两出口工艺的控制要求相当，只是三出口工艺控制参数有所增加。其中所有流程的轻稀土

La/CePr/Nd，LaCe/Pr，La/Ce 和中稀土 Sm/Eu/Gd 分离工艺相同。所得到的铕富集物(Eu大于50%）可采用还原萃取或碱度法工艺获得荧光级氧化铕(99.99%），铽富集物（Tb大于45%）可采用萃取法提取荧光级氧化铽(99.95%），Ca/La 和 Ca/Y 分离等工艺的条件也相同，见"环烷酸萃取提钇"。

相比较，流程（一）不容易制备纯 Tb。萃取法提取荧光级 Tb_4O_7 工艺包含 Tb/Dy 和 Gd/Tb 两段分离，由于由该流程所得的富 Tb(45%) 除含 Dy 外，还有相当多的 Ho~Lu，这增加了荧光级 Tb_4O_7 生产中 Tb/Dy 段的反萃取难度，影响高纯 Tb_4O_7 的生产；流程（一）所得富 Y 中含 Dy 量较高，降低了环烷酸体系 Y 与非 Y 元素的分离系数，难以保证 Y 的纯度和收率，而且还将影响纯 Er 的质量和收率；流程（一）的纯 Dy 生产需经过多次稀土皂化，进行料液浓缩，可降低 Dy 的收率。同时，由于各段料液中的组分比例悬殊，实际生产中可能会因难以控制而影响产品质量。对于流程（二），纯 Dy 的制备则相对容易，但其重稀土杂质的控制仍然困难。

流程（三）、流程（四）在分离过程中，将中、重稀土的大部分 Ho~Lu 分离，同时还制备了后续 Dy/Ho 分离的水相料液，与流程（二）中 Dy/Ho 工艺不同的是，流程（三）中的 Dy/Ho 工艺不但处理量小，而且料液组成合适，降低了后续流程的控制难度。当然，流程（三）的优越性还表现在节约了大量周转有机相。

流程（三）、流程（四）在物料存槽量和酸碱消耗方面皆优于流程（一）、流程（二）。流程（一）、流程（二）相对于流程（三）、流程（四）的 P507 有机相存槽量增加43%和31%，稀土存槽量增加52%和21%，盐酸消耗增加17%和6%，液氨消耗增加16%和5%。

C 模糊联动萃取工艺

根据串级优化萃取工艺设计理论，虽然采用模糊联动萃取分离需二步才能达到完全分离，但模糊分离比一步分离，其分离系数较大或某出口收率系数较小，归一洗涤量或归一萃取量会小很多，可大大降低酸碱单耗，生产成本大幅下降，而且二步分离能大大减小萃取槽体积和缩短工艺级数，降低了充槽一次性投资和化工材料单耗。因此，现在的稀土分离生产上基本采用模糊联动萃取分离。详见下一章节。

4. 高钇重稀土型分离工艺

由于高钇重稀土型矿钇的含量特别高，钇的含量约为60%，首先采用环烷酸萃取分离提钇（见环烷酸萃取提钇章节）。少量钇与其余稀土元素集中在有机相中，用盐酸反萃后，适当调配即可用 P507 体系进一步分离。其流程与上述流程基本相同，不再作叙述。总之，稀土萃取分离流程可以多方案进行组合，其组合原则考虑的因素和原则主要有：一是矿物原料的特点；二是市场的需要；三是分离成本和效益等。

（三）P507-HCl 体系模糊联动萃取工艺

1. 模糊联动萃取

A 模糊萃取分离

模糊萃取分离又可称为萃取预分离法，即在分离过程中，将原料中的一个或几个元素（一个组分）的部分分离出去，实现用少数几级萃取，对多组分原料中的元素预先粗分离后，再流入分馏萃取工艺进行相邻元素间的细分离。

B　模糊联动萃取

稀土模糊联动萃取分离流程是集模糊萃取分离技术、稀土皂技术（用负载纯 B 的负载有机相作为 A/B 分离的皂化有机相）、洗酸反酸共用技术（用纯 A 作为 A/B 分离的洗酸）等先进技术于一体的工艺流程。模糊联动萃取分离稀土的槽体模型如图 3.31 所示。

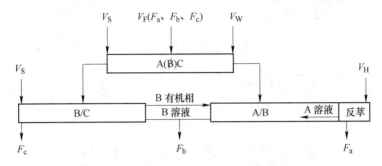

图 3.31　模糊联动萃取分离稀土的槽体模型

(图中"/"在括号字母上的符号表示该元素模糊分离，水相和有机相都有，即两相中都存在)

假设有三组分 A、B、C，其中 A 为易萃组分、B 为难萃组分，A/C 分离段由于有效分离系数大，可以用较少级数进行粗分离，控制分离指标中 A 中无 C(或达到工艺要求)、C 中无 A(或达到工艺要求)，至于中间组分 B 留在水相或萃入有机相各多少无关紧要，故称之为"模糊萃取"。在 A/C 粗分离后，用相对较多的级数进行相邻稀土元素的精细分离，分别获得高纯度，高收率的 A、B、C 产品。A/C 分离段出口水相直接进入 B/C 分离段作料液，进行 B/C 分离；A/C 分离段出口有机相直接进入 A/B 分离段作有机料液，进行 A/B 分离。B/C 分离得到的含 B 有机相用来作为 A/B 分离的稀土皂化有机相进入萃取槽，省去了 A/B 段的皂化，同时减少了因皂化所需的碱的消耗；同样，A/B 分离得到的含 A 水相，一部分可用于 B/C 段作洗液，减少了洗酸的用量。整个分离模块的 A/C 分离、B/C 分离和 A/B 分离联动运行，故又称为"联动萃取"。

2. 稀土模糊联动萃取分离流程

离子型稀土矿根据稀土配分含量可分为轻稀土型、中钇富铕型、高钇重稀土型，其主要特点是富含 15 种稀土元素，尤其富含铽、镝等价值高的元素。在离子型稀土分离工艺中，通常将稀土原料搭配使用，根据易萃组分与难萃组分合理配备的工艺要求和市场情况，合理调整原料配比，尽可能实现各稀土元素的平衡销售和最佳的产出投入比。

由于离子型稀土矿中含钇高，首先采用 P507-HCl 体系进行 Gd/Tb 模糊分组，得到含钇的富钇重稀土和含铽、镝等重稀土的轻中稀土。由于水相中含有重稀土，有机相中还含有钇，即纯度指标不高，因此，同时得到高纯度的产品时级数大为降低。模糊分组为后续环烷酸提钇时避开对轻稀土元素分离系数小的不足和原料中杂质 Al、Si 高对环烷酸体系的影响。

P507-HCl 体系模糊分离离子型稀土矿如图 3.32 所示。

Gd/Tb 模糊分组得到的水相采用 P507-HCl 体系再按照图 3.32 所示的第三出口开在萃取段的三出口工艺得到 La-Nd 轻稀土水相、含 La-Nd 的 Sm、Eu、Ga 富集物和富钇重稀土。富钇重稀土采用环烷酸分离钇（见后述"环烷酸提钇"章节），有机相经反萃得到非钇重稀土。

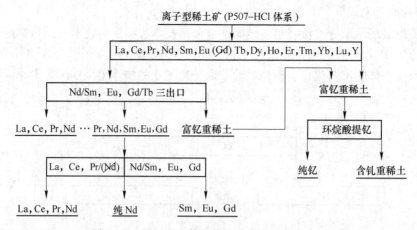

图 3.32　P507-HCl 体系模糊分离离子型稀土矿

含 La-Nd 的 Sm、Eu、Ga 进行模糊联动萃取分离，La-Nd 相当于 C 组分，Sm、Eu、Ga 相当于 A 组分，Nd 相当于 B 组分。分离后得到纯氯化钕产品，钐铕钆富集物和轻稀土。钐铕钆富集物供下一步进行铕还原，或采用碱度法、硫酸复盐共沉淀法分离提纯，或采用萃取法分离。前后两次得到的轻稀土进行模糊联动萃取分离。

轻稀土模糊联动采取分离示意图如图 3.33 所示。

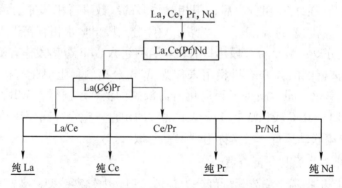

图 3.33　轻稀土模糊联动采取分离示意图

首先，进行 La、Ce、Pr 和 Pr、Nd 的模糊分离，Pr 为模糊对象，得到 LaCePr 富集物和 PrNd 物。再对 LaCePr 富集物进行 La、Ce 和 Ce、Pr 的模糊分离，Ce 为模糊对象，得到 LaCe 和 CePr 物，LaCe、CePr、PrNd 物再进行 La/Ce、Ce/Pr、Pr/Nd 分离，再采用稀土皂、洗液反液技术联动得到 La、Ce、Pr、Nd 四个单一化合物，实现了 La、Ce、Pr、Nd 的分离。

提钇后的非钇重稀土采用 Cyanex272-HCl 体系进行模糊分离，重稀土 C272-HCl 模糊联动采取分离如图 3.34 所示。首先进行 Yb 的模糊分离，再进行 Tm 的模糊分离，得到的 YbLu、TmYb 和 Gd-Er Tm 进行 Yb/Lu、Tm/Yb 和 Gd-Er/Tm 分离，同样再采用稀土皂、洗液反液技术联动得到 Tm、Yb、Lu 三个单一化合物和 GaTbDyHoEr 富集物。

由于 C272 固有特性，单用 C272 时，萃取饱和容量低，分相不好，通常采用 C272 与 P507 按 1∶1 的比例（摩尔比）混合使用，既保证了萃取能力和选择性，又保证分相良

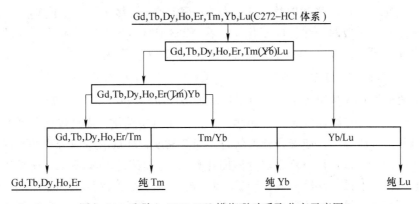

图 3.34　重稀土 C272-HCl 模糊联动采取分离示意图

好，生产上采用有机相配比为 0.5mol/L C272+0.5mol/LP507+磺化煤油，皂化度 30%，饱和容量为 0.13mol/L。

同样，GdTbDyHoEr 富集物采用如图 3.35 所示的模糊联动采取分离可得到 Gd、Tb、Dy 单一化合物和 HoEr 富集物或单一 Ho、Er 化合物。重稀土采取 P507-HCl 体系模糊联动分离如图 3.35 所示。

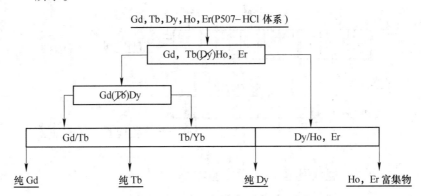

图 3.35　重稀土采取 P507-HCl 体系模糊联动采取分离示意图

模糊联动萃取分离优点：（1）减少了皂化、洗涤所需的碱和酸，节约酸碱，降低成本，比常规的萃取流程节省酸碱消耗 30%以上；（2）充分利用稀土元素之间的交换功能，提高分离效果，保证产品质量；（3）总萃取量 S 和总洗涤量 W 比传统萃取工艺小，各相关出口水相和出口有机相稀土浓度高，不仅有利于稀土萃取分离工艺衔接，而且大大减小萃取槽体积和有机相和稀土的存槽量，缩短工艺级数，降低了充槽一次性投资和化工材料单耗。模糊联动萃取促进了溶剂萃取生产的绿色化，是一个降耗减排、技术经济效果十分显著的先进流程。

（四）环烷酸萃取提纯钇

由于钇与镧系元素的最外层电子的排列方式相似，它们的许多化学性质很相似，但因钇的电子组态中不含 f 电子，使得钇与镧系元素在结构性质上又有差异，造成钇在稀土萃取序列中的位置会发生不规则的变化。通常情况下，按离子半径的大小，钇的分配比在 Ho 与 Er 之间，如采用 P507 萃取时，Y 与 Ho、Er 的分离系数太小（约 1.3），很难分离得到高纯氧化钇。但在某些萃取体系中，钇的分配比可以移向轻稀土或整个稀土序列之外，故可采用一步法或两步法提纯氧化钇。在 N263-HNO₃(SCN) 体系中，钇的分配比在 Er 与 Tm 之间，但 SCN 有毒且要进行两步萃取，故工业上不应用。

1. 环烷酸萃取提钇工艺

环烷酸是一种环戊烷单环衍生物（$C_nH_{2n+1}COOH$，$n = 7 \sim 18$），是一种弱酸（HA），由于羧酸的聚合作用，环烷酸黏度大，流动性不好，使用时易乳化，需加煤油作稀释剂，并要加入仲辛醇作极性改善剂，使聚合分子断裂，降低黏度，环烷酸萃取分离稀土时，钇的分配比最小，HA-ROH-煤油可一步萃取分离提纯氧化钇。该工艺具有萃取剂来源丰富，价格低廉，萃取平衡酸度低，易反萃，生产成本低、工艺简单、产品纯度和收率高等优点，为国内大多数厂家所采用。环烷酸-仲辛醇-煤油-HCl 体系萃取分离提纯高纯氧化钇的工艺流程如图 3.36 所示。

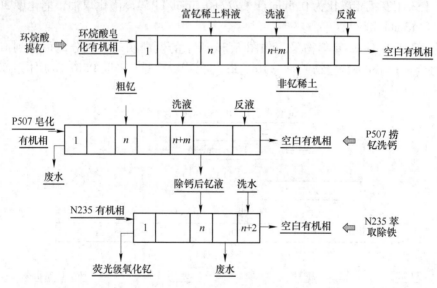

图 3.36 环烷酸萃取提纯氧化钇示意图

环烷酸提纯钇主要包括两部分，即环烷酸提钇和 P507 捞钇洗钙。由于环烷酸萃取分离钇后的出口水相，即氯化钇溶液中含有从原料或酸碱中带进的大量钙等杂质，必须采用 P507 萃取捞钇洗钙。

A 环烷酸提钇料液

环烷酸分离提纯氧化钇时，矿种不同，其原料的预处理不尽相同：

（1）对于离子型稀土矿：中钇富铕（$0.8\% \sim 1.0\%$）型稀土矿，是由 P507 萃取分组（Dy/Ho）得到富钇（Y 质量分数大于 70%）氯化物溶液；高钇重稀土矿，则直接进行环烷酸提钇或是由 P507 进行 Dy/Ho 分离后进行环烷酸提钇；轻稀土型混合稀土（La ~ Nd 大于 75%），则是通过 P507Ga/Tb 分组后的含钇重稀土进行环烷酸提钇。

（2）对于北方矿：由于钇含量极低，质量分数一般低于 0.3%，必须经过 Nd/Sm 分组得到富钇（Y 质量分数大于 80%）氯化物溶液，然后进行环烷酸提钇。

总之，不管用哪一种稀土矿，环烷酸提钇工艺要求料液中钇含量都必须高于 65%，否则经济性差，工艺控制难度大。一般料液组成 Y_2O_3 约70%，pH值4.7~5.1。

在富钇溶液进入环烷酸分离之前，必须先对其进行预处理，以除去铁、铝、硅等非稀土杂质离子。因为环烷酸是有机弱酸，在体系平衡酸pH值大于4.0时，才具有萃取能力，但此时铁、铝、硅等很多非稀土杂质离子会水解成氢氧化物胶体，从而导致溶液乳化影响生产。料液除杂净化后须达到表3.7所列的杂质要求。环烷酸萃取料液除杂净化要求见表3.7。

表3.7　环烷酸萃取料液除杂净化要求（pH值为4.5）

杂质种类	Fe_2O_3	Al_2O_3	SiO_2	PbO
质量浓度/mg·L^{-1}	小于1	小于1	小于1	小于1

目前，主要除杂方法有4种：

（1）水解法：将重稀土氯化物溶液调至pH值为4，使Fe、Si、Al等非稀土杂质离子水解沉淀，然后静置、过滤除杂。

（2）化学法：先加入丁基磺原酸钠，再加热至沸、沉淀除杂，可除去大部分Fe、Si、Al等杂质。

（3）萃取法：将富钇溶液用18%N235-15%混合醇-煤油经4级萃取可以除去大部分Fe、Zn、Pb等杂质，萃取有机相用无离子水反萃后可以循环使用。水相溶液进行环烷酸提钇。

（4）料液预平衡：将富钇溶液用氨水调整pH值为2~3、过滤后，再用环烷酸有机相（其组成与萃取分离提纯钇体系的有机相相同）单级预平衡一次，使界面污物留在单级平衡槽中而不引进到萃取槽内，可以除去大部分铁和少部分铝。

B　有机相

20%环烷酸+20%混合醇+60%煤油，浓度为0.66mol/L，皂化度90%，萃取稀土的饱和容量为0.66×0.9÷3=0.2mol/L。

有机相采用按批次间歇式槽外皂化，皂化好的有机相从高位槽流进萃取槽的第1级，在萃取段加入料液，在洗涤段加入2mol/L HCl洗酸，在反萃段加入反酸和洗水。这种多体系并存的运行模式存在萃取剂相互污染的风险。

C　反萃重稀土

经过环烷酸提钇后的负载有机相用0.1mol/L HCl反萃液反萃，将稀土反萃到水相中，经过沉淀、过滤、煅烧等工序得到低钇重稀土氧化物，供萃取分离使用。有机相经过皂化后返回萃取使用。

D　P507萃取捞钇洗钙

环烷酸萃取分离提钇得到的含钇水相，含有钙等非稀土杂质，或含有相邻镧等稀土元素。制取荧光级氧化钇非稀土杂质的要求：Fe小于 $0.5×10^{-6}$，Cu小于 $0.5×10^{-6}$，Ca<$7×10^{-6}$，Ni小于 $10×10^{-6}$，Pb小于 $10×10^{-6}$。由于P507萃取时钇的萃取顺序在Ho、Er之间，与钙、镧等分离系数大，故可采用P507萃取捞钇洗钙，很好地除去钙等非稀土杂质和镧等稀土元素。如果铁含量超标，可再次用N235除铁，经沉淀、过滤、煅烧等工序得到99.99%以上的荧光级 Y_2O_3。

2. 环烷酸萃取提钇过程的主要化学反应

A 皂化反应

萃取剂环烷酸在使用前需用浓 NH_4OH、$NaOH$ 等进行皂化，才能定量萃取稀土离子。采用 NH_4OH 皂化时，形成离子型表面活性剂 $RCOONH_4$，NH_4OH 中的 N 与 H_2O 的 H 配合形成外观清澈透明微乳状液，使皂化有机相体积增加 4%。皂化有机相萃取稀土时，$RCOONH_4$ 转变成螯合型的稀土盐，故离子型表面活性剂 $RCOONH_4$ 消失，从而导致微乳状液破乳，有机相体积减小，原来油相中包含的水又重新返回水相。

环烷酸皂化是往配制好的有机相加入浓氨水或通入液氨（预先加入 4% 有机相体积的水），其发生皂化反应：

$$HA + NH_4OH \Longrightarrow NH_4A + H_2O$$

环烷酸是有机弱酸，如果直接用未皂化的环烷酸萃取稀土，则放出 H^+：

$$3HA + RE^{3+} \Longrightarrow REA_3 + 3H^+ \tag{3.15}$$

由于式（3.15）放出 H^+ 进入水相，使平衡水相 pH 值降低，造成环烷酸中 H^+ 难以（甚至不能）电离，使式（3.15）难以（甚至不能）进行。为了实现环烷酸萃取稀土（环烷酸开始萃取稀土的 pH 值为 4.0）就必须先将环烷酸皂化成环烷酸铵盐使用。环烷酸萃取提钇的平衡水相 pH 值对钇与非钇稀土的分离系数影响很大。一般来说，pH 值升高使钇与重稀土的分离系数提高，而与轻稀土的分离系数降低，反之亦然。为使轻重稀土有一个满意的分离效果，应控制平衡水相 pH 值为 4.7~5.1。而平衡水相 pH 值随环烷酸皂化值提高而增加。环烷酸皂化值与 pH 值的关系见表 3.8。

表 3.8 环烷酸皂化值与 pH 值的关系

皂化值	112%	104%	100%	95%	90%	80%
平衡水相 pH 值	5.45	5.36	5.28	5.17	5.01	4.57

必须指出，在环烷酸皂化时，若氨水过量太多，会造成有机相进口级 pH 值急剧升高，产生氢氧化稀土沉淀而影响萃取操作。

B 萃取反应

$$3NH_4A + RE^{3+} \Longrightarrow REA_3 + 3NH_4^+$$

萃取反应发生在有机相进口级，即第一级。在生产或串级试验中，要求萃取反应应在第一级进行完全，即与 RE^{3+} 的交换达到平衡，否则会产生乳化。

当皂化环烷酸进入萃取槽第一级时，若稀土不够萃取，多余的 NH_4^+ 在水相中便离解为 A^- 和 NH_4^+，由于 A^- 和 NH_4^+ 的水合作用而形成水合离子，造成有机相与水相不能分开而产生乳化，使萃取操作不能正常进行。

C 交换反应

交换反应发生在第 2~(n+m-1) 级。由于钇的 $pH_{1/2}$ 值比非钇稀土的 $pH_{1/2}$ 值大，即钇的碱性比非钇稀土的碱性强，钇最难萃取。因此，应控制适当的萃取条件，使非钇稀土萃入有机相，钇留在水相，达到提纯钇的目的。同时钇的环烷酸盐可被水相中的非钇稀土交换。即

$$3NH_4A + RE^{3+} \Longrightarrow REA_{3(o)} + 3NH_4^+$$

随着有机相从第一级向第 $n+m$ 级流动并从第 $n+m$ 级向第一级流动的水相进行多次接触，水相中的非钇稀土不断地将有机相中的钇交换到水相中。交换的次数越多，分离效果越好，每交换一次就扩大一次差异，若干次交换后，二者间的微小差异就扩大了，从而使二者达到很好的分离。这就是性质相似的元素之间的分离需要较多级数的道理所在。

D　洗涤反应

洗涤反应发生在洗液进口级，即第 $n+m$ 级：

$$3H^+ + YA_{3(o)} \Longrightarrow Y^{3+} + 3HA_{(o)}$$

或

$$3H^+ + REA_{3(o)} \Longrightarrow RE^{3+} + 3HA_{(o)}$$

洗涤的目的是为了保证非钇稀土的纯度和氧化钇的收率。生产上要求洗涤反应在第 $n+m$ 级达到平衡，使平衡水相 pH 值达到 3.5 以下，因为铁的萃取能力很强，被反萃下来的铁积累到一定量后，当 pH 值大于 3.5 以上会发生水解，在第 $n+m-1$ 级会出现界面乳化膜，并逐渐蔓延至第 $n+m-2$ 级，以至整个洗涤段，影响萃取操作的正常进行。目前生产上多采用全回流反萃技术，并在 pH 值 2 左右的某一级引出非钇稀土产品，同时给铁提供了一个出口，减小了铁在洗涤段的积累，较好地避免了乳化的问题。

制取荧光级氧化钇的关键在于非稀土杂质的分离和粒度要求。荧光级氧化钇中非稀土杂质的要求（质量分数）：Fe 小于 0.5×10^{-6}，Cu 小于 0.5×10^{-6}，Ca 小于 7×10^{-6}，Ni 小于 10×10^{-6}，Pb 小于 10×10^{-6}。为此，可将上述萃余液再在 P507 体系经过一次分馏萃取，杂质留在萃余液中，含钇的有机相经反萃、草酸沉淀、灼烧即可得到荧光级氧化钇。

3. 环烷酸萃取槽体平衡模型及分析

假设环烷酸萃取提钇的原料液 Y_2O_3 含量为 53.55%，料液浓度 $(M)_F = 0.8 mol/L$，有机相为 20%HA+20%混合醇+60%磺化煤油，酸值 0.60，有机相 90% 皂化，有机相有效流量 $V_s = 2787 mL/min$，料液流量 $V_F = 300 mL/min$，洗液流量 $V_w = 628 mL/min$，要求得到 $P_B = 99.99\%$ $Y_B = 99\%$。

则环烷酸萃取提钇模型可表示为：

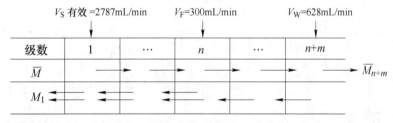

故有稀土进料量：$M_F = (M)_F \times V_F = 0.8 \times 300 = 240 mmol$

料液中 Y_2O_3 的摩尔分数：

$$f_b = \frac{53.55/112.9}{100/136.4} = 0.647$$

皂化后有机相的体积：$V_{S皂化} = \frac{V_S}{96\%} = \frac{2787}{96\%} = 2903 mL/min$

稀土萃取稀土量：$\overline{S} = (\overline{M})_S \times V_{S有效} = 0.2 \times 2787 = 557.4 mmol$

出口水相稀土量：$M_1 = M_F \times f_b \times Y_B/P_{B1} = 240 \times 0.647 \times 99\%/99.99\% = 153.74 mmol$

出口有机相稀土量：$\overline{M}_{n+m} = M_F - M_1 = 240 - 153.74 = 86.26\text{mmol}$

洗涤量：$W = \overline{S} - \overline{M}_{n+m} = 557.4 - 86.26 = 471.14\text{mmol}$

萃取段稀土量：$M_{2\sim n} = W + M_F = 472.14 + 240 = 711.14\text{mmol}$

出口水相稀土浓度：$(M)_1 = \dfrac{M_1}{V_F + V_W + V_S \times 1.04 \times 4\%} = \dfrac{153.74}{300 + 628 + 2787 \times 1.04 \times 4\%}$

$$= \dfrac{153.74}{300 + 628 + 2903 \times 4\%} = 0.1472\text{mol/L}$$

出口有机相稀土浓度：$(\overline{M})_{n+m} = \dfrac{\overline{M}_{n+m}}{V_{S\text{有效}}} = \dfrac{86.26}{2787} = 0.031\text{mol/L}$

萃取段平衡水相稀土浓度：$(\overline{M})_{2\sim n} = \dfrac{M_{2\sim n}}{V_F + V_W} = \dfrac{711.14}{300 + 628} = 0.766\text{mol/L}$

洗涤段平衡水相稀土浓度：

$$(M)_{n+1\sim n+m} = \dfrac{M_{n+1\sim n+m}}{V_W} = \dfrac{W}{V_W} = \dfrac{471.14}{628} = 0.75\text{mol}$$

$$= \text{平衡水相的酸度} = \dfrac{[H^+]}{3} = \dfrac{2.25}{3} = 0.75\text{mol/L}$$

洗液的浓度=平衡水相稀土的浓度+平衡水相余酸。

各计算所得数据汇总于如下槽体模型：

V_S 有效 =2787mL/min　　　　V_F=300mL/min　　　　V_W=628mL/min

级数	1	…	n	…	$n+m$
$\overline{M}$	557.4	557.4	557.4	557.4	86.26
M	153.74	711.14	711.14	471.14	471.14
$(\overline{M})$	0.2	0.2	0.2	0.2	0.031
(M)	0.1472	0.766	0.766	0.75	0.75
pH 值	5.0~5.1	4.7～4.8	4.7～4.8	4.7～4.8	3.6

从模型中各数据可知：

（1）除 $n+m$ 级外，其余各级平衡有机相中稀土浓度是恒定的，为萃取稀土的饱和容量。

（2）除第一级外，萃取段和洗涤段的平衡水相稀土浓度分别恒定。

（3）平衡水相 pH 值，除第一级和第 $n+m$ 级外，其余各级都是恒定的。

凡是满足上述特点的萃取体系称为恒定混合萃取比体系，也称为交换萃取体系。

4. 环烷酸萃取提钇改进工艺

环烷酸萃取提钇改进工艺是将（Y）Ho 模糊分离槽、环烷酸捞钇洗钙槽、Y/Ho 精细分离槽三个分离的模块通过特定的方式连接，实现了各模块的组合联动萃取。也称为"一步法分离提纯激光级氧化钇工艺"，如图 3.37 所示。富钇稀土料液按 50% 萃取量进行（Y）Ho 分离，出口水相得到稀土纯度 99.999% 的激光级标准的氯化钇溶液（因其含有较多非稀土杂质，故称之为粗钇溶液），出口有机相为负载少钇稀土有机相。该有机相以有机进料方式再进行 Y/Ho 细分离，水相出口为纯钇溶液并流向环烷酸捞钇洗钙槽与捞钇洗钙的有机相进行交换，有机相经盐酸反萃得到含钇低于 0.5% 的重稀土富集物，并采用分流方式回流一定量作为 Y/Ho 细分离的洗涤液和（Y）Ho 模糊分离的洗涤液。粗钇溶液用环烷酸捞钇洗钙，由出口水相得到含钙的更粗钇溶液，该溶液用于捞钇洗钙的稀土皂料，其中的钙在稀土皂的废水中排出，从捞钇洗钙槽中段后流的有机相，经交换得到稀土纯度和非稀土杂质均达到激光级标准的氯化钇溶液（即纯钇溶液）。

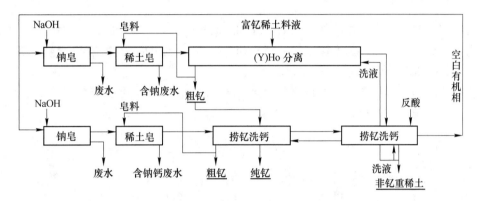

图 3.37　改进的环烷酸萃取提纯钇示意图

由于纯 Y 溶液从中间出口引出，Na、Ca 等碱金属和碱土金属元素通过捞钇洗钙槽的出口水相排弃，而 Fe、Pb 等大部分过渡金属元素则通过 Y/Ho 槽的出口有机相排弃，这就使非稀土杂质同时分离排除，实现了采用一步工序、一种萃取体系就得到了激光级氧化钇要求的氯化钇溶液，减少了工序环节，避免了萃取剂相互污染。

改进的环烷酸萃取工艺是集成了以下技术手段：

（1）模糊分离技术，（Y）Ho 分离按 50% 易萃组分进行模糊分离。

（2）分离模块组合技术，整个环烷酸提钇工艺包含（Y）Ho 分离、环烷酸捞钇洗钙和 Y/Ho 细分离 3 个分离模块。

（3）交换萃取技术，环烷酸捞钇洗钙的负载有机相用 Y/Ho 细分离的出口水相纯钇溶液交换萃取，使环烷酸捞钇洗钙的萃取量与 Y/Ho 细分离段共用。

（4）有机相进料技术，Y/Ho 细分离以负载稀土的有机相为料液。

（5）洗反液共进与分流技术，在反萃段将洗涤液与反萃液一起加入，在反萃段出口优先分流一定量的反液作洗涤液。

（6）洗涤量回用技术，将（Y）Ho 分离槽的洗涤液后移至 Y/Ho 细分离槽洗涤液进口加入，将与洗涤量等量的萃取有机相从 Y/Ho 分离槽进料级加入。

（7）有机相连续皂化和稀土皂化技术，空白有机相从萃取槽有机相出口或有机相低位接收槽处用转盘加料机定量加入到萃取槽并连续共流 2 级皂化，粗钇料液从萃取槽水相出口或粗钇高位槽处用转盘加料机定量加入到萃取槽并连续共流 3 级稀土皂化。

第六节　离子缔合萃取体系在稀土分离中的应用

离子缔合萃取（即碱性萃取剂萃取）体系的特点是：

（1）萃取剂为碱性萃取剂。

（2）被萃取的金属可以形成正或负配离子。

（3）萃取剂形成的配离子与带相反电荷的配离子形成的萃合物是离子缔合物。

萃取机理是以离子缔合体形式被萃取或者为阴离子交换萃取。

一、胺类萃取剂

与磷类萃取剂相比，胺类萃取剂的研究和发展较晚，始于 20 世纪 40 年代末。由于选择性高等优点，随着铀、钍等核燃料的精制和再处理的需要而迅速发展起来，并在有色及稀有金属的提取与分离工艺中得到应用。

胺类萃取剂可以看作是氨的烷基取代物，氨分子中三个氢逐步被烷基取代，生成伯胺、仲胺、叔胺和季铵盐。

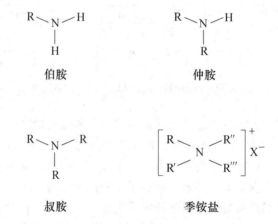

用作萃取剂的有机胺的相对分子质量通常在 250~600 之间。相对分子质量小于 250 的烷基胺在水中的溶解度较大，相对分子质量大于 600 的烷基胺则往往是固体，在有机溶剂（稀释剂）中的溶解度较小，萃取时分相困难，萃取容量低。

伯、仲、叔胺属于中等强度的碱性萃取剂，只有在酸性溶液中才能进行，而季铵盐属于强碱性萃取剂，能直接与金属络合阳离子缔合，因此，在酸性、中性和碱性溶液中均可萃取。由于伯胺和仲胺中含有亲水性基团 N-H，导致在水中的溶解度要比相对分子质量相同的叔胺大，所以，就伯胺、仲胺、叔胺中，叔胺萃取剂用得较多，伯胺和仲胺用得较少。

胺类萃取金属离子有以下规律性：

（1）凡是在水相中能与酸根阴离子形成金属络阴离子的都被萃取。目前胺类主要用于锕类元素（U、Th）、稀土元素以及 Zr、Hf、Nb、Ta、Zn、Co、Ni、Sn、Pb 等的分离分析。

（2）凡是在水相中能以含氧酸根或以其他阴离子形式存在的元素也能被萃取，如

ReO_4^-、OsO_4^-、RuO_5^{2-} 等。

（3）碱金属、碱土金属离子，因不能生成络阴离子，所以不能被萃取。

二、碱性萃取剂在稀土萃取中应用

N263 在我国稀土工业的发展中曾起过重要的作用，但由于 P507 及环烷酸萃取剂的成功应用，目前国内的稀土工厂基本已经不再使用 N263 萃取剂，但在国外的工厂中仍有应用。N263 的硝酸盐萃取硝酸稀土的化学反应为：

$$3R_3CH_3N^+ \cdot NO_3^- + RE(NO_3)_{3+x}^{x-} \Longrightarrow (R_3CH_3N^+)_3RE(NO_3)_6^{3-} + xNO_3^-$$

反应生成的萃合物是由大分子的有机阳离子与金属配合阴离子依靠正负电荷相吸引而生成的电中性化合物，称之为离子缔合物。上一节提到的铢盐萃取是一个有机铢阳离子与金属配合阴离子缔合，因此无论是胺盐萃取还是铢盐萃取，统属于离子缔合机理萃取。同样，水相酸的浓度、胺氮原子的碱性、稀释剂的种类、料液起始稀土浓度、水相阴离子的种类与浓度、盐析剂、外加配合剂诸因素都会影响分配及分离效果。

三、N235 从稀土料液中萃取除铁

N235 具有在水中溶解度小，萃取选择性好等优点而得到广泛应用。N235 属中等强度的碱性萃取剂，须与强酸作用生成胺盐阳离子 R_3NH^+ 后，才能萃取金属络合阴离子，所以 N235 的萃取只有在酸性溶液中才能进行，在中性或碱性溶液中不能萃取。

在氯化物溶液中，Fe^{3+} 具有阴离子化的特性，即与溶液中的氯离子形成络阴离子。金属阴离子化与溶液氯离子浓度有关。用 N235 从氯化物溶液中萃取金属时，随着氯离子浓度的增加，Fe^{3+} 的萃取率依次增加，氯离子浓度与 N235 金属萃取率关系（40℃）如图 3.38 所示。

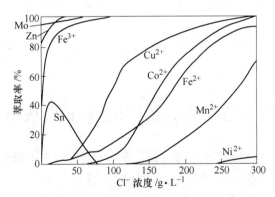

图 3.38　氯离子浓度与 N235 金属萃取率关系（40℃）

从图 3.38 中可看出，为了保证 Fe^{3+} 的萃取完全，就必须保证溶液中有足够的 Cl^- 浓度或适当的盐酸浓度。要萃取 Fe^{3+}，溶液中 Cl^- 的浓度应在 100g/L 以上。

N235 在氯化物溶液中能萃取那些与 Cl^- 结合成络阴离子的 Fe^{3+}、Cu^{2+}、Zn^{2+}。反应如下：

$$Fe^{3+} + 4Cl^- \Longrightarrow FeCl_4^-$$

$$R_3N + HCl \Longrightarrow R_3NHCl$$

$$R_3NHCl + FeCl_4^- \Longrightarrow R_3NHFeCl_4 + Cl^-$$

由上述反应可看出，N235 萃取时应先用盐酸进行酸化，然后才能萃取金属络阴离子。当料液中盐酸浓度足够高时，N235 可以不预先酸化处理。

由于 N235 是高分子胺，密度高，黏度大，萃取时通常加入廉价的有机溶剂稀释以改善物理性能。工业上常采用煤油作稀释剂，由于萃取剂及萃合物不能很好地溶解于煤油中，有时会出现三相，为破坏三相，常添加高碳醇及某些中性磷类萃取剂，如 TBP、P350 等。N235 除铁的有机相组成为：20% N235+10% 仲异辛醇+70% 煤油，所配制的有机相用 2~3mol/L 工业盐酸处理，使胺转变成盐酸后，即可使用。

第七节　协同萃取剂萃取分离稀土

在两种或两种以上萃取剂组成的多元萃取体系，金属离子的萃取分配比 $D_{协}$ 如显著大于每一萃取剂在相同条件下单独使用时的分配比之和 $D_{加合}(D_1+D_2+\cdots)$，则称此体系有协同效应；与此相反，如 $D_{协} \ll D_{加合}$，则称体系有反协同效应；如 $D_{协} \approx D_{加合}$，则称体系无协同效应。

依组成多元萃取体系的萃取剂的类别，协萃体系可分为二元异类协萃体系，如 TBP+P204、N263+偕肟胺（或 TBP、MIBK、高碳醇）、TTA+TBP；二元同类协萃体系，如 P507+Cyanex272、DIOMP+TBP、HA+TTA、TBPO+TOPO；三协萃体系 HA+DIOMP+N263。尽管上述稀土的协萃体系都有一些研究，但目前用于稀土工业应用的不多，目前报道的仅有 P507+Cyanex272、P204+TBP 体系，其中 P507+Cyanex272 主要用于重稀土的分离。

协萃反应的机理复杂，其协萃取效应是体系中的多种萃取剂，与被萃取金属离子生成一种更为稳定的含有多种配位体的萃合物，或生成的配合物更具有疏水性，因而更易溶于有机相。例如在螯合萃取剂 TTA 中加入中性萃取剂 S，形成萃合物 RE$(TTA)_3 \cdot 2S$，较单独萃取稀土元素时生成的萃合物 RE$(TTA)_3(H_2O)$，由于 S 可取代水分子，丧失了亲水性，使萃取率提高。

第八节　稀土萃取串级理论及应用

在生产过程中，一次萃取常常不能达到有效的分离，必须多级串级分馏萃取，才能同时得到高纯度和高收率产品，达到或接近最佳工艺指标。

由于稀土萃取分离所需级数多，如果利用分液漏斗模拟实验法来确定所需级数及工艺条件，工作量巨大，因此人们用串级萃取理论来计算确定最佳工艺条件。确切地说，串级萃取理论是研究待分离的两种或两组物质在各级萃取器中两相间的分布随工艺条件不同而变化的规律，通过应用串级萃取理论运算，可从相应萃取体系中找出产品的纯度、收率和工艺条件之间的关系。

一、阿尔德斯公式

1959 年，阿尔德斯（Alders）提出了分馏萃取的基本方程：

$$\phi_A = \frac{(E_A - 1)\left[(E_A')^m - 1\right]}{(E_A^{n+1} - 1)(E_A' - 1)(E_A')^{m-1} + \left[(E_A')^{m-1} - 1\right](E_A - 1)}$$

$$\phi_B = \frac{(E_B - 1)\left[(E_B')^m - 1\right]}{(E_B^{n+1} - 1)(E_B' - 1)(E_B')^{m-1} + \left[(E_B')^{m-1} - 1\right](E_B - 1)}$$

式中 E_A，E_B——萃取段的易萃组分 A 和难萃组分 B 的萃取比；

        E_A'，E_B'——洗涤段的易萃组分 A 和难萃组分 B 的萃取比；

          n，m——萃取段和洗涤段的级数；

        ϕ_A，ϕ_B——易萃组分 A 和难萃组分 B 的萃余分数。

由阿尔德斯公式可知，由 n、m、E_A、E_B、E_A'、E_B' 等参数可计算 ϕ_A 及 ϕ_B，再结合料液组成，则可计算产品的纯度和收率。该公式在溶剂萃取工艺中有重大影响，但是它不能解决串级工艺的最优化设计问题，而且它假定各级萃取器中萃取比 E_A 和 E_B 是恒定的。这一假定与实际偏差较大。

二、串级萃取理论的基本假设

20 世纪 70 年代，北京大学已故院士徐光宪及其团队发现广泛用于稀土分离的皂化萃取体系具有恒定混合萃取比的规律，推导出了两组分体系串级萃取工艺参数、流量与分离指标的计算方法，从而提出了串级萃取理论。并从两组分体系发展到了任意多组分体系，从最初的恒定混合萃取比体系发展到后来的非恒定混合萃取比体系，并在对萃取过程的动态平衡过程进行计算机仿真的基础上，提出了包括回流启动、三出口工艺、稀土皂化、甚至模糊萃取等关键分离方法或技术，建立了相应工艺的最优化工艺参数设计理论，并将设计参数直接应用于工业生产，从而实现了萃取新工艺从设计到应用的"一步放大"，产生了良好应用效果。

串级萃取理论五个基本假设。

（一）萃取体系的组分假设

在计算公式的推导中，只考虑易萃组分 A 和难萃组分 B 的分离。如有多个组分，则视其需要确定切割线而将多个组分看作是两个组分的分离。如果是两出口，则 A 为易萃组分，B 为难萃组分；如果是三出口，则 A 为易萃组分，B 为中间组分，C 为难萃组分。

（二）平均分离系数假设

严格地说，分馏萃取的各个萃取级中分离系数并不完全相同，但它们的变化不大。在公式的推导中采用它们的平均值 β，如果洗涤段的分离系数与萃取段不相同，则分别以 β 和 β' 表示。

$$\beta = E_A/E_B, \qquad \beta' = E_A'/E_B'$$

式中，β 为萃取段的平均分离系数；β' 为洗涤段的平均分离系数。如果二者相差不大，则令 $\beta = \beta'$，或者取二者中较小者，以确保保险系数较大。

（三）恒定混合萃取比体系假设

一般情况下，在萃取段从第一级水相出口到第 n 级进料级，两相中的组分浓度都是增加的，而从进料级到第 $n+m$ 级有机相出口，则反之，即在进料级附近，两相中的组分浓度达到最大值。为了充分利用 A 与 B 的交换萃取从而达到良好的分离效果，通常有机相中被萃物的浓度尽量调整到接近饱和状态。在这种情况下，尽管 E_A 和 E_B 会逐渐变化，并不恒定，但大多数级中，两相中 A 与 B 的总浓度接近恒定，因此，可以近似认为萃取段的混合萃取比 E_M 和洗涤段的混合萃取比 E'_M 是分别恒定的。在皂化的酸性络合萃取体系和有盐析剂的中性磷类萃取体系中可以满足这个假设。不过现有的很多研究已经证明，大多情况下是非恒定混合萃取比体系。

（四）恒定流比假设

在公式的推导中，假设萃取段和洗涤段各级中有机相和水相的流比分别恒定。

（五）进料级物料组成假设

假设水相（有机相）进料体系中，进料级水相（有机相）的易萃组分 A 和难萃组分 B 的百分含量与它们在料液中的百分含量相同或相近。

基于上述 5 个基本假设，利用物料平衡计算法和图解法推导出了一系列的计算公式，解决了串级萃取工艺最优化的设计问题。这一理论在稀土萃取工艺中已获得成功的应用，限于篇幅，本书只介绍其应用方法，不阐述公式的推导。

三、串级萃取工艺最优化的设计

设计步骤串级工艺最优化设计按下列步骤进行：

（1）确定萃取体系，测定平均分离系数 β 和 β'。针对要分离的对象，选择合适的萃取体系，并针对选定的萃取体系进行一系列试验，以确定最适当的有机相组成、皂化度（如用酸性萃取剂）、料液及洗液的浓度和酸度。测定萃取段和洗涤段的平均分离系数 β 和 β'，如 β 与 β' 相差不多。通常采用两者中较小的 β 值进行计算，以确保数据结果为更优。

（2）确定分离指标。首先根据原料组成，确定分离切割线位置，确定 A 和 B，即确定 f_A，f_B，然后根据市场需求，确定产品分离指标。在萃取实践中，通常按三种情况进行计算。如果 A 为主要产品，则规定 A 的纯度 $\overline{P}_{An+m}$ 及收率 Y_A。则 A 的纯化倍数 a 为：

$$a = \frac{\overline{P}_{An+m}/(1 - \overline{P}_{An+m})}{f_A/f_B}$$

式中，f_A、f_B 为料液中 A 和 B 的摩尔分数。

B 的纯化倍数 b 为：

$$b = \frac{a - Y_A}{a(1 - Y_A)}$$

B 的纯度 P_B 为：

$$P_{B_1} = \frac{bf_B}{f_A + bf_B}, \quad P_{A_1} = 1 - P_{B_1}$$

$$f'_A = \frac{f_A Y_A}{\overline{P}_{An+m}}$$

$$f'_B = 1 - f'_A$$

式中　f'_A，f'_B——有机相出口分数及水相出口分数；

P_{A_1}，P_{B_1}——一级水相出口 A、B 的纯度。

B 为主要产品，规定了 B 的纯度 P_{B_1} 及收率 Y_B，则：

$$b = \frac{P_{B_1}/(1 - P_{B_1})}{f_B/f_A}$$

$$a = \frac{b - Y_B}{b(1 - Y_B)}$$

$$\overline{P}_{An+m} = \frac{af_A}{af_A + f_B}, \quad \overline{P}_{Bn+m} = 1 - \overline{P}_{An+m}$$

$$f'_B = \frac{f_B Y_B}{P_{B_1}}, \quad f'_A = 1 - f'_B$$

分别规定了两头产品的纯度 $\overline{P}_{An+m}$ 和 P_{B_1}，则：

$$a = \frac{\overline{P}_{An+m}/(1 - \overline{P}_{An+m})}{f_A/f_B}$$

$$b = \frac{P_{B_1}/(1 - P_{B_1})}{f_B/f_A}$$

$$Y_A = \frac{a(b - 1)}{ab - 1}, \quad Y_B = \frac{b(a - 1)}{ab - 1}$$

$$f'_A = \frac{f_A Y_A}{\overline{P}_{An+m}}$$

$$f'_B = \frac{f_B Y_B}{P_B}$$

（3）计算混合萃取比 E_M 及 E'_M、萃取量 S 及洗涤量 W。对于 E_M、E'_M、S 及 W 的计算，存在两种计算方法。

1）由最优化方程计算 E_M，E'_M，$\overline{S}$，W。一般应先计算 E_M 及 E'_M，再计算萃取量 $\overline{S}$，然后由物料平衡关系计算洗涤量 W。因为优化的 E_M 及 E'_M 可根据进料方式及水相出口分数 f'_B 的大小有四种情况，故计算程序也分四种情况，按最优化方程的计算程序见表3.9。

表 3.9　按最优化方程的计算程序

水相进料	如果 $f'_B > \dfrac{\sqrt{\beta}}{1+\sqrt{\beta}}$ 则由萃取段控制 $E_M = 1/\sqrt{\beta}$ $E'_M = \dfrac{E_M f'_B}{E_M - f'_A}$	如果 $f'_B < \dfrac{\sqrt{\beta}}{1+\sqrt{\beta}}$ 则由洗涤段控制 $E'_M = \sqrt{\beta'}$ $E_M = \dfrac{E'_M f'_A}{E_M - f'_B}$
	$\overline{S} = \dfrac{E_M M_1}{1 - E_M} = \dfrac{E_M f'_B}{1 - E_M}$ $W = \overline{S} - \overline{M}_{n+m} = \overline{S} - f'_A$	

有机相进料	如果 $f'_B > \dfrac{1}{1+\sqrt{\beta}}$ 则由萃取段控制 $E_M = 1/\sqrt{\beta}$ $E'_M = \dfrac{1 - E_M f'_A}{f'_B}$	如果 $f'_B < \dfrac{1}{1+\sqrt{\beta}}$ 则由洗涤段控制 $E'_M = \sqrt{\beta'}$ $E_M = \dfrac{1 - E'_M f'_B}{f'_A}$
	$\bar{S} = \dfrac{E_M f'_B}{1 - E_M}, \quad W = \bar{S} + 1 - f'_A = \bar{S} + f'_B$	

2）由极值公式计算 E_M，E'_M，$\bar{S}$，W。当采用水相进料时，须满足以下公式：

$$(E_M)_{min} < E_M < 1.0$$

$$(E_M)_{min} = \frac{(\beta \cdot f_A + f_B)(f_A - P_{A_1})}{\beta \cdot f_A - P_{A_1}(\beta \cdot f_A + f_B)}$$

$$1 < E'_M < (E'_M)_{max}$$

$$(E'_M)_{max} = \frac{f_B - \bar{P}_{B_{n+m}}}{\dfrac{f_B}{\beta \cdot f_A + f_B} - \bar{P}_{B_{n+m}}}$$

当 A、B 均为高纯产品时，则满足：

$$1.0 > E_M > (E_M)_{min} \approx f_A + \frac{f_B}{\beta}$$

$$1 < E'_M < (E'_M)_{max} \approx \beta \cdot f_A + f_B$$

选取：

$$W = \frac{1}{\beta^k - 1} \quad (1 > k > 0)$$

$$\bar{S} = W + f'_A$$

$$E_M = \frac{\bar{S}}{W + 1}$$

$$E'_M = \frac{\bar{S}}{W}$$

当采用有机相进料时，须满足以下公式：

$$1.0 > E_M > (E_M)_{min} = \frac{\dfrac{f_A}{\beta \cdot f_A + f_B} - P_{A_1}}{f_A - P_{A_1}} \approx \frac{1}{\beta \cdot f_A + f_B}$$

$$1 < E'_M < (E'_M)_{max} = \frac{\dfrac{\beta \cdot f_A}{\beta \cdot f_B + f_A} - \bar{P}_{B_{n+m}}}{f_B - P_{B_{n+m}}} \approx \frac{1}{f_B + \dfrac{f_A}{\beta}}$$

选取：

$$\overline{S} = \frac{1}{\beta^k - 1} \quad (1 > k > 0)$$

$$W = \overline{S} + f'_B$$

$$E_M = \frac{\overline{S}}{W}$$

$$E'_M = \frac{\overline{S} + 1}{W}$$

对一般串级萃取工艺参数的计算，选取 $k=0.7$ 进行计算。也可根据设计目的实际情况选取若干 k 值，计算出各组工艺中各个工艺参数，对比不同的工艺参数，选出最适宜的方案。

（4）级数的计算。

料液中 B 是主要成分，水相出口为高纯产品 B 时，按下列公式计算：

萃取段级数：$n = \dfrac{\lg b}{\lg(\beta \cdot E_M)}$

洗涤段级数：$m = \dfrac{\lg a}{\lg(\beta'/E'_M)} + 2.303\lg \dfrac{\overline{P}_B^* - \overline{P}_{B_{n+m}}}{\overline{P}_B^* - \overline{P}_{B_n}} - 1$

料液中 A 是主要成分，有机相出口为高纯产品 A 时，按下列公式计算：

$$n = \lg b / \lg(\beta E_M) + 2.303\lg \frac{P_A^* - P_{A_1}}{P_A^* - P_{A_n}}$$

$$m + 1 = \lg a / \lg(\beta'/E'_M)$$

上述各式中

$$P_A^* = \frac{1}{2}\left\{ \frac{\beta \cdot E_M - 1}{\beta - 1} + (1 - E_M)P_{A_1} + \sqrt{\left[\frac{\beta \cdot E_M - 1}{\beta - 1} + (1 - E_M)P_{A_1}\right]^2 + \frac{4(1 - E_M)P_{A_1}}{\beta - 1}} \right\}$$

如果 B 也为高纯产品，即 P_{A_1} 很小时有：

$$P_A^* = \frac{\beta E_M - 1}{\beta - 1}$$

$$\overline{P}_B^* = \frac{1}{2}\left\{ \frac{\beta'/E'_M - 1}{\beta' - 1} + \left(1 - \frac{1}{E'_M}\right)\overline{P}_{B_{n+m}} + \sqrt{\left[\frac{\beta'/E'_M - 1}{\beta' - 1} + \left(1 - \frac{1}{E'_M}\right)\overline{P}_{B_{n+m}}\right]^2 + \frac{4\left(1 - \frac{1}{E'_M}\right)\overline{P}_{B_{n+m}}}{\beta' - 1}} \right\}$$

如果 A 也为高纯产品，即 $\overline{P}_{B_{n+m}}$ 很小时有：

$$\overline{P}_B^* \approx \frac{\beta'/E'_M - 1}{\beta' - 1}$$

如用精确公式计算级数，则必须知道 P_{A_n} 或 $\overline{P}_{A_n} = f_A$，即假定进料级无分离效果，所以当采用水相进料时，有 $P_{B_n} = f_B$，$P_{A_n} = f_A$，即：

$$\overline{P}_{B_n} = \frac{\overline{P}_{B_n}}{\beta - (\beta - 1)\overline{P}_{B_n}}$$

当采用有机相进料时，有 $\overline{P}_{B_n} = f_B$，$\overline{P}_{A_n} = f_A$，即：

$$\overline{P}_{A_n} = \frac{\overline{P}_{A_n}}{\beta - (\beta - 1)\overline{P}_{A_n}}$$

（5）确定流比。

串级萃取理论的以上公式是以进料量 $M_F = 1\text{mol/min}$ 为基准推导出来的。已知进料量 M_F、料液浓度 C_F、萃取量 S、有机相饱和浓度 C_S、洗涤量 W、洗酸浓度 C_H，则可计算出它们相应的体积流量从而得到它们的流比：令 C_F 为料液中混合稀土浓度（mol/L），C_S 为有机相中稀土浓度（mol/L），C_H 为洗液的酸浓度（mol/L），从而求出溶液的体积流量 L/min 或 mL/min。

通常料液浓度 C_F 由单级实验确定，而公式推导是假设混合萃取比恒定，在接近饱和状态下进行萃取的，所以有机相浓度通常可取饱和浓度，而这也可由单级实验确定。洗涤量 W 是洗下的被萃物的量，先换算为洗液的量，再由洗液浓度求出洗液的体积流量。再用酸性萃取剂取三价稀土的情况下，已知反应 $REA_3 + 3HCl \Longrightarrow 3HA + RECl_3$，所以洗液量为 $3W$，从而可计算洗液的体积流量。

即有

$$V_F = M_F / C_F (\text{mL/min 或 L/min})$$
$$V_S = \overline{S} / C_S (\text{mL/min 或 L/min})$$
$$V_W = 3W / C_H (\text{mL/min 或 L/min})$$

四、应用举例

实例1：采用环烷酸—盐酸体系从混合稀土氧化物中萃取分离高纯氧化钇。

某混合稀土氧化物含 Y_2O_3 约50%（质量分数），25℃时各元素与钇的分离系数见表3.10。产品要求 Y_2O_3 纯度为99.998%，收率大于95%，试设计串级工艺条件。

表 3.10   25℃时各元素与钇的分离系数

名称	原料/%	pH 值为 4.57	pH 值为 5.01	pH 值为 5.31
La	4.6	1.58	1.42	1.09
Ce	0.6	3.10	3.62	2.24
Pr	2.4	4.04	3.16	2.89
Nd	10.0	4.47	3.27	2.13
Sm	3.7	5.27	4.62	3.97
Eu	—	5.63	4.21	3.18
Gd	6.8	3.55	3.19	2.42
Tb	0.92	3.81	3.29	2.50
Dy	6.2	2.18	2.10	1.83
Ho	1.6	1.91	1.80	1.65
Er	4.6	2.22	2.06	1.68
Tm	0.83	3.50	3.26	3.29
Yb	2.0	2.81	2.29	3.16
Lu	0.2	—	—	—
权重平均		2.7	2.2	1.9

（1）分离系数测定。用纯氧化钇和某地生产的混合稀土的氧化物以 40∶1 的质量比混合。盐酸溶解后，用 0.7mol/L 环烷酸铵萃取，平衡水相稀土总浓度为 0.7~0.8mol/L，相比为 3∶1，在 25℃时测定各元素与钇的分离系数见表 3.9。x 其中以 La/Y 的分离系数为最小，进行工艺设计时以镧为依据，其他元素作为参考。pH 值应选在 4.57 附近，此时 $\beta_{La/Y} = 1.58$。

（2）计算分离指标。由于 Y_2O_3 的相对分子质量为 225.8，而其余混合稀土的平均相对分子质量为 362，差别较大，所以必须先将原料组成换算成摩尔分数。因钇为难萃组分，其余稀土为易萃组分，故有：

$$f_B = \frac{50/225.8}{50/225.8 + 50/362} = \frac{0.221}{0.221 + 0.138} = 0.616$$

$$f_A = 1 - f_B = 0.384$$

因为 B 的纯度很高，所以 P_B 可以不换算，但须注意在计算时，公式中各量须统一单位，故在计算 B 的纯化倍数时，f_B、f_A 均同 P_{B_1} 一致，用质量分数表示，即：

$$b = \frac{P_{B_1}/(1 - P_{B_1})}{f_B/f_A} = \frac{99.998/0.002}{50/50} = 49999$$

$$a = \frac{b - Y_B}{b(1 - Y_B)} = \frac{49999 - 0.95}{49999 \times 0.05} = 20$$

$$\overline{P}_{A_{n+m}} = \frac{af_A}{af_A + f_B} = \frac{20 \times 0.384}{20 \times 0.384 + 0.616} = \frac{7.68}{7.68 + 0.616} = \frac{7.68}{8.296} = 0.926$$

$$\overline{P}_{B_{n+m}} = 1 - \overline{P}_{A_{n+m}} = 1 - 0.926 = 0.074$$

$$f'_B = f_B \times Y_B/P_{B_1} = 0.616 \times 95\%/99.998\% = 0.585$$

$$f'_A = 1 - f'_B = 0.415$$

（3）计算 E_M，E'_M，$\overline{S}$，W。本例选用最优化方程进行计算、设计。

因 $f'_B > \dfrac{\sqrt{\beta}}{1 - \sqrt{\beta}} = \dfrac{\sqrt{1.58}}{1 + \sqrt{1.58}} = 0.557$，故由萃取段控制。

$$E_M = \frac{1}{\sqrt{\beta}} = \frac{1}{\sqrt{1.58}}0.796$$

$$E'_M = \frac{E_M f'_B}{E_M - f'_A} \cdot \frac{0.796 \times 0.585}{0.796 - 0.415} = \frac{0.466}{0.381} = 1.223$$

$$W = \overline{S} - f'_A = 2.284 - 0.415 = 1.869$$

（4）计算级数。因萃取段控制，所以：

$$n = \lg b/\lg(E_B\beta) = \lg 49999/\lg(1.58 \times 0.796) = \frac{4.699}{0.0996} = 47.2$$

$$m + 1 = \frac{\lg\alpha}{\lg(\beta'/E'_M)} + 2.606\lg\frac{\overline{P}^*_B - \overline{P}_{B_{n+m}}}{\overline{P}^*_B - \overline{P}_{B_n}}$$

$$\overline{P}^*_B = \frac{\beta'/E'_M - 1}{\beta' - 1} + \frac{\beta'(1 - 1/E'_M)\overline{P}_{B_{n+m}}}{\beta' - E'_M + (E'_M - 1)(\beta' - 1)\overline{P}_{B_{n+m}}}$$

因为在洗涤段，有机相出口产品 A 是非钇稀土氧化物 RE_2O_3，要把其中所含 Y_2O_3 洗回来，因此 β' 要取 RE_2O_3 对 Y_2O_3 的权重平均分离系数，即 β' 取 2.7。所以：

$$\overline{P}_B^* = \frac{(2.7/1.223) - 1}{2.7 - 1} + \frac{2.7(1 - 1/1.233) \times 0.074}{2.7 - 1.223 + (1.223 - 1) \times 0.074} = 0.735$$

而

$$\overline{P}_{B_n} = \frac{P_{B_n}}{\beta - (\beta - 1)P_{B_n}} = \frac{f_B}{\beta - (b - 1)f_B} = 0.504$$

故有：

$$m + 1 = \frac{\lg 20}{\lg(2.7/1.223)} + 2.303\lg\frac{0.735 - 0.074}{0.735 - 0.504}$$

$$= \frac{1.301}{0.344} + 2.303\lg\frac{0.661}{0.231} = 4.834$$

所以取 $n = 47$，$m = 4$。

（5）求流比。有机相环烷酸浓度用 25%，即 0.78mol/L，其中环烷酸铵为 0.68mol/L，所以 $C_S = 0.68/3 = 0.228$mol/L。已知 $C_F = 1$mol/L，$C_H = 2.1$mol/L，则：

$$V_F = 1/C_F = 1\text{mL}$$

$$V_S = \frac{\overline{S}}{C_S} = \frac{2.284}{0.228} = 10\text{mL}$$

$$V_W = \frac{3 \times W}{C_H} = \frac{3 \times 1.869}{2.1} = 2.67\text{mL}$$

为了更好地操作，将 C_H 调并为 2.16mol/L，则 $V_W = \dfrac{3 \times 1.869}{2.16} = 2.6\text{mL}$。

实例 2： P507-HCl 体系分离 Sm-Eu。

某分离工艺所得负载有机相含 Sm_2O_3 50%，Eu_2O_3 与其他稀土氧化物占 35%，另有 15% 为 Y_2O_3，试设计直接从这种负载有机相制备 99.9% 的 Sm_2O_3，要求其收率达 99% 的串级工艺条件。

（1）分离系数的确定。计算设定有机相组成为：50%P507+50%煤油，有机相皂化值为 0.54mol/L。在以上条件下串级试验中得到的部分各级分离系数值相关报道见表 3.11。萃取段和洗涤的平均分离系数 β 值接近，取较小值 2.29 作为设计值。

表 3.11 若干级的分离系数实测值

	萃取段				洗涤段				
级数	1	2	3	4	5	6	7	8	9
分离系数	2.37	2.41	2.49	2.40	2.46	2.42	2.45	2.42	2.41
	萃取段平均分离系数 $\overline{\beta}=2.42$				洗涤段平均分离系数 $\overline{\beta}'=2.29$				
	洗涤段								
级数	10	11	12	13	14	15	16	17	18
分离系数	2.42	2.33	2.31	2.33	2.23	2.10	2.14	2.00	2.06
	洗涤段平均分离系数 $\overline{\beta}'=2.29$								

（2）分离指标。在 P507-HCl 体系中，随镧系原子序数的增加，萃取能力增大，钇的位置在重稀土中，故 $Sm_2O_3 = B$，$RE_2O_3 = Y_2O_3 = A$。首先换算料液中 A 和 B 的摩尔分数如下：

$$f_B = \frac{50/362}{85/362 + 15/225.8} = \frac{0.138}{0.235 + 0.066} = 0.458$$

$$f_A = 1 - f_B = 0.542, \quad P_{B_1} = 0.999$$

$$P_{A_1} = 1 - P_{B_1} = 0.001, \quad Y_B = 0.99$$

$$b = \frac{P_{B_1}/P_{A_1}}{f_B/f_A} = \frac{0.999/0.001}{0.458/0.542} = \frac{999}{0.845} = 1182.25$$

$$a = \frac{b - Y_B}{b(1 - Y_B)} = \frac{1182.25 - 0.99}{1182.25 \times (1 - 0.99)} = \frac{1181.26}{11.8225} = 99.92$$

$$\overline{P}_{A_{n+m}} = \frac{af_A}{af_A + f_B} = \frac{99.92 \times 0.542}{99.92 \times 0.542 + 0.458} = \frac{54.157}{54.157 + 0.458} = 99.16\%$$

$$\overline{P}_{B_{n+m}} = 1 - \overline{P}_{A_{n+m}} = 0.84\%$$

$$f_B' = \frac{f_B \cdot Y_B}{P_{B_1}} = \frac{0.458 \times 0.99}{0.999} = 0.454, \quad f_A' = 1 - f_B' = 0.546$$

给定料液浓度为 0.44mol/L，有机相萃取剂皂化度为 0.54mol/L，洗水酸度为 2mol/L HCl。其级数，流比等工艺技术参数可按以上公式推导计算。

第九节　串级萃取动态平衡的数学模拟

一、概述

前面介绍的利用数学模型进行串级萃取工艺参数设计，是一种静态平衡计算，它能说明串级萃取体系达到平衡的状态，但不能说明从启动到平衡过程中体系的状态变化，也不能指出一定的实验条件下，例如用分液漏斗或小型混合澄清槽做串级实验时，需要多长时间才能达到预期的结果和体系的平衡。有些实验需要很长时间才能达到体系的平衡，而小型实验往往无法做到这一点，常常因此而导出不正确的结论。为解决上述问题及研究串级萃取过程中的规律性，验证静态平衡计算设计时的串级萃取工艺参数是否合理，必须对串级萃取的动态平衡进行研究。

徐光宪院士、严纯华院士团队在串级萃取理论研究方面做了大量工作，20 世纪 80 年代提出了研究单组分体系的串级萃取动态平衡的数学模型和程序设计，考察了萃取比、级数和齐头式、宝塔式两种启动方式对动态平衡的影响。在此基础上又推导了二组分与多组分体系的萃取平衡方程，以及编制了一个完全模拟"分液漏斗法"串级实验操作的计算程序，对体系从启动到平衡进行逐级逐排的计算，即称为串级萃取的动态平衡计算。由萃取平衡方程式，根据工艺参数中萃取量与洗涤量、分离系数及起始各组分的总量，可以定量解出平衡态各组分在两相中的分配。该程序对串级过程中分液漏斗的动作作了完全逼真的模拟，使计算结果与实验值十分接近，且具有"理想实验"的特性，因而可以用于设计、验证新工艺，也可用于对现有工艺的改进。并为两组分体系及多组分体系的串级萃取过程的深入研究提供了一个简便、快速、可靠的方法。实践证明，在稀土元素分离中，若采用恒定混合萃取比体系，仅做一些单级实验，不经过小型实验、扩大实验，而直接进行工业试验是完全可行的。

在稀土萃取分离中某些体系达到平衡的时间很长，同时在不平衡过程中产生了大量的纯度不合格产品，这影响了工业经济效益。为此徐光宪院士、严纯华院士等人又定量地研究了全回流、单回流对体系中各组分的积累量和纯度分布的影响。计算结果表明，采用回流方式启动将大大加速体系达到平衡。与常规方式相比，体系平衡时间可缩短几倍到几十倍，并可大大减少不平衡过程中的中间产品。以理论计算为依据，并结合工艺的具体情况，提出在工业实验中采用全回流、单回流、大回流的启动方式，实验结果证明了理论计算的适用性，取得了良好的效果和明显的经济效益。限于篇幅，本节主要介绍两组分和三组分体系的动态平衡研究。

二、两组分串级萃取体系动态平衡

（一）程序设计的基本要点

工艺参数的确定：串级萃取的基本工艺参数可根据前面介绍的有关公式和设计步骤确定。

（1）规定参数。

原料组成：f_A，f_B 分别为组分 A 和 B 的摩尔分数，$f_A + f_B = 1$。

分离指标：A 产品的纯度为 $\bar{P}_{A_{n+m}}$，B 产品的纯度为 P_{B_1}。

分离系数：萃取段的平均分离系数为 $\bar{\beta}$，洗涤段的平均分离系数为 $\bar{\beta'}$。

（2）计算参数。根据规定参数，可计算出串级萃取工艺所需的基本参数，如萃取段、洗涤段的级数 n，m，混合萃取比 E_M，E'_M，萃取量 S 和洗涤量 W，有机相出口分数 f'_A 和水相出口分数 f'_B，$f'_A + f'_B = 1$。

（3）根据生产中的具体情况，从若干组所得计算参数中选取一组最优化参数，进行串级萃取的动态平衡计算。

（二）萃取平衡的计算

1. 各物料的总量

根据恒定混合萃取比体系的特点，各级漏斗（或其他萃取器）中有机相的 A、B 总量 Y_M 和水相的 A、B 总量 X_M 在整个萃取过程中都是恒定的（见图 3.39 和图 3.40）。同时，在串级萃取过程中、各级漏斗中 A 的总量 M_A 和 B 的总量 M_B 都是已知的。

	$\bar{S}$ ↓		$M_F = f_A + f_B = 1$ ↓		W ↓
级数	1	2~n	n	(n+1) ~ (n+m)	n+m
Y_M	$\bar{S}$	$\bar{S}$	$\bar{S}$	$\bar{S}$	f_A'
X_M	f_B'	$W+1$	$W+1$	W	W

图 3.39 水相进料体系各级物料量示意图

	$\bar{S}$ ↓		$M_F = f_A + f_B = 1$ ↓		W ↓
级数	1	2~n	n	(n + 1) ~ (n + m)	n+m
Y_M	$\bar{S}$	$\bar{S}$	$\bar{S}+1$	$\bar{S}+1$	f_A'
X_M	f_B'	W	W	W	W

图 3.40 有机相进料体系各级物料量示意图

2. 萃取平衡的关系式

萃取平衡后，各漏斗中有机相、水相的金属离子含量分别用 Y_A、Y_B 表示，水相中 A、B 的量分别由 X_A、X_B 表示，则有关系式：

A 萃取段

$$\beta = \frac{Y_A \cdot X_B}{Y_B \cdot X_A}$$

$$\bar{S} = Y_A + Y_B$$

$$M_A = Y_A + X_A \tag{3.16}$$

$$M_B = Y_B + X_B \tag{3.17}$$

由以上关系式可得一个 X_A 的一元二次方程。

$$(\beta - 1)X_A^2 + [(\beta - 1)(\bar{S} - M_A) + M_T]X_A + (\bar{S} - M_T)M_A = 0$$

式中
$$M_T = M_B + M_A$$

解一元二次方程可得 X_A 的两个根，只有满足 $0 < X_A < M_A$ 的根是合理的，通过所得的 X_A 以及以上四个关系式，可分别计算出 Y_A、Y_B 和 X_B，这样就得到了萃取段各级漏斗在萃取平衡时，A、B 在两相中的分配数据。

B 洗涤段

$$\beta' = \frac{Y_A \cdot X_B}{Y_B \cdot X_A} \tag{3.18}$$

$$W = X_B + X_A \tag{3.19}$$

由式（3.16）~式（3.19），可得一个 X_B 的一元二次方程：

$$(\beta' - 1)X_B^2 + [(\beta' - 1)(W + M_B) + M_T]X_B + \beta' M_B W = 0 \tag{3.20}$$

求解方程（3.20），得到满足 $0<X_B<M_B$ 的根，然后再由式（3.16）、式（3.17）和式（3.19）分别计算出 Y_A、Y_B 和 X_A，这样也就得到了洗涤段各级漏斗在萃取平衡时，A、B 在两相中的分配数据。

三、串级模拟实验方法

串级模拟实验方法必须首先根据不同的分离要求，在预先进行串级萃取实验的基础上，进行串级萃取工艺设计，初步确定级数、相比、料液浓度、酸度、组分、有机相浓度、洗液酸度等，然后再进行分液漏斗模拟实验来验证所提到的结果是否满足要求。下面以五级萃取、四级洗涤的分液漏斗模拟实验为例来说明。如图 3.41 所示。

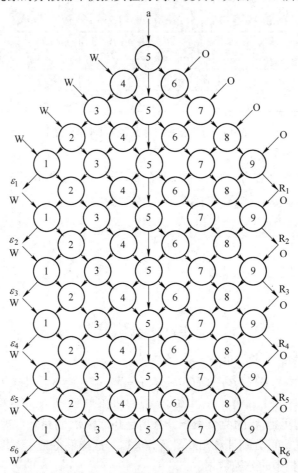

图 3.41 五级萃取、四级洗涤的分液漏斗模拟示意图

第一步：取九个分液漏斗，分别编成 1、2、3、4、5、…、9 九个标号，开始操作时。按图中所指的箭头方向进行。

第二步：从第 5 号分液漏斗做起，即加入有机相、料液和洗涤液后并振荡，待两相澄清分层后，有机相转入第 4 号，水相转入第 6 号。

第三步：在第 4 号加入洗液，第 6 号加入新有机相，第二次振荡 6、4 号，静止分层，第 6 号的有机相转入 5 号，水相移入 7 号。4 号的有机相转入 3 号，水相转入 5 号。

第四步：在 3 号加入洗液，7 号中加入新有机相，5 号加入料液，第三次振荡 3 号、5号、7 号，静止分层，将它们的水相分别移入 4 号、6 号、8 号，而有机相分别移入 2 号、4 号、6 号。在 8 号加入新有机相，而 2 号加入洗液。

按上述步骤继续做下去，直到负载有机相(O)和萃余相(R)中被萃物质含量保持恒定为止，此时萃取体系达到平衡，或者说萃取达到了稳定状态。从图中可以看到，水相总是向右移动，而有机相总是向左移动，在图示操作中，1～4 号是洗涤级，而 5～8 号是萃取级。

从模拟法求得的一些参数，如级数、相比、萃取相浓度、料液浓度、酸度等，在正式进行萃取槽生产之前还应在小型的混合澄清槽中进行试验，因为分液漏斗的情况和萃取槽有所不同。通过小型试验可以进一步发现问题，如萃取剂循环使用后萃取性能是否可以改变，界面是否有污物产生，分层情况如何，级效率多少等。通过这样的试验，可进一步扩大生产所必须的一些数据和条件。

四、串级萃取理论的发展

(一) 非恒定混合萃取比体系的串级萃取理论

20 世纪 70 年代，徐光宪院士基于稀土溶剂萃取体系具有恒定混合萃取比的假设，推导了相应的最优化工艺参数计算方法，创立了串级萃取理论。该理论完全适用于平衡酸度较低的轻、中稀土分离体系。然而，由于以酸性磷类萃取剂体系进行重稀土分离时的平衡酸度过高，使体系的混合萃取比难以恒定，导致分离工艺参数的设计偏差。为了解决重稀土体系串级萃取最优化工艺参数设计难题，根据萃取过程中单级稀土及质子平衡关系和串级物料平衡关系，建立了非恒定混合萃取比体系的最优化参数计算方法，从而拓展了串级萃取理论的适用范围。该设计方法不仅可用于萃取和洗涤段的级数和流量设计，还可用于反萃段参数的设计，实现了所有稀土元素分离工艺的最优化设计。

(二) 串级萃取静态和动态仿真计算的优化

串级萃取动态过程仿真计算的关键在于单级萃取平衡运算。为了加速仿真计算过程、减小运算量，先后进行了牛顿迭代计算法，提高了拟合运算的收敛速度。由于实际槽体内的传质过程远比"漏斗法"仿真计算中的"活塞流"模型复杂得多，故在改进的仿真运算中引入了对实际混合—澄清萃取槽传质过程的模拟，从而大大提高了实际流程动态仿真运算的逼真性。

萃取分离体系的静态计算必须从某一已知组成的单级开始，利用萃取平衡和物料平衡进行逐级递推运算，再根据分离指标判断分离所需的级数，最终获得稳态的组成分布。然而，多组分分离体系无法确定某一级的准确组成，因而难以进行逐级递推运算，即便可以设定起始级的组成，又往往会因初始组成设定不合理而导致逐级递推运算不收敛，使静态仿真失败。为此，他们发展了一种新型拟合迭代算法，利用分离要求对初始设定组成进行自恰调整，自动地进行收敛运算，从而完全避免了因起始运算级组成不确定而造成的运算困难，实现了多组分体系串级萃取工艺的最优化设计和对稳态过程的准确模拟。

将动态仿真和静态计算相结合，不仅可以迅速获得最优化的工艺参数，还能全面掌握槽体的组成分布和动态变化过程，为槽体的在线分析和自动控制提供了依据。上述动态仿真和静态计算均以目标导向的 Borland C++5.0 版本编程，可在具有 Windows 95 以上操作系统的微机上进行。多年来的应用证明，该计算系统运行稳定、计算速度快、界面友好，适于科研和企业使用。

OMS 串级萃取过程仿真系统，能提供两出口分馏萃取、单进料三出口及双进料三出口等多种萃取模式仿真实验。应用该系统，使用者可自主设定各工艺参数，只需要提供料液组成、分离指标（产品收率和纯度）、分离系数等条件，就可以通过静态计算与动态仿真设计一套优化的工艺参数，包括萃取段和洗涤段的级数、萃取量、洗涤量，可实时观察串级萃取工艺从充槽到槽体平衡的全过程，了解各组分在槽体各级的分布变化情况，更为深入地理解在串级萃取过程中，各相流量、浓度、酸度等工艺参数的影响规律，掌握工艺参数优化调整方法。

（三）联动萃取流程及其设计方法

一般情况下，酸性萃取剂均需以某种无机碱进行皂化后方能定量负载稀土，同时，其负载的稀土又必须以某种无机酸进行洗涤或反萃。因此，除了待分离的混合稀土料液外，无机酸和碱是溶剂萃取分离的主要消耗和外部推动力。实际上稀土元素本身在萃取剂有机相和水相中分配能力的不同恰恰是它们能够被分离的内在动力。然而，通常的串级萃取流程往往忽略了这一内在动力的利用，导致了过度的酸碱消耗和三废排放增加。为此，采用以负载了难萃组分的有机相代替原用空白皂化有机相、以富含易萃组分的水相代替空白洗涤或反萃酸的方式。基于对全分离流程各段组分静态和动态分布情况的掌握，按分离要求将负载了不同组成稀土的有机相和水相分别作为后续分离的"萃取剂"和"洗涤酸"，实现了整个流程的"超链接"，即"联动萃取流程"。

思 考 题

3-1 萃取体系有哪几部分组成，萃取体系如何表达，具体意义如何？

3-2 萃取剂分为哪几类，常用的萃取剂有哪些？

3-3 串级萃取的操作方式有哪些，各有什么特点？

3-4 萃取工艺过程经历哪几个阶段，各有什么作用，分馏萃取的萃取段和洗涤段各有什么作用？

3-5 工业应用中，萃取的主体设备是什么，其结构包括哪几部分，其工作原理是什么？

3-6 酸性磷（膦）类萃取剂主要有哪些，它们的酸性及萃取稀土的能力如何，为什么？

3-7 根据 P204 萃取剂分组工艺特点，可将 Sc、Pm 除外的 15 种稀土元素分为哪三组，并写出其元素符号。

3-8 按水相与有机相的接触方式，串级萃取的操作方式主要有哪几种，各有什么特点和适用范围？

3-9 试述描述萃取平衡的 D、E、β、q 几个参数的物理意义及相互间的关系。

3-10 什么是萃取等温线及萃取剂饱和容量，饱和容量的用途有哪些？

3-11 某 La、Pr 的混合稀土料液浓度为 200g/L（其中 La 占 50%），按相比 $R = 2.5$ 进行单级萃取，测得平衡水相稀土浓度为 86.3g/L，其中 La 为 61g/L。计算：

（1）混合稀土的分配比 D、萃取率 q 和萃取比 E。

（2）La 的分配比 D_{La}、萃取率 q_{La} 和萃取比 E_{La}。

3-12 取含 La 和 Pr 的混合稀土浓度为 200g/L（其中 La、Pr 各占 50%）料液 10mL，有机相 40mL 进行单级萃取，经分析平衡水相中 La 和 Pr 的浓度分别为 48g/L 和 18g/L。

（1）分别计算 La 和 Pr 的分配比，萃取比，萃取率及二者的分离系数 $\beta_{Pr/La}$。

（2）分别计算水相中 La 的纯度和有机相中 Pr 的纯度。

3-13 影响稀土萃取的主要因素有哪些，如何影响？

3-14 试述几种萃取体系的萃取机理及特点。

3-15 酸性萃取剂萃取分离稀土为什么要进行皂化，皂化剂有哪些，稀土皂有哪些作用？

3-16 何谓半萃取 $pH_{1/2}$ 值，当 $pH_{1/2}$ 值大时其萃取能力如何？

3-17 以 0.2mol/L TTA 的苯溶液，在 $R=1$ 时从盐酸溶液中萃取少量的 YCl_3，其 $pH_{1/2}$ 值为 3.20，问当 pH 值为 2.20 和 4.20 时，分配比 D 各等于多少？

3-18 恒定混合萃取比体系有何特点？

3-19 试举例说明南方离子轻稀土型稀土分离的流程。

3-20 何为萃取分离三出口工艺，有何特点？

3-21 什么是模糊萃取，试举例说明？

3-22 环烷酸萃取提钇的原理是什么？写出环烷酸萃取提钇萃取体系的组成及主要反应。

参 考 文 献

[1] 刘大星. 萃取 [M]. 北京：冶金工业出版社，1988.

[2] 徐光宪，袁承业，等. 稀土的溶剂萃取 [M]. 北京：科学出版社，1987.

[3] 王开毅，等. 溶剂萃取化学 [M]. 长沙：中南工业大学出版社，1991.

[4] 吴炳乾. 稀土冶金学 [M]. 长沙：中南工业大学出版社，1997.

[5] 徐光宪，等. 稀土（上册）[M]. 北京：冶金工业出版社，1995.

[6] 马荣骏. 萃取冶金 [M]. 北京：冶金工业出版社，2009.

[7] 吴声，廖春生，贾江涛，等. 多组分多出口稀土串级萃取静态优化设计研究（Ⅱ），静态程序设计及动态仿真验证 [J]. 中国稀土学报，2004，22(2)：171-176.

[8] 张瑞华，唐华. 新型萃取剂 Cyanex272 在萃取分离稀土中的应用 [J]. 江西有色金属，1998，12(2)：34-37.

[9] 严纯华，吴声，廖春生，等. 稀土分离理论及其实践的新进展 [J]. 无机化学学报，2008，24(8)：1200-1209.

[10] 杨凤丽，邓佐国，徐廷华. 环烷酸萃取钇工艺中存在的问题及优化措施 [J]. 湿法冶金，2005，24(3)：139-142.

[11] 严纯华，廖春生，贾江涛，等. 中钇富铕稀土矿萃取分离流程的经济技术指标比较 [J]. 中国稀土学报，1999，17(3)：256-262.

[12] 韩旗英. 稀土萃取分离技术现状分析 [J]. 湖南有色金属，2010. 26(1)：24-27.

[13] 田君，尹敬群，欧阳克氙. 新型萃取剂 Cyanex272 在稀土溶剂萃取中的研究与应用 [J]. 湿法冶金，1998(4)：39-43.

第四章　离子交换色层法分离稀土元素

离子交换色层法是分离稀土元素制备单一稀土化合物的另一种方法，它是将阳离子交换树脂填充于离子交换柱内，再将待分离的混合稀土流入交换柱，稀土离子和树脂阳离子发生交换而被吸附，再通过淋洗将稀土淋洗下来。由于各稀土元素间的性质极为相似，所以仅仅利用树脂对不同稀土离子选择性的差异、借简单离子吸附、淋洗是不能实现稀土元素的分离，而必须采用配合剂作淋洗剂，并在稀土吸附柱后串联了若干根分离柱，分离柱上有时吸附有其他金属（如铜）的离子，称为延缓离子，稀土的分离主要靠它们及延缓离子与淋洗剂配合能力的差异进行分离。随着淋洗过程的进行，稀土吸附带中的稀土离子在吸附柱与分离柱中反复发生吸附-解吸过程，与淋洗剂配合成更稳定的离子逐渐富集于带前，而配合稳定性稍差的离子则富集于带后。稀土离子都有一定的颜色，在分离柱上会形成若干色带，故称之为离子交换色层法。

离子交换法的优点是一次操作可以将多个元素加以分离。而且还能得到高纯度的产品。这种方法的缺点是不能连续处理，一次操作周期花费时间长，还有树脂的再生、交换等所耗成本高，因此，这种曾经是分离大量稀土的主要方法已从主流分离方法上退下来，而被溶剂萃取法取代。但由于离子交换色层法具有获得高纯度单一稀土产品的突出特点，目前，为制取超高纯单一稀土产品以及一些重稀土元素的分离，还需用离子交换色层法分离制取。

第一节　离子交换色层法的基本概念

一、离子交换树脂

（一）树脂的结构和种类

离子交换树脂是一种高分子化合物，包括高分子部分（主干）、官能团部分（活性离子基团）、交联剂（分子键连接起来）三部分。根据官能团不同可分为阳离子交换树脂和阴离子交换树脂，此外，还有两性树脂，大孔树脂，螯合树脂等。它是一种球形、半透明，在交换过程可能发生颜色变化，且具有一定的膨胀性（溶胀性），因其中有毛细孔，吸水后溶胀。

在盐酸和硝酸盐溶液中，由于稀土一般是以阳离子形态存在，故采用阳离子交换树脂进行稀土分离，其中以聚苯乙烯磺酸型强酸性阳离子交换树脂最为常用，例如我国 732 型（强酸 1×7）树脂。

（二）树脂在交换柱中的密度

表观密度（湿视密度）是指树脂在交换柱中的装填密度，即交换柱中每单位体积所含树脂质量，以 D_a 表示；真密度（湿真密度）是指树脂本身密度，以 D_w 表示：

$$D_{\mathrm{a}} = (0.6 \sim 0.9 \mathrm{g/mL}) \frac{\text{膨胀后树脂质量} S}{\text{树脂在水中表现的体积} V}$$

$$D_{\mathrm{w}} = (1.04 \sim 1.3 \mathrm{g/mL}) \frac{\text{膨胀后树脂质量} S}{\text{树脂所排开水的体积} V}$$

（三）交联度

具有网状结构树脂所交联的程度，如聚苯乙烯中二乙烯苯为交联剂，则交联度为乙烯苯分子/(苯乙烯+二乙烯分子)×100%。交联度越大，树脂的网眼越小，对大离子阻力越大，膨胀性小，交换反应选择性好。

（四）交换容量

操作交换容量是树脂穿透时所吸附的稀土离子量；总交换容量是单位体积离子交换树脂中活性基团的数目，决定离子交换能力的大小，这种能吸附稀土总量的能力称为总交换容量。图 4.1 所示为操作交换容量和总交换容量示意图。

某些国产阳离子交换树脂主要规格性能见表 4.1，国内外常用阳离子交换树脂牌号对照见表 4.2，树脂的交联度对某些阳离子的选择系数的影响见表 4.3。

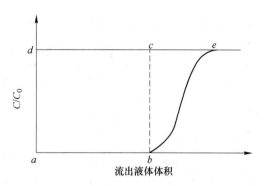

图 4.1　稀土的吸附（流出）曲线示意图
abcd—操作交换容量；*abed*—总交换容量

表 4.1　国内阳离子交换树脂主要规格性能

产品型号	产品名称	外观	全交换容量 毫克当量/g	机械强度 /%	溶胀率	粒度	湿真密度 /g·mL⁻¹	湿视密度 /g·mL⁻¹
强酸1号 (001×7)	强酸苯乙烯系阳离子交换树脂	淡黄色透明颗粒	不小于4.5	长期使用磨损极微	1.8~2.2	0.3~ 1.2mm	大于1.4	0.76~0.8
强酸010号 (001×7)	强酸苯乙烯系阳离子交换树脂	黄棕或金黄色透明球状颗粒	4~5	长期使用磨损极微	1.8~2.2	0.3~ 1.2mm	大于1.4	0.76~0.8
732号 (001×7)	强酸苯乙烯系阳离子交换树脂	淡黄色褐色球状颗粒	不小于4.5	—	在水溶液中22.5	1.125~ 0.335mm (16~50目) 占95%以上	1.24~ 1.29	0.75~ 0.85
724号 (112×1)	弱酸丙烯酸系阳离子交换树脂	乳白色球状颗粒	不小于9	—	$H^+ \rightarrow Na^+$ 150~190	0.9~ 0.335mm (20~50目) 占80%以上	—	—

表 4.2   国内常用阳离子交换树脂符号与国外牌号对照

名　称	国内牌号	国外牌号	国别
强酸苯乙烯系阳离子交换树脂 R-SO$_3$H	732 号	Dowex-50，Amberlite IR-120	美国
		Zerolit 225	英国
		Duolite C-20	法国
		Wofatit KPS-200	德国
弱酸丙烯酸系阳离子交换树脂 R-COOH	724 号	Amberlite IRC-50	美国
		Zorolite 226	英国
		Duolite CS-101	法国
		Wofatit CP-300	德国
		Diaion WK10	日本

表 4.3   阳离子交换的选择系数树脂 Dowex50，x%（x 为交联度）

金属离子	选择系数			金属离子	选择系数		
	$x=4$	$x=8$	$x=16$		$x=4$	$x=8$	$x=16$
Li$^+$	1.00	1.00	1.00	Cu$^+$	3.29	3.85	4.46
H$^+$	1.32	1.27	1.47	Cd^{2+}	3.37	3.88	4.95
Na$^+$	1.58	1.98	2.37	Ni^{2+}	3.45	3.93	4.06
NH$_4$$^+$	1.90	2.55	3.34	Be^{2+}	3.43	3.99	6.23
K$^+$	2.27	2.90	4.50	Mn^{2+}	3.42	4.09	4.91
Rb$^+$	2.46	3.16	4.62	Ca^{2+}	4.16	5.16	7.27
Cs$^+$	2.67	3.25	4.66	Sr^{2+}	4.70	6.51	10.1
Ag$^+$	4.73	8.51	22.99	Ba^{2+}	4.47	11.5	20.8
Tl$^+$	6.71	12.4	28.5	Pb^{2+}	6.56	9.91	18.0
UO$_2$$^{2+}$	2.36	2.45	3.34	Cr^{3+}	6.6	7.5	10.5
Mg^{2+}	2.95	3.29	3.51	La^{3+}	7.6	10.7	17.0
Zn^{2+}	3.13	3.47	3.78	Ce^{3+}	7.5	10.6	17.0
Co^{2+}	3.23	3.74	3.81				

二、描述离子交换平衡的几个重要参数

（一）选择系数

A 型的离子交换树脂和溶液中的 B 离子的交换反应，可表示为下列形式：

$$\overline{RA} + B \Longleftrightarrow \overline{RB} + A \tag{4.1}$$

当达到平衡时，如果树脂上的 B 浓度与 A 浓度之比，比它们在溶液中的比例大，就说明树脂对 B 离子的选择性比 A 大。

为了定量的说明交换树脂对某种离子的选择性，引入选择性系数的概念。交换反应达到平衡时，有：

$$K_A^B = \frac{[\overline{RB}][A]}{[\overline{RA}][B]} \qquad (4.2)$$

式中　K_A^B——A 型树脂对 B 的选择系数；

　　　$[\overline{RB}]$——B 在树脂上的浓度；

　　　$[\overline{RA}]$——A 在树脂上的浓度；

　　　$[A]$——A 在溶液里的浓度；

　　　$[B]$——B 在溶液里的浓度。

式（4.2）中的 K_A^B 是以浓度标准表示式（4.1）的平衡常数。随着 K_A^B 的增大，式（4.1）反应更易向右进行，当 $K_A^B \gg 1$ 时，就是 A 型树脂对 B 离子的选择性高；$K_A^B < 1$，则对 B 离子的选择性小；$K_A^B = 1$，则选择性相同，此时 A、B 两种离子交换无法用树脂分开。由于 K_A^B 能定性的表示出离子交换的选择性，故把 K_A^B 称为选择系数。通常情况下有：

（1）当 A、B 离子均为三价离子时，交换反应为：

$$\overline{RA} + B \Longrightarrow \overline{RB} + A$$

K_A^B 的表达式与式（4.3）相同。

（2）当 A 为一价离子，B 为三价离子时，即交换反应为：

$$3\,\overline{RA} + B^{3+} \Longrightarrow \overline{R_3B} + 3A^+$$

此时

$$K_A^B = \frac{[\overline{R_3B}]\,[A^+]^3}{[\overline{RA}]\,[B^{3+}]} \qquad (4.3)$$

（3）当 A 为二价离子，B 为三价离子时，交换反应为：

$$3\,\overline{R_2A} + 2B^{3+} \Longrightarrow 2\,\overline{R_3B} + 3A^{2+}$$

$$K_A^B = \frac{[\overline{R_3B}]^2[A^{2+}]^3}{[\overline{R_2A}]^3[B^{3+}]^2} \qquad (4.4)$$

稀土分离主要使用强酸性阳离子交换树脂，它们在静态常温下的稀溶液（0.1mol/L 以下）中对稀土离子的选择性系数有如下规律：

（1）常温下稀土对树脂的亲和力随稀土离子价数增加而增加：

$$Tb^{4+} > RE^{3+} > Cu^{2+} > H^+$$

（2）离子价数相同时，同价离子的原子序数越大，则树脂对其亲和力越大；如：

$$_{13}Al^{3+} < {}_{26}Fe^{3+} < {}_{27}Co^{2+} < {}_{28}Ni < {}_{57}La^{3+}$$

离子水合半径越小，则树脂对它的选择性越大，故对三价稀土离子而言，随着原子序数的增大，树脂对稀土选择性降低。这是因为随原子序数的增大，其离子水合半径反而增大，造成选择性降低，一般来说有如下的选择性排序：

$$La^{3+} > Ce^{3+} > Pr^{3+} > Nd^{3+} > Sm^{3+} > Eu^{3+} > Gd^{3+} > Tb^{3+} > Dy^{3+} > Ho^{3+} >$$
$$Y^{3+} > Er^{3+} > Tm^{3+} > Yb^{3+} > Lu^{3+}$$

（3）离子与溶液中电荷相反的离子或络合剂形成络合物作用越强，对树脂亲和力越小。

（4）树脂的交联度对选择性有重要影响。交联度越大，树脂对不同离子之间的选择性也越大；交联度越小，这种选择性的差别也越小。

（5）溶液中酸的浓度显然对树脂的选择性也有影响，由式（4.3）可见，如一价离子为 H^+，则溶液酸度越高，反应平衡向左移动，氢型树脂对金属离子的选择性下降。

选择性系数 K_A^B 又称之为分配系数或交换势。它是描述交换反应平衡的量度，不要与溶剂萃取中分配比的概念相混淆。

（二）分配比 D

在离子交换达到平衡时，进入树脂中的稀土浓度与未交换留在水相中稀土浓度的比值，称为分配比：

$$D = \overline{[RE]}/[RE]$$

式中，$\overline{[RE]}$ 由 $\overline{R_3RE}$ 缩写，表示树脂中的稀土浓度，$\overline{[H]}$ 由 $\overline{RH}$ 缩写，以下缩写方式相同。当用磺酸型树脂与稀土交换时：

$$3\,\overline{RH} + RE^{3+} \rightleftharpoons \overline{R_3RE} + 3AH^+$$

代入式（4.3）得：

$$K_{\frac{RE}{n}-H} = D^{\frac{1}{n}} \cdot \frac{\overline{[H]}}{[H]} \qquad (n=3)$$

即：

$$D = \left(K_{\frac{RE}{n}-H} \cdot \frac{[H]}{\overline{[H]}}\right)^n$$

所以，K 越大，D 越大，同样 pH 值影响交换时稀土的分配比。

（三）分离系数 β

$$\beta_{A/B} = D_A/D_B = \frac{\overline{[A]}}{[A]} \Big/ \frac{\overline{[B]}}{[B]} = \frac{\overline{[A]}}{\overline{[B]}} \Big/ \frac{[A]}{[B]} \qquad (4.5)$$

当 $\beta_{A/B} = 1$ 时，即 $\overline{[A]}/\overline{[B]} = [A]/[B]$ 时，则无分离作用，$\beta_{A/B}$ 与 1 相差越大，分离效果越好。

如果以 $D_A = K_{\frac{A}{n_1}-H} \cdot \frac{\overline{[H]}}{[H]}$ 代入上式，则：

$$\beta_{A/B} = \frac{D_A}{D_B} = \frac{\left(K_{\frac{A}{n_1}-H} \cdot \frac{\overline{H}}{H}\right)^{n_1}}{\left(K_{\frac{B}{n_2}-H} \cdot \frac{\overline{H}}{H}\right)^{n_2}} \quad (n_1, n_2 \text{ 为 A、B 离子价数})$$

（1）当 $n_1 = n_2 = 1$ 时，$\beta_{A/B} = K_{A-H}/K_{B-H} = K_{A-B}$，即同一价离子的分离系数等于它们的选择系数；

（2）当 $n_1 = n_2 = n$ 时，$\beta_{A/B} = (K_{A-H}/K_{B-H} = K_{A-B})^n$。

由于稀土离子电荷数相同，半径接近，各稀土间的 K_{RE-H} 接近，则 $\beta_{A/B}$ 接近等于 1，因此仅靠树脂吸附作用的差异是不可能将稀土元素有效分离，还必须依据络合剂淋洗过程来进行分离。

第二节　离子交换色层法分离稀土的基本原理

离子交换过程通常包括吸附、淋洗两个过程，由于酸度对吸附过程的影响，在吸附前，还要对树脂进行转型处理。

一、稀土元素在树脂上的吸附

（一）树脂的选择及转型

因稀土为阳离子，故选用阳离子交换树脂，如 732 苯乙烯磺酸性阳离子交换树脂（$\overline{R\text{-}SO_3H}$），由于 H^+ 对交换的影响较大，故在吸附之前需要将 $\overline{R\text{-}SO_3H}$ 转型成铵型树脂 $\overline{R\text{-}SO_3NH_4}$。

转型反应：

$$\overline{R\text{-}SO_3H} + NH_4OH \Longrightarrow \overline{R\text{-}SO_3NH_4} + H_2O$$

（二）吸附交换

吸附是树脂交换基团 NH^{4+} 和 RE^{3+} 发生交换反应，以 Pr^{3+}、Nd^{3+} 吸附为例：

$$\overline{NH_4} + Pr^{3+} \Longrightarrow \overline{Pr} + NH_4^+$$

$$\overline{NH_4} + Nd^{3+} \Longrightarrow \overline{Nd} + NH_4^+$$

由于水合稀土离子半径从 La→Lu 的增加，故对树脂的亲和力减少，即：原子序数小的稀土优先吸附，继续流入混合稀土时，原子序数小的离子将置换已吸附在树脂上的原子序数大的离子，由于 β 约为 1，因此在吸附柱上层原子序数小的离子多些。离子交换的吸附过程只是对稀土起负载作用，分离还需淋洗过程。

二、稀土元素的淋洗分离

对稀土元素分离而言，仍以 Pr-Nd 稀土分离为例，由于树脂对 Pr 的选择性高于对 Nd 的选择性，即 Pr 相当于 B，Nd 相当于 A，$\beta_{Pr/Nd} > 1$。但这种选择性的差别是很小的，即 $\beta_{Pr/Nd}$ 与 1 的差值不大，难以用吸附法分离，还必须用配合淋洗才能实现分离，即通过添加一种与稀土结合能力更强的配合剂来淋洗分离。

吸附于离子交换柱中的稀土离子通过配合淋洗剂进行淋洗使稀土解吸下来，为了更好地淋洗稀土，通常采用配合淋洗剂，使稀土和络合淋洗剂生成配合离子，使稀土离子解吸，同时，利用 RE 配合物稳定性的差异，使各稀土元素之间易于分离。

稀土元素的配合物的稳定常数的大小与原子序数大小有正序关系，即原子序数越大，配合物越稳定，这与树脂对稀土离子吸附能力大小的规律有完全相反的关系。

以 EDTA 淋洗分离 Pr、Nd 为例，EDTA 即乙二胺四乙酸（H4L），通常采用 EDTA 铵盐溶液（NH_4）$_3$HL 作淋洗剂，淋洗时，EDTA 与溶液中 RE^{3+} 形成稳定的配合物，且从 La 至 Lu 增加。淋洗时，存在两种力的作用，即树脂的吸附作用（倒序规律）和配合剂的解吸作用（正序规律），REL^- 很稳定，配合作用远大于吸附作用。同时存在 RE（Z）与 RE（Z+1）交换。稀土的配合反应：

$$RE^{3+} + HL^{3-} \Longrightarrow REL^- + H^+$$

配合反应平衡常数：

$$K_{REL} = \frac{[REL^-][H^+]}{[RE^{3+}][HL^{3-}]}$$

对于 Pr、Nd 分别为：

$$K_{PrL} = \frac{[PrL^-][H^+]}{[Pr^{3+}][HL^{3-}]}; \quad K_{NdL} = \frac{[NdL^-][H^+]}{[Nd^{3+}][HL^{3-}]}$$

由此可得出

$$\frac{[PrL^-]}{[Pr^{3+}]} = K_{PrL} \frac{[HL^{3-}]}{[H^+]}; \quad \frac{[NdL^-]}{[Nd^{3+}]} = K_{NdL} \frac{[HL^{3-}]}{[H^+]} \tag{4.6}$$

由于 EDTA 与稀土的配合能力较强，故吸附在柱中稀土的配合淋洗反应是：

$$\overline{RE} + 3NH_4^+ + HL^{3-} \Longrightarrow 3\overline{NH_4} + REL^- + H^+$$

对于 Pr 有：

$$\overline{Pr} + 3NH_4^+ + HL^{3-} \Longrightarrow 3\overline{NH_4} + PrL^- + H^+$$

对于 Nd 有：

$$\overline{Nd} + 3NH_4^+ + HL^{3-} \Longrightarrow 3\overline{NH_4} + NdL^- + H^+$$

并且发生：

$$\overline{Nd} + PrL^- \Longrightarrow NdL^- + \overline{Pr}$$

因此，水相中稀土浓度为 $[RE^{3+}] + [REL^-]$，即溶液中 Pr 与 Nd 离子的总浓度分别等于：

$$[Pr]_{总} = [Pr] + [PrL^-], \quad [Nd]_{总} = [Nd] + [NdL^-]$$

则 Pr、Nd 的分配比为：

$$D_{Pr} = \frac{\overline{Pr}}{[Pr^{3+}] + [PrL^-]}$$

$$D_{Nd} = \frac{\overline{Nd}}{[Nd^{3+}] + [NdL^-]}$$

为方便起见，均省略了离子电荷。在有络合剂存在时，Pr、Nd 的分离系数 $\beta_{Pr/Nd}$ 为：

$$\beta_{Pr/Nd} = \frac{\overline{[Pr]}([Nd^{3+}] + [NdL^-])}{\overline{[Nd]}([Pr^{3+}] + [PrL^-])} = \frac{\overline{[Pr]}[Nd^{3+}](1 + \frac{[NdL^-]}{[Nd^{3+}]})}{\overline{[Nd]}[Pr^{3+}](1 + \frac{[PrL^-]}{[Pr^{3+}]})}$$

将式 (4.6) 代入上式：

$$\beta_{Pr/Nd} = \frac{\overline{[Pr]}([Nd^{3+}] + [NdL^-])}{\overline{[Nd]}([Pr^{3+}] + [PrL^-])} = \frac{\overline{[Pr]}[Nd^{3+}](1 + K_{NdL}\frac{[HL^{3-}]}{[H^+]})}{\overline{[Nd]}[Pr^{3+}](1 + K_{PrL}\frac{[HL^{3-}]}{[H^+]})}$$

由于 $K_{REL} \gg 1$，通常情况下有 $K_{REL}\frac{[HL^{3-}]}{[H^+]} \gg 1$，则：

$$(1 + K_{REL} \frac{\left[HL^{3-}\right]}{\left[H^+\right]}) \approx K_{REL} \frac{\left[HL^{3-}\right]}{\left[H^+\right]}$$

$$\beta_{Pr/Nd} = \frac{\overline{\left[Pr\right]}\left[Nd^{3+}\right]\left(K_{NdL} \frac{\left[HL^{3-}\right]}{\left[H^+\right]}\right)}{\overline{\left[Nd\right]}\left[Pr^{3+}\right]\left(K_{PrL} \frac{\left[HL^{3-}\right]}{\left[H^+\right]}\right)} = \frac{K_{NdL}}{K_{PrL}} \times \beta_{0Pr/Nd} \tag{4.7}$$

式中，β_0 为无络合剂时的分离系数。

对于原子序数为 Z 及 $Z+1$ 的稀土离子对而言，有：

$$\beta_{Z/Z+1} = \frac{K_{RE(Z+1)}}{K_{RE(Z)}L} \times \beta_{0Z/Z+1} \tag{4.8}$$

各稀土元素离子对被强酸性阳离子交换树脂分离时的分离系数 $\beta_{Z+1/Z}$ 见表 4.4。

表 4.4　稀土元素离子对的分离系数 $\beta_{Z+1/Z}$

离子对	La-Ce	Ce-Pr	Pr-Nd	Nd-Sm	Sm-Eu	Eu-Gd	Gd-Yb
$\beta_{Z+1/Z}$	1.025	1.140	1.027	1.153	1.016	1.183	1.003

离子对	Yb-Dy	Dy-Ho	Ho-Er	Er-Tm	Tm-Yb	Yb-Lu
$\beta_{Z+1/Z}$	1.156	1.053	1.018	1.005	1.004	1.072

如以摩尔分数表示浓度，且设溶液中原子序数为 $Z+1$ 的稀土元素的摩尔分数为 N，则原子序数为 Z 的稀土元素的摩尔分数为 $1-N$，相应地它们在树脂上的摩尔分数分别为 N_0 及 $1-N_0$，则式（4.5）可表示为：

$$\beta_{Z/Z+1} = \frac{N/(1-N)}{N_0/(1-N_0)} \quad \text{或} \quad \frac{N}{1-N} = \beta_{Z/Z+1} \frac{N_0}{1-N_0} \tag{4.9}$$

三、延缓离子

稀土吸附于吸附柱后，仅靠配合淋洗剂解吸是不能将各稀土元素分离开来，必须在吸附柱后串联若干根分离柱，同时分离柱上吸附有其他金属（如铜）的离子，使稀土元素能够在分离柱上进行多次交换而相互分离，这种金属离子称为延缓离子。凡是与配合淋洗剂（以 EDTA 为例）形成的配合物的稳定性比稀土-EDTA 配合物的稳定性大的阳离子都可作三价稀土离子的延缓离子，如 Cu^{2+}，Ni^{2+}，Pb^{2+}，Zn^{2+} 和 Fe^{3+} 等。它们与 EDTA 形成的配合物稳定常数见表 4.5。从延缓能力和延缓离子颜色考虑，二价铜离子和三价铁离子最为恰当，且三价铁离子的延缓能力最强，但由于铁作延缓离子时，允许的溶液 pH 值范围窄，当溶液的 pH 不小于 3 时，铁水解生成 $Fe(OH)_3$ 沉淀，pH 不大于 1 时，EDTA 又会结晶析出，操作条件不易控制，故铁用得很少，所以工业上实际主要用 Cu^{2+} 作延缓离子。

表 4.5　一些常见金属离子与 EDTA 的配合的稳定常数

离子	Cu^{2+}	Ni^{2+}	Zn^{2+}	Pb^{2+}	Fe^{3+}
$lgK_{配}$	18.86	18.45	16.58	18.20	25.10

实际上生产中并不将分离柱和树脂全部转为铜型，而是转为 Cu^{2+}—H^+ 型，这是由于全用 Cu^{2+} 型树脂，会发生下列反应：

$$3\,\overline{Cu} + 2NH_4[REL] \Longrightarrow 2\,\overline{RE} + (NH_4)_2[CuL] + Cu[CuL]\downarrow$$

生成的 Cu[CuL] 为蓝色沉淀，会阻塞柱子。为此，必须在配合物外界用 H^+ 代替 Cu^{2+}，形成溶解度大的 $H_2[CuL]$。一方面，采用 Cu—H 型混合树脂，这样既可利用 Cu^{2+} 的延缓作用，又可形成溶解度大的 $H_2[CuL]$。另一方面，也不能全部采用 H^+ 型树脂，其原因除了 H^+ 的延缓能力较差外，随着淋洗过程的进行，溶液中 H^+ 逐渐增多，使 pH 值下降，当 pH 值不大于 1 时，EDTA 会结晶析出。同样会堵塞柱子，破坏操作。

由于树脂为 Cu—H 型混合树脂，从吸附柱底部流出的溶液经分离柱时，发生如下交换反应：

$$2\,\overline{Cu} + 2\,\overline{H} + 2(NH_4)[REL] \Longrightarrow 2\,\overline{RE} + (NH_4)_2[CuL] + H_2[CuL]$$

$$\overline{Cu} + \overline{H} + H[REL] \Longrightarrow \overline{RE} + H_2[CuL]$$

又由于 $[CuL]^{2-}$ 比 $[REL]^-$ 稳定，上述反应强烈地向右进行。同时由于 RE^{3+} 对树脂的亲和力大于 Cu^{2+}，结果溶液中的稀土离子被树脂上的 Cu^{2+} 所取代，RE^{3+} 重新又被吸附到树脂上。换句话说，即 RE^{3+} 被阻留在 Cu^{2+}—H^+ 带上。随着淋洗过程的进行，这一吸附、解吸过程不断重复进行，使原子序数大的稀土离子如 Nd 越来越跑在稀土的前面，而原子序数较小的稀土离子对 Pr 越来越留在稀土带后，达到 Pr 与 Nd 的分离目的。Cu 离子对稀土离子的阻留作用的实质在于帮助增加吸附、解吸附次数，不让 $[REL]^-$ 很快通过分离柱。因此，便有"延缓离子"或"阻留离子"之称。离子交换色层分离稀土的示意图如图 4.2 所示。

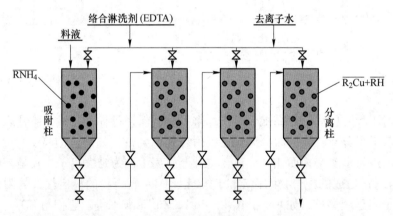

图 4.2　离子交换色层分离稀土的示意图

第三节　离子交换色层法分离稀土实践

一、离子交换色层分离稀土过程及操作

离子交换色层分离稀土操作包括装柱、树脂转型、吸附、吸附柱上淋洗等。

（一）装柱

装柱前首先将树脂以纯水浸泡 24h，使其充分膨胀，然后用与树脂同体积的 2mol/L 盐酸浸泡 24h，并加以搅拌，使树脂由出厂时的 Na^+ 型转为 H^+ 型树脂，同时除去溶解于酸中的杂质，最后用纯水清洗至 pH 值为 3~4。将粒度为 0.196~0.105mm 的强酸阳离子交换树脂填充在离子交换柱中，交换柱的长径比一般为 10 左右，填充率为 90%。树脂间不能分层，不能有气泡，让其自然沉降，再以纯水清洗至 pH 值为 5 左右。

（二）树脂转型

吸附柱采用 0.5mol/L HN_4OH 溶液将树脂转为 NH_4^+ 型，溶液线速度控制在 0.5cm/min，流出液的 pH 值为 8 后，用纯水将树脂床洗至中性。而分离柱一般各采用 0.5mol/L 的 $CuSO_4$ 和 H_2SO_4 组成的 Cu-H 溶液将树脂转为 Cu^{2+}-H^+ 型，转型后用纯水洗涤，直至用 $BaCl_2$ 溶液检查无 SO_4^{2-} 为止。

柱中的树脂使用到一定生产周期后，则应进行再生处理，通常再生作业在柱中进行。再生液为体积相当于树脂体积的 2~3 倍的盐酸，其浓度为 1mol/L。当从柱底流出溶液的酸度等于再生液的酸度时，再生即可结束。然后将树脂反冲进行返洗，使树脂床疏松。返洗后，用纯水洗去多余的酸至 pH 值为 5 即可再用。当树脂床太脏，树脂中 EDTA 结晶严重，有非稀土元素 Ca^{2+} 离子存在时，就必须将全部卸出来处理。

（三）吸附

即稀土离子自上而下逐渐吸附于树脂上。为使反应尽量接近平衡，溶液流速必须要小。在吸附进行过程中，柱上的稀土离子与铵离子的分布情况如图 4.3 (a) 所示。最上面的一层树脂 I 完全为 RE^{3+} 所饱和，下面的树脂层 III 仍为铵型树脂，中间部分 II 为正在发生交换反应的交换层（或称交换带），在交换层的树脂上自上而下吸附的 RE^{3+} 逐渐减少。处于交换层的某一处溶液中 RE^{3+} 的浓度，则它与料液中 RE^{3+} 浓度 C_0 之比（C/C_0）与交换层高度的关系如图 4.3 (b) 所示。随着稀土料液不断向下流动，交换层也将不断向下移动，但从吸附柱底流出的溶液中 RE^{3+} 的浓度一直为零；当交换层移到柱底时，则流出液中开始有 RE^{3+} 出现，称为到达漏穿点；随后流出液中 RE^{3+} 浓度迅速增大，一直达到原来的浓度 C_0。控制吸附线速度 0.5cm/min，

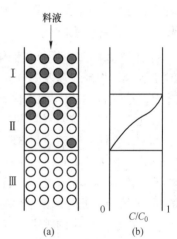

图 4.3　吸附柱内吸附过程示意图
● 已吸附 RE^{3+} 的树脂
○ 未吸附 RE^{3+} 的树脂

使吸附料液流经吸附柱，用草酸溶液检查流出液有稀土离子时，即可停止吸附。用纯水洗去柱内多余的稀土离子以回收其中的稀土，直至以 1% $AgNO_3$ 溶液检查流出液中无 Cl^- 时为止。

尽管树脂对稀土离子的吸附有"倒序"现象。但由于选择性系数的差别很小，故在吸附柱上的分离程度小，吸附柱的过程主要起负载作用。此后将吸附柱与分离柱串联起来，开始淋洗过程。

（四）吸附柱上淋洗

以 EDTA 作淋洗剂为例，一般使用它的铵盐溶液，当 pH 值为 7.5~8.5，此时其化学式为 $(NH_4)_3HL$。流入吸附柱的淋洗剂与吸附了稀土的树脂发生交换反应：

$$\overline{RE} + (NHL_4)_3HL \Longrightarrow 3\overline{NH_4} + H^+ + [REL]^-$$

$$\overline{RE} + (NHL_4)_3HL \Longrightarrow 2\overline{NH_4} + H^+ + NH_4^+ + [REL]^-$$

淋洗过程中，吸附柱中的稀土离子受到两方面的影响，一是树脂对它的吸附作用，二是配合剂对它的作用。前者企图使 RE^{3+} 吸附到树脂上，后者企图使 RE^{3+} 进入溶液。但由于树脂对稀土离子的亲和力遵循"倒序"规律，而配合作用却遵循"正序"规律，因此，稀土离子元素间可发生解吸与吸附的交换作用。以分离 Pr 与 Nd 为例，此时发生交换反应：

$$[PrL]^- + \overline{Nd} \Longrightarrow [NdL]^- + \overline{Pr}$$

即从柱上部被淋洗下的原子序数较小的 Pr 离子，到柱下部又与树脂上的原子序数较大的 Nd 离子发生交换反应，使 Nd 进入溶液，此时 Pr 却留在树脂上。随着淋洗过程的不断进行，不断发生上述反应，从而使稀土元素在吸附带中的分布情况发生变化。原子序数较小的 Pr 相对富集于带后，而原子序数较大的 Nd 相对富集于带前。由于它们原先在吸附柱中的分布杂乱无章，且 $[REL]^-$ 很稳定，树脂对 RE^{3+} 的吸附作用又大大小于配合作用，因此通过吸柱中的淋洗过程只能达到初步分离的目的。

（五）分离柱上淋洗

将饱和 RE^{3+} 的吸附柱与吸附 Cu^{2+}-H^+ 的第一根分离柱串联，使 EDTA 溶液从稀土吸附柱顶部进入，控制线速度为 0.8cm/min。当第一根分离柱 Cu^{2+} 带尚留 10cm 时，即可接第二根分离柱进行淋洗，第二根分离柱 Cu^{2+} 带留 10cm 时，再串第三根分离柱，如此类推。一般柱比为 1:(1~4)。操作时，不要过早地接上分离柱，否则将会产生 Cu(CuEDTA) 结晶，堵塞交换床和管道。当 RE^{3+} 色带抵达最后一根分离柱的下部而即将开始收集稀土产品时，流速可加大到 1cm/min，直到淋洗结束。

当溶液由分离柱流出时，开始是 EDTA-Cu 溶液，继而是 EDTA-Cu-RE 溶液，最后是 EDTA-RE 溶液，此时，原子序数大的稀土离子先流出。当分离柱足够长时，稀土离子便按原子序数由大到小的顺序陆续流出，从而得到含单一稀土离子的纯溶液。如果以流出的体积（或流出时间）为横坐标，流出液中稀土离子浓度 C（或 C/C_0，此外 C_0 是料液中该稀土离子的浓度）为纵坐标作图，则可得到淋洗曲线或洗脱曲线。如图 4.4 所示的淋洗曲线。

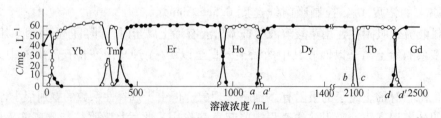

图 4.4　Tb-Dy 分离淋洗曲线图

显然，交叉段的流出液的体积越小，表明分离柱上离子重叠区越短，即分离效果越好，收率也越高。

不同的淋洗剂，对分离效果起着不同的重要作用，一种好的淋洗剂，应具备下列条件：

（1）所生成的稀土配合物应有足够的稳定性，以便能将稀土离子从树脂上解吸下来，并且有一个清晰的分界。

（2）与各稀土元素生成的配合物的稳定常数，有较大的差别。

（3）配合剂及其生成的配合物，在常温下的水中应有一定的溶解度，它们的溶解度越大，可采用的淋洗剂的浓度也越大。

（4）价廉易得。

（5）易于回收和循环使用。

根据上述条件，较常用于稀土元素分离的淋洗剂有下列几种：氨三乙酸（NTA）、乙二胺四乙酸（EDTA），羟乙基乙二胺乙酸（HEDTA），醋酸铵（NH_4AC）、环己烷二胺四乙酸（DCTA）、二乙基三胺五乙酸（DTPA）等。它们与三价稀土离子形成的配合物稳定常数见表4.6。

表 4.6　稀土元素与各配合剂形成配合物的稳定常数（$lgK_{配}$）

稀土三价离子	配　合　剂					
	NTA（25℃）	EDTA（20℃）	HEDTA（25℃）	NH_4A_C（20℃）	DCTA（20℃）	DTPA（25℃）
La	10.36	14.72	13.46	1.56	16.35	19.48
Ce	10.83	15.39	14.11	1.68	17.41	20.50
Pr	11.07	15.75	14.61	1.81	17.23	21.07
Nd	11.26	16.06	14.86	1.90	17.69	21.60
Sm	11.53	16.55	15.28	2.01	18.63	22.34
Eu	11.52	16.69	15.35	~1.94	18.77	22.39
Gd	11.54	16.70	15.22	1.84	18.80	22.46
Tb	11.59	17.25	15.32	—	19.30	22.71
Dy	11.75	17.57	15.30	1.67	19.69	22.82
Ho	11.90	17.67	15.32	1.63	19.89	22.78
Er	12.03	17.98	15.42	1.60	20.20	22.74
Tm	12.22	18.59	15.59	—	20.46	22.72
Yb	12.40	18.68	15.88	1.64	20.80	22.62
Lu	12.49	19.06	15.88	1.90	20.91	22.44
Y	11.48	17.38	14.65	1.97	19.41	22.05

（1）氨三乙酸（NTA）：是四合配合体，常用 H_3X 表示，与稀土元素形成后配合物的稳定常数之间的差较低，分离系数较小，特别是重稀土部分，与 EDTA 相比较小，因而被 EDTA 所取代。NTA 能溶于水，难溶于酸性溶液，用它作淋洗剂时，需要用 Ca^{2+} 作延续离子。

（2）乙三胺四乙酸（EDTA）：通常用 H_4Y 代表。微溶于水，不溶于酸，它是一种六合配位体，与稀土离子以 1∶1 的比例配合，它与稀土离子生成的配合物的稳定常数之间的差别较大，能有效地分离稀土元素，因此是目前离子交换法分离稀土最常用的一种淋洗剂。

（3）羟乙基乙二胺乙酸（HEDTA）：稍溶于水，与稀土元素生成的配合物的稳定常数比 EDTA 配合物小，中稀土部分配合物稳定常数差别不大，因此它只能对轻稀土及重稀土起分离作用。HEDTA 的优点是交换速度较快，分离时所使用的柱子相对较少，溶解度比 EDTA 大 10 倍左右，淋洗分离的 pH 值控制不像 EDTA 那样严格，可用 H^+ 作延缓离子。在分离重稀土铥、镱、镥时，以 H^+ 作延缓离子的效果比用 EDTA 淋洗和用 Cu^{2+} 作延缓离子的效果要好。

（4）醋酸胺（NH_4AC）：它与三价稀土离子的配合物的稳定常数比较小，与稀土元素发生逐级配合，稀土离子的流出顺序因溶液的 pH 值、原料组成、配合剂浓度等而有所不同，如有以下几种流出顺序：

1）Eu—Gd—Dy—Tb—Ho—Er—Sm—Yb—Y—Nd—Pr—La；

2）Tb—Dy—Gd—Ho—Sm—Er—Lu—Yb—Tm—Y—Nd—Pr—La；

3）Dy—Eu—Gd—Lu—Er—Sm—Tm—Y—Nd—Pr。

（六）流出液处理

流出液的组成不一，其得理方法也各不相同：

（1）Cu-EFTA 溶液的处理。稀土带前沿抵达最后一根分离柱底部前，淋出液中含有 Cu-EDTA 配合物，必须回收 EDTA 及铜。

水合肼除铜酸化结晶法：Cu-EFTA 淋出液在搪瓷锅中加热到 85~90℃，加入浓的液碱以保持体系 pH 值为 14，然后加入 40% 的水合肼，搅拌保温，直至溶液中无蓝色，即表示 Cu^{2+} 已除净。此时发生下列反应：

$$2CuH_2L + N_2H_4 \cdot H_2O + 4NaOH \longrightarrow 2Cu\downarrow + 2Na_2H_2L + 5H_2O + N_2\uparrow$$

过滤铜粉，滤液酸化到 pH 值为 1~1.2，以结晶回收 EDTA。

石灰除铜酸化结晶法：将 Cu-EDTA 淋出液加热至沸腾，在不断搅拌下，加入工业石灰粉，控制 pH 不小于 10，取样观察无 Cu^{2+} 为止。此时发生下列反应：

$$H_2(CuL) + 2Ca(OH)_2 === Ca(CaL) + Cu(OH)_2\downarrow + 2H_2O$$
$$Cu(CuL) + 2Ca(OH)_2 === Ca(CaL) + 2Cu(OH)_2\downarrow$$

澄清过滤，滤液用盐酸调至 pH 值为 1~1.2，在强烈搅拌下使 EDTA 结晶析出。

（2）RE-Cu-EDTA 流出液的处理。在此种溶液中加入适量锌粉还原 Cu^{2+}，在搅拌下使溶液由蓝色变成无色。过滤该溶液，滤液用盐酸酸化到 pH 值为 1~1.2，并强烈搅拌使 EDTA 结晶析出，静置过滤后，往滤液中加草酸，以沉淀回收稀土。

（3）RE-EDTA 溶液的处理。当淋出液中 Cu^{2+} 消失后，流出液为 RE-DETA 配合物，按一定体积分别接收。往各份溶液中加入浓盐酸，调 pH 值为 1~1.2，反复搅拌，使 EDTA 析出。静置过滤，用纯水多次洗涤固体 EDTA，以减小稀土损失。向滤液中加入饱和热草酸溶液沉淀稀土。澄清后，用草酸溶液检查稀土是否沉淀完全，否则需补加草酸溶液。稀土沉淀完全后，先抽出上清液，然后立即过滤，边过滤边用热水洗涤，以减小产品中氯离子含量。草酸稀土置于坩埚，在 200℃ 下保温 0.5h，烘干后再升温到 850℃ 下灼烧，并保温 0.5~1h，即得到氧化稀土。

二、稀土元素离子交换色层分离的影响因素

正确控制淋洗分离的工艺过程是实现良好分离的关键。淋洗剂溶液的 pH 值、淋洗剂溶液等是影响淋洗分离的因素。

（一）淋洗剂溶液的 pH 值

在 pH 值为 4~11 范围内，稀土离子与 EDTA 形成 1：1 的 REL$^-$ 型配合物，其生成反应为：

$$RE^{3+} + HL^{3-} \Longrightarrow H^+ + REL^-$$

因而当 pH 值下降时，即［H$^+$］浓度增加，反应向左移动，稀土配合物的稳定性下降，从树脂上淋洗下来的稀土离子 RE^{3+} 又会重新被吸附到树脂上。一般情况下，这种影响对稳定小的稀土配合阴离子更显著。因此原子序数越小的稀土离子，随着 pH 值的降低，其配合阴离子就越不稳定，它就越容易留在树脂上；而原子序数大的稀土离子，相对而言越易从树脂上淋洗下来。因此降低溶液的 pH 值有利于两种稀土离子的分离。特别是对于原子序数较大的稀土离子的分离，更应采取较低的 pH 值。

但 pH 值过低，会促使两相邻稀土离子都容易吸附到树脂上，反而会降低分离效果。其次采用较低的 pH 值时，与稀土离子配合的 EDTA 减少，游离的 HL^{3-} 量增加，从而降低了 EDTA 的有效利用率，每升淋洗出的稀土离子含量降低，故需增加 EDTA 的耗量。同时会延长淋洗所需的时间，使生产率降低，并使流出的稀土浓度降低，此外 pH 值过低，容易引起 EDTA 或 RE・EDTA・2H$_2$O 或 Cu[CuL] 的结晶析出，给操作造成困难。而 pH 值过高，会使两相邻稀土离子都容易从树脂上解吸下来，使分离效果变差，甚至会使稀土沉淀析出。

（二）淋洗剂溶液

淋洗过程采用较高浓度的 EDTA，则淋洗剂的体积可小一些，所需的淋洗时间短，流出液中稀土含量也高，有利于提高产量和缩短生产周期。但 EDTA 浓度过高时，淋洗液中 H[REL] 浓度高，容易出现 H[REL]・nH$_2$O 和 Cu[CuL] 结晶沉淀，从而使淋洗操作不能正常进行，另外，当［L^{4-}］浓度过高时，淋洗下来的离子多，竞争配合作用弱，离子吸附沿柱的移动速度大，分离效果降低，将得不到纯稀土或使纯稀土的实收率下降。

（三）淋洗剂流速

淋洗速度慢，使待分离离子尽可能扩散到树脂颗粒内部，交换反应趋于完全，洗出曲线的宽度也相应变小，二相邻元素的重叠区变窄，能提高纯稀土的实收率和分离效果。但淋洗速度太慢，可能会发生稀土色带之间的离子扩散，反应降低分离效果，又延长了生产周期。

如果采用太快的淋洗速度，则离子吸附带移动快，稀土离子在树脂上吸附—解吸的次数少，分离效果差。但较快的淋洗剂流速可减少沉淀生成的影响。

（四）树脂的性质

由于淋洗分离时，淋洗液的 pH 值变化很大（pH 值由 7.5~8.5 变化到 1.5 左右），对于这种变化较大的阳离子交换过程，只能采用强酸性阳离子交换树脂。

因为离子交换过程受扩散过程控制，因此树脂粒度有较大影响。一般树脂颗粒较粗时，离子交换速度较慢，达到平衡所需的时间较长，需增加分离柱，从而降低了生产率，并增加淋洗剂的消耗。但粒度过细，树脂层对溶液的阻力就越大，溶液的流速减慢，也会降低生产率。一般情况下，吸附柱的树脂粒度可以比分离柱的树脂粒度大些，如吸附柱常用 0.272~0.196mm，分离柱常用 0.152~0.074mm。使用细树脂时，为了提高淋洗剂流速，可采用加大淋洗剂溶液输入压力的办法来克服树脂层的阻力。

交联度是离子交换树脂的一项主要性能指标，交联度大，其网状结构较紧密，树脂的机械强度就大，可减少使用中的磨损消耗，树脂的溶胀性也小。此外交联度大的树脂，吸附选择性也较大，分离效果较好。但交联度大的树脂，其单位质量树脂的交换容量小，增大了树脂的用量，降低了交换速度。

（五）长径比和柱比

长径比是指交换柱的长度与直径的比值。当树脂的数量相同，溶液流速相同时，采用较小直径，即采用较长的交换柱，能减少相邻稀土离子带重叠区的相对量，有利于提高产品的实收率，提高分离效率。但是过高地提高柱的长度，减小直径，又会增加溶液流过树脂层的阻力。迫使淋洗速度减慢，延长生产周期，降低生产率。实际上，交换柱的长径比还与树脂粒度、溶液流速等因素有关。

柱比是指分离柱树脂总体积和吸附柱树脂总体积之比。当分离柱和吸附柱的直径相同时，也就是分离柱长度和吸附柱长度之比。柱比越大，分离柱越长，待分离离子在分离柱上吸附——解吸的重复次数越多，故能提高分离效果。但大的柱比势必要增加树脂的用量，在流速一定时，会增加淋洗所需的时间和淋洗剂的用量。所以，应该在能达到分离要求的前提下，选用较小的柱比。

柱比与许多因素如原料组成、产品纯度、淋洗剂的种类和淋洗条件有关。因此合理的柱比必须通过实验确定。

（六）温度

提高系统的温度，稀土离子在树脂相和溶液相的扩散速度加快，交换反应容易达到平衡，因而可能采用较快的淋洗速度和较高的淋洗剂浓度。

三、离子交换色层法分离重稀土的工艺条件

离子交换色层分离各稀土元素的实践过程基本相同，仅仅是具体工艺条件有所不同。提取某些稀土化合物参考条件见表4.7。

表4.7　提取某些稀土化合物参考条件

RE$_2$O$_3$	淋洗剂			流速 /cm · min^{-1}	柱比	延缓剂
	名称	浓度 /mol · L^{-1}	pH 值			
Ho$_2$O$_3$	EDTA	0.015~0.018	8.0~8.4	1.0~1.5	1 : 3~4	Cu-H
Er$_2$O$_3$	EDTA	0.015~0.018	8.0~8.4	1.5~2.0	1 : 2~3	Cu-H
	HEDTA	0.018~0.02	约 7.5	2.0~2.5	1 : 3.5~4.5	H
Tm$_2$O$_3$	EDTA	0.015~0.018	8.0~8.4	0.5	1 : 1~1.5	Cu-H
	HEDTA	0.018~0.02	约 7.5	1.5~2.0	1 : 2~3	H
Yb$_2$O$_3$	EDTA	0.015~0.018	8.0~8.4	0.5	1 : 1.5~2	Cu-H
	HEDTA	0.018~0.02	约 7.5	1.5~2.0	1 : 1.5~2	H
Lu$_2$O$_3$	EDTA	0.015~0.018	8.0~8.4	0.5	1 : 1.5~2	Cu-H
	HEDTA	0.018~0.02	2.0~2.5	1 : 2.5~3	H

以 EDTA 或 HEDTA 为淋洗剂时，各重稀土元素对的分离系数列于表4.8。

表 4.8　相邻重稀土元素对的分离系数

稀土元素对	分离系数 $\beta_{Z+1/Z\,配}$	
	淋洗剂 EDTA	淋洗剂 HEDTA
Le-Yb	1.8	1.4
Yb-Tm	2.1	1.8
Ym-Er	3.3	1.6
Er-Ho	1.8	1.3
Ho-Dy	3.6	1.0
Dy-Y	1.5	
Y-Tb	1.5	
Yb-Gd	4.8	1.0
Gd-Tb		1.0

四、离子交换分离稀土元素的常见生产问题

(一) 柱内结晶

在离子交换柱内产生的结晶有三种，即 EDTA 结晶、Cu(Cu-EDTA)·5H₂O 结晶和 H(RE-EDTA) 结晶。柱内产生结晶，不仅会阻塞交换柱，中断生产作业，还会影响分离效果。因此应选择和控制恰当条件，防止结晶出现。

产生 EDTA 结晶的原因在于 pH 值偏低，只需淋洗剂的 pH 值小于7，即使 EDTA 浓度在 0.015~0.03mol/L 之间，也会随着淋洗过程的进行，pH 值逐渐降低，导致柱内产生 EDTA 结晶。因此严格控制 pH 值是防止产生结晶的关键。如果产生了结晶，应迅速将淋洗液的 pH 值在原定基础上提高0.5，待结晶消失后，再将 pH 值回调。

产生 Cu(Cu-EDTA)·5H₂O 结晶的主要原因是 Cu^{2+} 浓度过大，H^+ 浓度小，从而使 Cu^{2+} 取代了 H_2(Cu-EDTA) 中 H^+ 的位置。故防止结晶的办法是严格控制 Cu^{2+} 和 H^+ 的比例，延缓剂中铜的浓度不超过 0.5mol/L。

产生 H(RE-EDTA) 结晶的主要原因是原料中的轻稀土，特别是 La_2O_3 含量偏高。由于 H(La-EDTA) 溶解度最小，如 EDTA 浓度过高，在淋洗过程中，H^+ 浓度逐渐增加，或者流速过小，都会导致 H(RE-EDTA) 结晶。防止办法是控制原料中 La_2O 含量小于3%，EDTA 浓度不大于 0.03mol/L，或在淋洗液中加 0.1%~0.25% NH_4AC，以稳定淋洗液的 pH 值。

(二) 勾流问题

勾流是指溶液在树脂床内不均匀向下流动，或是从部分树脂床中不规则向下流动。产生的原因主要是树脂装得不均匀，松紧程度不一，或是部分树脂层中有 EDTA 结晶存在。一旦出现勾流将会降低交换容量。勾流现象出现在吸附柱时，稀土将会提前穿漏，减少稀土吸附量而降低生产率；如出现在分离柱，将破坏分离效果，使各稀土元素交叉重叠区增大，降低产品纯度和收率。发现勾流现象应及时处理。在分离柱发现勾流严重时，应增加

分离柱。结束一个生产周期后，再多次反冲产生勾流的树脂床，使树脂全部松动，并让其自然沉降。必要时将柱底中的树脂抽出过筛，采用盐酸和氨水处理，然后重新装好。

思 考 题

4-1　离子交换树脂由哪几部分构成，分为哪几类，每类树脂的功能团是什么？

4-2　离子交换过程主要包括哪几个步骤，各起什么作用？

4-3　写出钠型强酸性离子交换树脂与此同时一、二、三价阳离子的选择性系数入 Na^+ 与上述保价态离子的分离系数。分析上述系数表达式的差别与关系。

4-4　树脂中交联剂的百分含量称之为什么？其大小反映了树脂网状结构的紧密程度，决定了树脂的性能。

4-5　离子交换色层法分离稀土时，吸附柱树脂转型成什么，而分离柱树脂转型成什么？

4-6　现有一混合稀土氧化物，平均相对分子质量 $\overline{M_{REO_{1.5}}}$ = 135，试计算每生产周期处理 8kg 该混合稀土氧化物，需吸附柱的尺寸为多少？（设树脂的交换容量 10^{-3} mol/g－干树脂，湿树脂含水 50%，Da = 0.8g/mL，吸附柱树脂充填 90%，取操作交换容量 = 0.9 倍总交换容量，H/D = 10/1。）

4-7　选用配合剂和延缓离子应考虑哪些因素，它们的作用是什么？

4-8　试述影响选择性系数的因素。为提高分离效果，一般应控制哪些技术因素，可能采取什么措施强化交换分离过程？

参 考 文 献

[1] 徐光宪，等．稀土（上册）［M］．北京：冶金工业出版社，1995.

[2] 吴炳乾．稀土冶金学［M］．长沙：中南工业大学出版社，1997.

[3] 王方．现代离子交换与吸附技术［M］．北京：清华大学出版社，2015.

[4] 顾觉奋．离子交换与吸附树脂在制药工业上的应用［M］．北京：中国医药科技出版社．2008.

[5] 钱庭宝．离子交换剂应用技术［M］．天津：天津科学技术出版社，1984.

第五章　萃取色层法和液膜萃取法
分离稀土元素

第一节　萃取色层法分离稀土元素

萃取色层法是 20 世纪 70 年代继溶剂萃取法和离子交换法之后的一种重要分离方法，又称反相色层法或萃淋法，是将萃取剂预先固定在固体载体上，将这种含萃取剂的固体小球作为色层分离的固定相，待分离组分吸附于固定相上后，用无机盐溶液作淋洗剂进行分离的一种方法。

萃取色层法是将溶剂萃取法中萃取剂的高选择性和色层分离的高效性结合起来，具有选择性高，柱负载量高、传质性能好、萃取剂损失少、树脂易于合成、操作比较简单等特点，是制备高纯单一稀土的另一种方法。其实质是利用待分离的元素在两相中分配系数的不同，当流动相流经固定相时，元素在两相中多次反复进行分配，使分配系数仅有微小差异的元素，得到良好的分离。

萃取色层分离采用柱上操作，其固定相树脂有浸渍树脂和萃淋树脂两种。浸渍树脂是将萃取剂吸附在疏水的硅球上，这种用浸渍法制备的树脂，吸附的萃取剂数较少，而且吸附的萃取剂在使用过程中，除有一定的溶解损失外，还会因相互结合不牢而流失，使得使用寿命较短；萃淋树脂是借悬浮聚合原理，将萃取剂和固定相在引发剂的作用下聚合而形成的有机高分子化合物，如 CL-P204、CL-P507 等萃淋树脂，其特点是萃取剂含量可高达 62%（通常含 40%~50%），且结合得比较牢固，流失少，使用寿命长。工业生产中通常采用萃淋树脂（以 CL-表示）。目前，使用的萃淋树脂中的萃取剂多为酸性磷类萃取剂，如 P204、P507、5709、PMBP、石油亚砜（PSO）等萃取剂，其中 P507 更为多见。

一、萃取色层分离稀土的基本原理

(一) 萃取色层分离过程

萃取色层分离可分为 3 个连续阶段：一是吸萃过程，将料液加入到柱床上；二是淋洗过程，用移动相的溶剂淋洗色层柱，使料液中各组分的分子沿着色层柱移动，使稀土各组分分离；三是切割分离，各组分已基本上达到相互分离，流出柱外进行切割收集。

在萃取色层分离过程主要有两个特点：一是各稀土组分的分子不等速迁移过程；二是相同组分的分子沿着色层柱发散。

不等速迁移是指不同稀土组分流经色层柱时的迁移速率不同，并依据迁移速率的大小，不同组分依次流出色层柱，这样各组分在色层过程中就逐渐分离开。若两个组分迁移速率相等，则分离是不可能的。不等速迁移依赖该组分分子在固定相与移动相之间的平衡分配差异，所以不等速迁移就与那些能影响这种分配的各种参数有关。这些参数有：移动相的组成、固定相的组成以及分离温度等。如果想要通过改变不等速迁移来改善分离效果，就必须至少改变这些参数中的一个才能实现，原则上柱子的压力可以影响平衡分配，但这种影响在通常柱压下是可以忽略的。

相同组分的分子沿着色层柱发散是指相同组分的分子沿色层柱往下移动时在柱中发散到很宽的范围。同一组分的各个分子的平均迁移速率也不完全相同，这种迁移速率差异并不是由于平衡分配上的差异所引起，而是由于物理过程所致，受到许多因素的影响。一般认为，涡流扩散、移动相传质、滞留移动相传质以及固定相传质是四个主要影响分子发散的因素。

（二）萃取色层分离理论

1. 萃取色层分离中的保留值

每种化合物都以不同的速率在色层柱的固定相与流动相之间进行分配。在固定相中的化合物分子是不会移动的，只有处于流动相中的分子才能移动，所以每种化合物移动的速度由任何时候该化合物在移动相中的分子数决定。平衡时，分配有利于固定相的化合物分子，在任何特定的时间内大部分时间主要存在于固定相中，只有少数在流动相中，所以它流经柱子的速度就慢，所需保留时间就长；相反，那些分配有利于流动相的分子，大部分时间处流动相中，流经柱子的速度就快，所需保留时间就短。溶剂或流动相的分子通常都应以尽可能最快的流速流过色层柱。

A　容量因子

容量因子(k')是化合物在两相中总分子数之比，表达式如下：

$$k' = \frac{n_s}{n_m} = \frac{C_s V_s}{C_m V_m} = D \frac{V_s}{V_m} \tag{5.1}$$

式中，$D = C_s / C_m$表示分配系数，它是化合物在固定相和移动相之间平衡分配的量度；n_s和n_m分别指元素在固定相和移动相的物质的量；C_s和C_m分别指元素在固定相和移动相的浓度；V_s和V_m分别指色层柱的固定相和移动相体积。

B　保留时间

保留时间(t_R)是指色谱带经过色层柱所需的时间，它与容量因子k'的关系如下：

$$t_R = t_0(1 + k') \tag{5.2}$$

式中，t_0是指稀土离子（不被保留的）从色层柱的一端移到另一端所需的时间。t_R可以从t_0（$k' = 0$）到其他比t_0大的值（当$k' > 0$）的范围变动。

C　保留体积

保留体积(V_R)是从稀土溶液加入色层柱到流出液出现谱带峰值这段时间内流出总体积。保留体积V_R等于保留时间t_R乘以溶剂流经色层柱的流量F，$V_R = t_R F$。同样，溶剂总体积$V_m = t_0 F$，两式相除得：

$$V_R = V_m t_R / t_0 = V_m(1 + k') \tag{5.3}$$

采用V_R值有时比采用t_R值好，因为t_R值随流量F而改变。在色层过程中流量往往会发生变化，也无法准确知道，而V_R值则与F无关。V_R值对于永久性交换柱的刻度是很合适的，特别是当流量可变或不可能准确知道时更是如此。

保留值反映萃取色层分离稀土元素在固定相与流动相之间平衡分配性质，受热力学平衡控制，在色谱图上反映出来的是峰值的位置。

2. 分配系数与分离系数

在萃取色层分离中，待分离的组分按一定规律在固定相和流动相中分配。根据 Marrin 的分配谱理论，在平衡状态下，某组分在两相中的分配比 D 可计算：

$$D = (V_R - V_M)/V_S \qquad (5.4)$$

式中　V_R——稀土离子浓度达到最大时淋洗液的体积，或称保留体积；

　　　V_M——色层柱自由体积：

$$V_M = V \times \eta\%$$

　　　V——柱床体积；

　　$\eta\%$——气水率；

　　　V_S——固定相体积。

D 值越大，某组分在柱子中分配在固定相上的浓度越大，即某组分易吸附在固定相上。在相同条件下，根据 D 值的大小可以定性判断两组分在萃淋树脂吸附的难易程度，但不能表明两组分分离效果的，还需分离系数 β 来描述。

$$\beta = D_2/D_1 \qquad (5.5)$$

分离系数 β 值越大，说明两组分间越易分离。

3. 理论塔板数

稀土溶液沿色层柱的发散受动力学因素控制，反应在色谱图上是谱带的展宽。理论塔板数相当于萃取的级数。塔板理论为一半经验理论，用理论板数 N 表示萃取色谱柱效率的指标。对某一萃取色谱分离柱而言，塔板数可达 1000 以上，塔板数 N 值越大，柱分离效果越好，其经验表达式为：

$$N = 16(V_R/W)^2 \qquad (5.6)$$

式中　W——组分流出曲线的色谱峰基线宽度。

在给定的条件下，对于一定的柱体积和溶剂，固定的流速与操作温度，色谱图中不同谱带的 N 值非常近似为一常数，所以 N 是一个度量柱效率实用的尺度。柱效率是指色层柱给出狭窄的谱带（小的 W 值）和良好的分离的相对能力。在某些情况下，N 略随 k' 变化，当 $k' \approx 0$ 时，这种变化常常比较大；但在这里，这种变化并不是很重要。若 N 保持不变则由式（5.6）可见谱带宽度与 V_R 增大成正比例展宽。

假设一个理论塔板高度为 H，柱中树脂床高度为 L，则理论塔板数：

$$N = L/H \qquad (5.7)$$

可见 N 值越大，理论塔板高度 H 值越小，则表明柱效率越高。

对于给定的柱子来说，其 H 值是由涡流扩散、移动相传质、滞留移动相传质、固定相的传质与纵向扩散各种谱带展宽过程综合影响结果所决定。

柱填料颗粒的直径、溶剂的线性流速、样品分子在移动相与固定相中的分子扩散系数等都是影响谱带展宽因素。萃取色层法分离稀土时常采用小颗粒树脂、慢的溶剂流速、黏度尽可能小的溶剂、较高的分离温度以及较长的色层柱，以获得较大的 N 值和达到良好的分离效果。

4. 分离度（R_s）

在萃取色层分离过程中，定量描述混合物中两组分的分离效果，用分离度（分辨率）

表示。假设两组分的保留体积分别为 V_{R_1} 和 V_{R_2}，色谱峰基线宽度分别为 W_1 和 W_2，V_0 为柱中固定相颗粒间空隙的体积，即流动相液体在固定中占有的体积（也称死区）液体色层的淋洗曲线如图 5.1 所示。

则相邻两谱带 1 和 2 的分离度 R_S 等于这两个谱带中心之间的距离（两组分色谱峰保留体积之差）除以平均带宽，即：

$$R_S = \frac{2(V_{R2} - V_{R1})}{W_1 + W_2} \tag{5.8}$$

当 $R_S = 1$ 时，两个谱带之间有 2%的重叠，R_S 值越大，则分离就越好。在淋洗酸度相同的

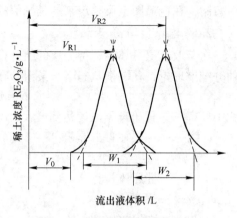

图 5.1　液体色层的淋洗曲线

情况下，当 $R_S \geq 1.3$ 时，一般两组分可以定量分离。当两组分含量比相差很大时，分离度则更大；当 R_S 为一定值时，其中一个谱带远远小于另一个谱带，则谱带的重叠变得较为严重。

由式（5.1）可以推导出：

$$分配比\ D = K' \frac{V_m}{V_s}$$

则谱带 2 和 1 的分离系数：

$$\beta = D_2 / D_1 = k_2' / k_1'$$

当 $k_1' \approx k_2' \approx \overline{k'}$（两个谱带的 k' 值的平均值），则：

$$R_S = \frac{\beta - 1}{4\beta} \sqrt{N_2}\ \frac{k_2'}{1 + k_2'} \tag{5.9}$$

式（5.9）是液体色层的基本关系式。可通过改变 β、N 及 k' 来控制分离度。β 是表示分离的选择性，它可通过改变固定相和移动相的组成加以改变；N_2 表示柱分离效率，可以通过改变柱长度 L 或溶剂流速而加以改变；k_2' 可以通过改变淋洗液的浓度而加以改变。

二、萃取色层法分离提纯稀土

萃取色层分离稀土元素时，其设备和工艺操作与离子交换色层法相似，一般包括吸附—洗涤—淋洗（解吸）等过程。其分离过程也是在淋洗阶段。15 种稀土元素均可依据各种稀土元素在不同酸度下与萃淋树脂配合能力的差别，采用梯度淋洗的方法，使其得到完全的分离。由于 CL-P507 萃淋树脂对稀土的选择性高，淋洗酸度低，故在生产中常用。

CL-P507 萃淋树脂的主要性能：真密度略大于 $1t/m^3$，湿视密度 $0.46 \sim 0.6t/m^3$，含水量小于 0.6%，粒度 $0.2 \sim 0.04mm(65 \sim 320$ 目)，萃取剂含量 $(50\pm1)\%$，饱和容量可达 $1.7 \times 10^{-3} mol/g$ 干树脂，外观为白色不透明的圆球，树脂骨架呈大孔结构，比表面积 $193m^2/g$。

（一）萃取色层分离稀土的影响因素

影响萃取色层分离效果的主要因素有：

（1）固定相中 P507 的含量。固定相中的萃取剂 P507 的数量对分离效果影响显著。在直径 1.1cm、高 70cm 的小试验中，当流速为 6.5L/（m²·min），树脂负载量 1×10⁻⁶kg（75% Yb，25% Dy），淋洗液酸度 0.6mol HCl，柱温（50±1）℃，树脂粒度为 0.074 ~ 0.013mm，其分离效果见表 5.1。

表 5.1　固定相中 P507 含量对分离效果的影响

P507		D		$\beta_{DY/Tb}$	R_S
树脂质量/g	P507 含量/%	Tb	Dy		
20	60	6.25	16.13	2.58	1.30
20	48	4.76	12.17	2.56	1.36
20	34	4.53	11.61	2.56	<1.0

由表 5.1 可知，随着固定相中 P507 含量的增加，D 和 R_S 都增加，而 β 值基本保持不变，通常在固定相中 P507 含量以 50% 为宜。

（2）淋洗液酸度。酸度对分离效果的影响见表 5.2。当 Cl-P507 树脂中 P507 的含量确定之后，酸度就是影响分离的主要因素，可用萃取过程 lgK 与 lgH⁺ 关系来解释。随酸度增加，峰向前移，峰值增高，峰变窄，峰距变小直至淋洗曲线相交，流出液中稀土浓度增加，而分离度则降低。酸度太小，结果与上述相反，但周期很长。对 Gd-Tb 分离而言，以保持 0.6mol/LHCl 的酸度为宜。

表 5.2　酸度对分离效果的影响

酸度/mol·L⁻¹	D		$\beta_{Tb/Gd}$	R_S
	Gd	Tb		
0.5	5.50	23.78	4.43	2.33
0.6	2.56	12.03	4.70	1.53
0.7	1.85	7.79	4.93	1.36
0.8	0.93	4.52	4.86	1.10

（3）淋洗液流速。淋洗液流速是影响分离柱效率的因素之一。随着淋洗速度增加，理论塔板数减少，塔板高度增大，分离效果变差，元素间不能获得较好的分离。Tb-Dy 分离以保持 0.65mL/（cm·min）流速为宜。淋洗液流速的影响见表 5.3。

表 5.3　淋洗液流速的影响

流速/mL·(cm²·min)⁻¹	N		R_S
	Tb	Dy	
0.65	66	70	1.07
1.00	43	53	<1.0
1.20	33	43	<1.0

（4）温度。在萃淋分离过程中，温度对分离效果也有明显的影响，随温度升高，理论

塔板数增加，理论塔板高度减小，分离度增大。温度过高会导致在柱中产生气泡或断层，反而使分离度下降，故通常以选择(50 ± 5)℃为佳。淋洗过程温度的影响见表5.4。

表 5.4　淋洗过程温度的影响

温度/℃	N		H		R_S
	Tb	Dy	Tb	Dy	
35	41	43	14.88	14.19	<1.0
50	66	70	9.24	8.71	1.09
60	77	86	7.92	7.09	1.22

应当指出，萃淋树脂 CL-P507 的负载量较小，通常其负载量（RE_2O_3）只是树脂重量的$1.0\%\sim1.5\%$，生产上还没有用于 15 种稀土元素全分离的工艺。它只适用于产量小、价值大而纯度要求高的元素的分离提纯。所得产品纯度大于 99.95% 其收得率可达约 98%。

（二）萃取色层分离稀土的工艺实践

分离提取高纯稀土化合物的萃取色层法，主要由装柱—负载—淋洗—淋洗液浓缩沉淀—草酸沉淀—灼烧等工艺过程组成。现分述如下：

（1）装柱。一般柱子的长径比为 $17\sim20$，树脂粒度为 $0.13\sim0.074$mm。装柱方法有重力沉淀和加压动态沉降法或湿法和干法装柱之分。装柱要求树脂均匀、致密、无气泡和断层。湿法装柱操作简便，与离子交换柱相似。由于萃淋树脂密度较小，下沉速度慢，易产生气泡，故常常采用加压动态降低柱法。干法装柱比湿法麻烦，但制备柱子较致密。它是将柱子垂直固定，均匀加入树脂并振实，直至加到所需高度，然后用酸洗至平衡，再用水洗以待用。

（2）负载。由于萃淋树脂负载量较小，一般只有树脂量的 $1.0\%\sim1.5\%$，通常料液配制的 RE_2O_3 浓度为 $60\sim80$g/L，酸度为 $0.2\sim0.3$mol/L。料液均匀而缓慢地从进料口注入柱内，然后水洗至料液的酸度，即可按产品的要求进行梯度淋洗。

（3）淋洗。由于萃淋分离使用的淋洗剂都是无机酸，故酸的种类和浓度对分离影响较大。如 CL-P204、CL-P507 树脂，常使用硝酸或盐酸，淋洗过程似反萃过程，同时遵循分配系数与氢离子浓度 3 次方成正比的规律。因此淋洗剂酸度的选择十分重要。如分离 Gd-Tb-Dy 时，是在 (50 ± 5)℃下分别用 0.5mol/L，0.7mol/L，0.9mol/L 的 HCL，以 6.5L/$(m^2\cdot min)$ 的速度进行梯度淋洗，分段收集，即可获得纯度大于 99.95% 的 Tb_4O_7 和纯度大于 99.5% 的 Gd_2O_3 和 Dy_2O_3 三种产品，它们的收率分别大于 97%，95% 和 92%。每种产品的生产周期随负载和料液组分的不同而长短不等，一般约需 50h 左右。

（4）淋洗液浓缩沉淀。一般淋洗液浓度较低，直接进行沉淀金属收率不高，通常需将淋洗液预先浓缩至 50g/L 以上，并调整 pH 值为 $1.0\sim1.5$，再用饱和草酸沉淀，沉淀物置于 $800\sim850$℃下灼烧 $2.0\sim2.5$h，即得所需产品。

第二节　液膜萃取法分离稀土元素

液膜分离技术就是以液膜为分离介质、以浓差为推动力的液-液萃取与反萃过程结合为一体的分离过程。液膜萃取是利用对混合物各组分渗透性能的差异来实现分离、提纯或浓缩的一种分离技术，是一种模拟生物膜传质功能的一种分离方法。它是 20 世纪 60 年代美籍华人黎念之博士提出的。

液膜萃取分离是指两液相间形成的界面膜，通过它将两种组成不同，但又互相混溶的溶液分开，经选择性渗透，使物质达到分离提纯的目的。液膜分离技术比液-液萃取具有萃取与反萃取同时进行，分离和浓缩因数高，萃取剂用量少和溶剂流失量少等特点。在医药、石油化工、环境处理、有色金属分离乃至稀土的提取和富集中得到应用。

一、液膜及其分类

液膜是悬浮在液体中的很薄一层乳液微粒。乳液通常是由溶剂、表面活性剂和流动载体（添加剂）制成的。溶剂是构成膜的基体，表面活性剂含有亲水基和疏水基，可以定向排列以固定油水分界面而稳定膜形。通常膜的内相试剂与液膜是互不相容的，而膜的内相（分散相）与膜外相（连续相）是互溶的，将乳液分散在第二相（连续相），就形成了液膜。

按组成液膜可分为油包水型（膜相为油质而内外相都为水相）和水包油型（膜相为水质而内外相都为油相）两种，按机理可分为膜相中含载体和不含载体两类。膜相主要由载体和溶剂组成，载体在膜相中通过萃取反应和反萃取反应，使溶质在液膜两侧不断传递，以达到脱除的效果；膜相中不含载体，则是利用溶质在膜相中的渗透速率的差别进行物质分离。

按液膜形状构成和操作方式分为液滴型、乳化型和隔膜型：

（1）液滴型液膜寿命短，不稳定易破裂，主要在研究中用。

（2）乳状液膜体系是一个三相系统，其中由两相构成的乳状液分散在另一连续相溶液中，这样形成的体系称为多重乳状液。乳状液膜可看成为一种"水-油-水"型（W/O/W）或"油-水-油"型（O/W/O）的双重乳状液高分散体系，将两种互不相溶的液相通过高速搅拌或超声波处理制成乳状液，然后将其分散到第三种液相（连续相）中，就形成了乳状液膜体系。乳状液膜按其组成不同，可以分为油包水型（W/O）和水包油型（O/W），油包水（又称油膜）是内相和外相都是水相，而膜是油膜，水包油型（又称为水膜）是内相和外相都是油膜，而膜是水质膜。油膜通常用于金属离子的分离和富集，水膜用于有机混合物的分离。

（3）隔膜型液膜有含浸型和支撑型。含浸型是使液膜溶液含浸在聚四氟乙烯膜内而形成的；支撑液膜是将多孔惰性基膜（支撑体）浸在溶解有载体的膜溶剂中，在表面张力的作用下，膜溶剂即充满微孔而形成支撑液膜，它具有很高的选择性。支撑液膜体系由料液、液膜和反萃液三个相以及支撑体组成。支撑液膜是借助微孔的毛细管力将膜溶液牢固的吸附在多支撑体的微孔之中，在膜的两侧是与膜相互不相溶的料液相和反萃液相，待分离物质自料液相经多孔支撑体中的液膜相向反萃液相传递。

在稀土的提取和富集应用中，主要采用乳化液膜和支撑液膜，更多是乳化液膜。

（一）乳状液膜

乳状液膜是一个高分散体系，提供了很大的传质比表面积。待分离物质由膜外相经膜相向膜内相传递。在传质过程结束后，乳状液通常采用静电凝聚等方法破乳，膜相可重复使用，膜内相经进一步处理后回收浓缩的溶质。乳状液膜的液滴直径范围为 0.05~0.2cm，

膜的有效厚度为 $1 \sim 10 \mu m$，乳状液膜如图 5.2 所示。

乳状液膜由基质（溶剂）、流动载体和表面活性剂组成。煤油、苯等惰性溶剂可作为膜的基质，乳状液膜中具有萃取交换功能（如萃取剂 P507 等）为流动载体。EM-301（磺酸型阴离子）、N205（双丁二酰亚胺）、Span80（山梨醇酐单油酸酯）等用作表面活性剂。表面活性剂由亲水基团和疏水基团两部分组成，两部分活性基团存在着亲水亲油平衡值 HLB，欲形成油包水型液膜，可选用 HLB 值 $3 \sim 6$ 的表面活性剂，形成水包油型液膜，可选 HLB 值为 $8 \sim 18$ 的表面活性剂。

（二）支撑型液膜

把含流动载体和有机溶剂的膜相吸附在惰性的微孔聚合体膜上，用此膜分隔料液相和接收相。支撑液膜如图 5.3 所示。

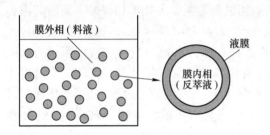

图 5.2　乳状液膜示意图

图 5.3　支撑液膜示意图

由于载体具有一定的选择性，料液中离子可选择通过膜相而进入接收相。它是把溶剂萃取工艺中的萃取和反萃过程合为一步完成。这种类型的液膜速度较慢，但不需破乳，膜溶液易补充，操作比较简便。溶剂萃取中的萃取剂，如 P204、P507、N503、环烷酸、三辛胺、P350、TBP、冠醚等都是流动载体。

二、液膜萃取分离提取原理

使用含流动载体的液膜，其选择性分离主要取决于流动载体，提高液膜的选择性的关键在于找到一种合适的流动载体。料液中稀土离子通过微乳状液膜或支撑液膜，进行选择性迁移是基于不同稀土或金属离子与流动载体的萃取性的差异，液膜萃取分离过程的推动力是被液膜分开的两相（内和外相）之间的 pH 值梯度。

根据料液中欲分离的稀土离子与氢离子的扩散迁移方向，分为逆向迁移和同向迁移两种。

（一）逆向迁移

它是液膜中含有离子型载体时溶质的迁移过程（图 5.4）。载体 C 在膜界面 I 与欲分离的溶质离子 1 反应，生成配合物 C_1，同时放出供能溶质 2。生成的 C_1 在膜内扩散到界面 II 并与溶质 2 反应，由于供入能量而释放出溶质 1 和形成载体配合物 C_2 并在膜内逆向扩散，释放出的溶质 1 在膜内溶解度很低，故其不能返回去，结果是溶质 2 的迁移引起了溶质 1 逆浓度迁移，所以称其为逆向迁移。

（二）同向迁移

它是液膜中含有非离子型载体时溶质的迁移过程。液膜所载带的溶质是中性盐，它与阳离子选择性配合的同时，又与阴离子配合形成离子对而一起迁移，故称为同向迁移（图5.5）。载体C在界面 I 与溶质1、2反应（溶质1为待富集离子，而溶质2供给能量离子），生成载体配合物 C_{12} 并在膜内扩散至界面 II，在界面 II 释放出溶质2，并为溶质1的释放提供能量，解络载体C在膜内又向界面 I 扩散。结果，溶质2顺其浓度梯度迁移，导致溶质1逆其浓度梯度迁移，但两溶质同向迁移。

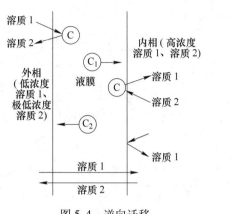

图5.4　逆向迁移

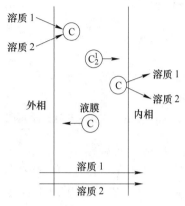

图5.5　同向迁移

稀土离子的液膜萃取提取富集主要是逆向迁移，如乳状液膜富集三价稀土离子。以P507作为流动载体的乳状液膜，膜内相溶液为 4～6mol/L HCl，当稀土料液（pH值为4～5）（膜外相）与乳状液膜进行混合时，首先 RE^{3+} 与 H^+ 分别向相反方向扩散，紧接着P507在膜外部界面与料液中的 RE^{3+} 发生萃反应：

$$RE^{3+} + 3(HA)_2 \Longrightarrow RE(HA_2)_3 + 3H^+$$

随着液膜萃取的进行，料液中 RE^{3+} 浓度降低，酸度增高；生成的萃合物 $RE(HA_2)_3$ 扩散，溶解于乳状液并穿过液膜扩散到膜内的界面处，由于膜内相水溶液酸度高，故在膜的内界面发生反萃反应：

$$RE(HA_2)_3 + 3H^+ \Longrightarrow RE^{3+} + 3(HA)_2$$

使得稀土释放下来，进入HCl中，致使膜内相中 RE^{3+} 浓度升高，酸度降低；形成的游离P507向膜的外界面扩散，重新与料液中的 RE^{3+} 离子发生萃取反应。如此周而复始的重复上述过程，这样利用流动载体（萃取剂）在膜中来回穿梭移动，不断地将膜外相（料液）的低pH值、低浓度的稀土迁移膜内相的高浓度溶液中，又不断将膜内相的 H^+，从高酸度向低酸度迁移，直至两者的梯度浓度能量相等。这样使料液中的 RE^{3+} 浓度逐渐降低，酸度不断升高，相反，膜内相中 RE^{3+} 浓度逐渐升高，酸度不断降低。由于液膜萃取过程的反萃速度快，反萃过程主要由扩散控制。其扩散迁移过程机理如图5.6所示。

三、液膜萃取提取富集稀土

液膜萃取提取主要包括制膜、液膜萃取、破乳三个工序，液膜法提取稀土流程如图5.7所示。在稀土应用方面主要用于低浓度稀土溶液富集，如在南方离子型稀土矿中，可将 RE_2O_3 1g/L 浸出液富集为110g/L的稀土溶液。

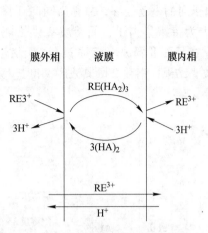

图 5.6　稀土富集逆向迁移示意图

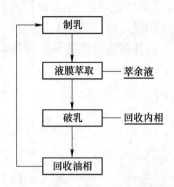

图 5.7　液膜法提取稀土流程图

（一）制膜（制乳）

将流动载体（萃取剂，如 P507 等）、表面活性剂（如 N205、EM-301 或 Span80）和溶剂（如煤油、液体石蜡等）、膜内相溶剂（如稀盐酸）混合均匀后，并高速搅拌（3000~4000r/min）约 20min，制成油包水系（W/O）膜相。

如按体积分数计，采用 EM301 为 3%，P507 为 2%，煤油为 85%，液态石蜡为 10%，内水相 HCl 的酸度为 4~6mol/L，水乳比 = 5：1。

液膜稳定性是乳状液膜技术的关键之一，在迁移时希望乳状液膜稳定，而破乳时恰恰与之相反，因此应合理调节各种因素。液膜的稳定性通常以液膜的破损率 ε 来表示：

$$\varepsilon = \frac{\text{膜外相中酸的总量}}{\text{膜内相中原始酸的总量}} \times 100\%$$

若放置一小时乳滴破损率小于 2%，则认为膜是稳定的。

影响液膜稳定的因素有表面活性剂的种类、浓度、制乳时的搅拌速度以及酸度等，其中表面活性剂的种类和用量是主要影响因素，其中胺类表面活性剂（如 N205）膜比酯类表面活性剂（如 Span80）膜的稳定性、分离效果和分离速度好，其稀土提取率可达 99%，但从减少液膜损失的角度讲，采用 N205+Span80 的液膜更为适宜，选用 3g N205+1g Span80 配比的表面活性剂，稀土提取率可达 99%。

（二）液膜萃取

稀土料液为南方离子型稀土矿浸出液，稀土的质量浓度（以 RE_2O_3 计）为 1g/L，pH 值为 3~4，为了保持 pH 值 3~4，加入 NaAc 作缓冲剂，加入量为 4~6g/L。将制备好的乳状液膜分散在稀土料液（外相）中，在 150~200r/min 转速搅拌下两相充分混合，形成水包油、油包水的多重乳液体系，即发生溶质的迁移，室温下萃取时间为 20~25min，稀土提取率可在 99% 以上。液膜萃取在有搅拌的连续逆流萃取塔中进行，萃取后液可作浸出液循环使用。连续逆流实验流程如图 5.8 所示。

影响液膜萃取的因素有膜内相的种类、酸度、水乳比等。使用 HCl 时稀土得取率最高或可达 99% 以上；而使用 H_2SO_4 时稀土提取率仅能达到 25% 左右。这可能是由于进入膜相的稀土离子与 SO_4^{2-} 形成较稳定的 $RE(SO_4)_2^-$ 及 $RE(SO_4)_3^{3-}$ 配合离子，随后又被表面活性剂

N205 所萃取，从而产生稀土离子向膜外相（料液）反迁移的缘故；随着膜内相 HCl 浓度的增加，稀土提取率也增大，同时膜的稳定性和迁移速度明显改善，故以 5mol HCl 浓度的效果好；为了达到高的提取率，常采用高的水乳比，而水乳比越高，液膜用量越少，同时膜内相稀土浓度也高。反之则液膜用量大，膜内相稀土浓度亦低，考虑到分离效果和液膜成本，选择 500：(15~20) 的水乳比较适宜。

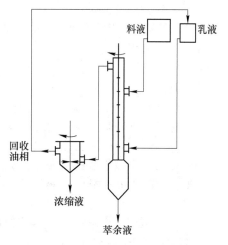

图 5.8　连续逆流实验流程示意图

（三）破乳

破乳是在澄清器中分出膜外相后，再从液膜中提取膜内相中富集的稀土离子过程，通过热学、化学、超声、离心和高压静电凝聚等方法可进行破乳，其中以高压静电法比较实用。膜相在导电时，电场会促进液滴聚结使乳状液分离，对油包水的液膜更为有效，且相夹带少。

使用 PM-87 型高压静电破乳器，采用直流脉冲高压电源，最高输出电压 25kV，通常使用的工作电压 18kV，电流 0.8mA，频率 50~1000Hz，绝缘电极多层水平排布，高压静电破乳器如图 5.9 所示。在电场作用下，凝聚十分迅速，酸液滴（即水相液滴）向接地电极迁移，破乳速度（单位时间的破乳量）6~80L/h。经过液膜分离后可以将浸出液中 RE_2O_3 的质量浓度为 1g/L 富集到 100g/L 以上，可直接作为萃取原料液，提取率可达 99.4%。该法虽然要用高压电场，但电流非常低，经济上合算。

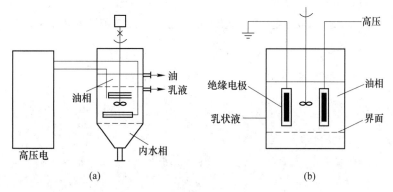

图 5.9　高压静电破乳器示意图

（a）横电极式；（b）竖电极式

思 考 题

5-1　萃取色层分离技术与溶剂萃取法和离子交换法有何相同与相异之处，它在稀土冶金中的应用前景如何？

5-2　液膜技术有何重要特点？试评述它在稀土冶金中的应用现状和发展前景。

5-3　液膜萃取法富集稀土时，乳状液膜 N205-P204-盐酸-煤油体系中，N205 是什么？P204 是流动载体，什么是膜内相？煤油是什么？

5-4 利用液膜萃取法，如何将低浓度的 $RECl_3$ 溶液富集成高浓度的 $RECl_3$ 溶液？以 P204 萃取富集 $RECl_3$ 溶液为例结合图示说明。

参 考 文 献

［1］徐光宪. 稀土（上册）［M］. 北京：冶金工业出版社，1995.

［2］吴炳乾. 稀土冶金学［M］. 长沙：中南工业大学出版社，1997.

［3］张长鑫. 稀土冶金原理与工艺［M］. 北京：冶金工业出版社，1997.

［4］廖春发. 新型膦酸萃淋树脂萃取色层分离铥镱镥的研究［D］. 北京科技大学，2008.

［5］王松泰，谈定生，刘书祯. 萃淋树脂在有色金属分离中的研究和应用［J］. 中国有色冶金，2008，1：27-30.

［6］廖春发，聂华平，焦芸芬，等. 萃取色层技术分离提纯稀土的现状与展望［J］. 过程工程学报，2006，S1：128-132.

［7］苏俊霖，蒲晓林. 乳状液膜分离技术及其在废水处理中的应用［J］. 日用化学工业，2008，38（3）：182-184.

［8］王静楠. 液膜分离技术的研究进展［J］. 医药化工，2007(11)：12-18.

［9］杜军，周垄，陶长元. 支撑液膜研究及应用进展［J］. 化学研究与应用，2004，16(2)：160-164.

［10］张海燕，张安贵. 乳化液膜技术研究进展［J］. 化工进展，2007，26(2)：180-184.

［11］孙志娟，张心亚，黄洪，等. 乳状液膜分离技术的发展与应用［J］. 现代化工，2006，26（9）：63-66.

［12］余美琼. 液膜分离技术［J］. 化学工程与装备，2007(5)：57-62.

［13］张志强. 液膜分离技术及研究进展［J］. 青海科技研究与开发，2008(1)：45-49.

［14］田建，尹华强. 支撑液膜分离技术及其在烟气脱硫中的研究［J］. 四川化工，2007，10（2）：23-26.

［15］王彩玲，张立志. 支撑液膜稳定性研究进展［J］. 化工进展，2007，26(7)：949-956.

第六章　化学法分离稀土

化学法分离稀土包括分步结晶法、分步沉淀法和氧化还原法。分步结晶、分步沉淀法是稀土分离采用最早的方法，现在基本不再使用。分步结晶法主要采用硝酸铵或硝酸镁的镧系元素硝酸复盐的分步结晶（在铈组稀土的分离中）和溴酸盐 $RE_3BrO_3 \cdot 9H_2O$ 的分步结晶（适于分离钇组元素）。分步沉淀法主要根据硫酸复盐溶解度差异进行分组，根据硫酸复盐 $RE(SO_4)_3 \cdot Na_2SO_4 \cdot nH_2O$ 溶解度差异可将稀土元素分为难溶的铈组(La、Ce、Pr、Nd、Sm)，微溶性的铽组（Eu、Gd、Tb、Dy）和可溶性的钇组（Ho、Er、Tm、Yb、Lu、Y)元素，在冷态下从硫酸或硝酸溶液中加入固体硫酸钠或它的饱和溶液进行冷态沉淀，而得到初步分离。

在 20 世纪 80~90 年代，处理规模不大时有采用氧化还原法分离稀土。它是基于某些稀土元素易氧化为四价状态（如铈、镨、铽）或易还原为二价状态（如钐、铕、镱），而与其他三价稀土元素在化学性质上有较大差异的特性，来达到分离提纯这些变价元素的目的。某些元素的标准氧化还原电位见表 6.1。

表 6.1　某些元素的标准氧化还原电位（25℃氢为标准）

反　　　应	$\varepsilon^{\ominus}/V$
$Ce^{4+}+e \rightarrow Ce^{3+}$	+1.61
$Ce(OH)_4+4H^++e \rightarrow Ce^{3+}+4H_2O$	+1.68
$Pr^{4+}+e \rightarrow Pr^{3+}$	+1.60
$Eu^{3+}+e \rightarrow Eu^{2+}$	-0.43
$Sm^{3+}+e \rightarrow Sm^{2+}$	-1.72
$Yb^{3+}+e \rightarrow Yb^{2+}$	-1.15
$Zn^{2+}+2e \rightarrow Zn$	-0.76

第一节　铈的氧化法分离

三价铈易氧化成四价铈，四价铈碱性最弱，在 pH 值为 0.7~1.0 时，就水解沉淀出难溶于稀酸的四价氢氧化铈；而其他三价稀土离子则须在 pH 值为 6~8 时，才能水解沉淀析出易溶于稀酸的氢氧化物，这是铈氧化分离的基础。

常用的氧化方法很多，如空气（氧气）氧化法、氯气氧化法、双氧水氧化法、高锰酸钾氧化法、电解氧化法，尽管沿用已久，但目前铈氧化的方法仍是这些常采用的方法见表 6.2。

172

表 6.2 铈的氧化和富集常用方法

方法		氧化剂	工艺条件	分离效果
空气（氧气）氧化法	1. 干法	空气	100~120℃，干燥 16~24h 稀酸溶解	氧化率大于 95%
	2. 湿法	空气 氧气	混合稀土氢氧化物浆 50~70g/L，碱度 0.15~0.3mol/L，在 80~85℃氧化8~10h	氧化率 95%~98%富集物中，CeO₂ 80%左右，铈收率在 90%左右
	3. 加压氧化法	空气 氧气	（1）混合稀土氢氧化物浆在压力 0.4MPa，80℃，固液比 1：4，碱度 0.15mol/L 下氧化 1.5h；（2）在稀土硫酸复盐碱转化同时加压氧化，压力 0.4MPa，固液比 1：2，80℃，碱浓度 130g/L，气流 10L/min，10h	氧化率大于 98%
氯气氧化法		Cl_2	稀土溶液 RE_2O_3 100g/L pH 值为 4~4.5，50~60℃，碱浓度 100g/L，Cl_2 流量 3kg/h，沉淀物用 2%NH_4NO_3 洗 2~3 次	氧化率大于 99%
双氧水氧化法		H_2O_2	在碱性或弱酸性稀土溶液中，pH 值保持在 5~6，加入 H_2O_2 和氨水，室温下则生成 $Ce(OH)_4$ 沉淀	能较完全的除去稀土溶液中的少量铈
高锰酸钾氧化法		$KMnO_4$	在加热至沸的稀土溶液中，缓慢加入 20% $KMnO_4$ 溶液，并同时加入 Na_2CO_3 溶液，其比例为 1：4(mol) 直至溶液出现红色不变为止	中少量铈，铈纯度可达 98%
电解氧化法		直流电	在稀土硝酸盐溶液中，保持 pH 值为 5~6，通直流电可得 $Ce(OH)_4$	可得工业级铈盐

一、空气（氧气）氧化法

（一）干法氧化法

干法氧化是在回转式干燥窑或隧道窑内进行。将稀土氢氧化物在 100~120℃下，进行干燥并同时发生铈的氧化：

$$2Ce(OH)_3 + H_2O + \frac{1}{2}O_2 =\!\!=\!\!= 2Ce(OH)_4$$

氧化程度取决于温度、氧化时间和料的湿度。料的湿度越小，氧化速度越快。一般氧化 6~10h，氧化率可达 95%。该法简单易行，但作业时间较长，粉尘较多，劳动条件差，机械损失大。

（二）湿法氧化法

在氧化稀土浓度为 50~60g/L 浆液中，通入压缩空气进行氧化，氧化过程碱度保持在 0.15~0.3mol/L，温度为 80℃左右、氧化时间 10~14h，氧化率可达 95%以上。影响氧化的因素有：固液比、温度、碱度、时间以及悬浮液中杂质的离子等。湿法氧化法若通入氧气氧化可大大缩短氧化时间。湿法氧化具有操作简单、成本低、可以消除粉尘之害、改善劳动条件等特点。

（三）加压氧化法

由于常压下空气氧化的时间长，且铈不易氧化完全，为了提高空气氧化速度，缩短氧化时间，提高氧化率，故采用湿法加压空气氧化。采用纯氧化可以大大加快氧化速度。但为了降低成本，也可在较低压力下，把压缩空气通入氢氧化稀土浆液中进行氧化，即加压空气氧化法。它在约 80℃ 下进行，其压力控制在 0.4MPa 左右，时间为 1.5h，碱度为 0.15mol，固液比为 1∶4，气流量为 10L/min，铈氧化度可达 98% 以上。

也可在稀土硫酸盐碱转化同时加压氧化，压力为 0.4MPa，固液比 1∶2，温度 80℃，碱深度为 130g/L，气流量 10L/min，作业经 1.0~1.5h，氧化率大于 95%。

氧化后所得氢氧化稀土浆液送洗涤过滤。基于在稀酸中 $Ce(OH)_4$ 难溶而三价稀土氧化物易溶的特性，用 10% 硝酸或盐酸进行优溶，严格控制过程 pH 值为 4~5，经洗涤过滤后，可得铈富集到 80%~85% 的富集物，铈的直收率约为 90% 左右。

二、氯气氧化法

氯气氧化法是在含有三价稀土氢氧化物的浆液中通入氯气，使 Ce^{3+} 氧化成 Ce^{4+} 并生成盐酸，浆液由原来的弱碱性变成弱酸性，其反应式为：

$$2Ce(OH)_3 + Cl_2 + 2H_2O = 2Ce(OH)_4 + 2HCl$$

氯气氧化过程中其他三价稀土氢氧化物则被生成盐酸溶解。只要严格控制过程的 pH 值为 3.5~4.0，就可使四价 $Ce(OH)_4$ 留在沉淀中。

当稀土为氯化物时，如氯化稀土为 100g/L，pH 值为 3.5~4.0 的 $0.5m^3$ 溶液中，在温度 50~60℃ 下通入氯气量为 3kg/h，则发生氯化反应：

$$2CeCl_3 + Cl_2 + 2xH_2O = 2Ce(OH)_xCl_{4-x}↓ + 2xHCl$$

由于反应过程中不断产生 HCl，为维持溶液的 pH 值为 3.5~4，需要加入 100g/L NaOH 中和，中和时，局部易过碱而生成 $RE(OH)_3$，但易被 HCl 所溶解。故有时改用 Na_2CO_3。

三、双氧水氧化法

上述空气氧化法分离铈，都没有较完全地将铈分离出去。在化学法提取铈的过程中，都希望首先把铈尽可能分离，双氧水氧化就是分离铈的有效方法之一。

双氧水氧化只有在碱性、中性或弱酸性介质中（一般在 pH 值为 5~6）Ce^{3+} 才能氧化成 Ce^{4+}。Ce^{4+} 可水解生成 $Ce(OH)_4$ 沉淀，也可生成 CeO_2 沉淀。

铈在碱性介质中的氧化过程是分两个阶段进行，首先以 0.5mol 的双氧水将 1mol Ce^{3+} 氧化水解成 $Ce(OH)_4$，然后再氧化则生成过氧化铈，这一过程消耗双氧水达 3 倍以上，其反应式为：

$$2Ce(OH)_3 + H_2O_2 = 2Ce(OH)_4$$
$$2Ce(OH)_3 + 3H_2O_2 = 2Ce(OH)_3OOH + 2H_2O$$

过氧化物在加热至 85℃ 以上时即被破坏，转变成 $Ce(OH)_4$ 沉淀。

在弱酸性稀土溶液时，可在室温下加入适量双氧水，并加入氨水或碱，使溶液始终保持在 pH 值为 5~6，则三价铈氧化成四价。接着水解生成红褐色的过氧化铈沉淀。待氧化完全后，将溶液和沉淀物加热至 85℃以上，直至红褐色沉淀物完全变为淡黄色的四价氢氧化铈为止。

该氧化方法能比较完全地分离铈，但沉淀过滤性能差，产品纯度可大于 85%。同时要求原料中不能含有 Th、Fe、Mn、Zr、Ti 等杂质，以免影响铈的质量。

四、高锰酸钾氧化法

该法也是一种比较有效分离少量铈的方法。将高锰酸钾溶液（20%浓度）在不断搅拌下，缓慢加到热的稀土弱酸性或中性溶液中，直至红色不变为止，其反应为：

$$3Ce(NO_3)_3 + KMnO_4 + 4H_2O \Longrightarrow 3CeO_2 + MnO_2 + KNO_3 + 8HNO_3$$

为了中和反应生成的酸，并保持水解析的 $CeO_2 \cdot xH_2O$ 所需的 pH 值。常用碳酸钠为中和剂，其用量为 1mol 高锰酸钾需加 4mol Na_2CO_3（质量比为 2∶7）。一次操作基本可完全分离回收铈。所得 CeO_2 纯度可达 95%以上。若重复进行作业，其纯度可达 99%以上。该工艺虽然简单，但沉淀中常含有 MnO_2，尚需进行除锰。

第二节　铕的还原分离

稀土经钕钐和钆铽萃取分组后得到钐、铕、钆富集物（$Eu_2O_3/\sum RE_2O_3 \geqslant 8\%$），从中分离提取铕可以利用

(1) Eu^{2+} 与 RE^{3+} 碱性差异（碱度还原法提铕）。

(2) 利用 Eu^{2+} 与 RE^{3+} 硫酸盐溶解度差异（富集铕）。

(3) Eu^{2+} 与 RE^{3+} 萃取差异（萃取法）来实现。

前面已述，铕可表现为二价，从表 6.1 所列的氧化还原电位可知，铕较其他稀土更容易还原成二价。因此，分离提取铕，首先要将铕进行还原。

一、铕的还原

铕还原方法主要有三种，即锌粉（锌粒）还原法，汞齐（钠汞齐、锂汞齐）还原法以及电解还原法。目前工业上利用碱性差异和硫酸盐溶解度差异提取铕主要采用锌粉（锌粒）还原；随着规模扩大，提取铕方法由碱度还原法逐渐过渡到萃取法，相应的铕还原也由锌粉还原过渡到电解还原；汞齐还原法虽然分离效果好，但因对周围环境造成污染和对人体的毒害严重，故一般不采用。下面主要介绍电解还原。

Eu(Ⅲ) 的电解还原：一是采用不溶性工业纯钛为阴极，贵金属涂层钛电极为阳极，阴极液为 Sm、Eu、Gd 氯化物水溶液，阳极液为盐酸或盐酸和氯化钠溶液，两个极室之间用阴离子或阳离子交换膜隔开，该技术目前在甘肃稀土、虔东稀土两家企业应用；二是以不溶性工业纯钛为阴极，以涂层钛电极为阳极，阴极液为 Sm、Eu、Gd 氯化物水溶液，阳极液为钐钆反液，两个极室之间用离子交换膜隔开，以含三价铕离子的钐钆萃取反液作为阳极电解液，部分从阴极室透过离子交换膜进入阳极液的铕离子可以随阳极液一起富集铕。采用二价铕与三价稀土萃取分离后的萃余液（氯化亚铕溶液）来吸收氯气，替代传统

工艺中采用双氧水氧化萃余液（氯化亚铕溶液）。目前，该技术在广东富远稀土、福建金龙稀土、中铝广西金源稀土、清远嘉禾稀土四家稀土企业得到应用。

二、利用Eu²⁺与RE³⁺硫酸盐溶解度差异提取铕

钐、铕、钆富集物首先采用硫酸进行溶解，再经锌粉或电解还原后得到两价铕和三价稀土硫酸盐，加入$BaCl_2$溶液后，Ba^{2+}与溶液中的SO_4^{2-}形成$BaSO_4$沉淀，由于Eu^{2+}具有碱土金属性质，在$BaSO_4$沉淀过程中，$EuSO_4$与$BaSO_4$形成共沉淀：

$$Eu^{2+} + Ba^{2+} + SO_4^{2-} === EuSO_4 \cdot BaSO_4 \downarrow$$

过滤后的滤液供钐钆分离，得到的$EuSO_4 \cdot BaSO_4$沉淀采用H_2O_2进行氧化：

$$6EuSO_4 \cdot BaSO_4 + 3H_2O_2 + 6HCl === 2Eu_2(SO_4)_3 + 2EuCl_3 + 6BaSO_4 \downarrow + 6H_2O$$

Eu^{2+}经碳铵或草酸沉淀、灼烧得到粗氧化铕。硫酸盐溶解度差异提取氧化铕流程如图6.1所示。

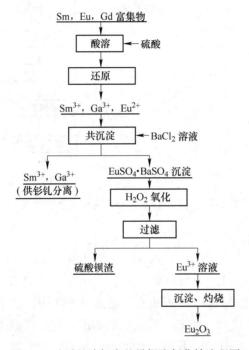

图6.1 硫酸盐溶解度差异提取氧化铕流程图

三、利用Eu²⁺与RE³⁺碱性差异提取铕——碱度还原法提铕

二价铕离子具有碱土金属的性质，与三价稀土离子碱度（即氢氧化物溶度积）的差别很大，在水溶液中不与OH^-生成氢氧化物沉淀，而三价稀土离子与OH^-生成难溶于水的氢氧化物沉淀，溶度积达到$10^{-19} \sim 10^{-24}$，利用Eu^{2+}与RE^{3+}碱性差异即锌粉还原-碱度法，可制得纯度99.99%的氧化铕。碱度还原法制备荧光级氧化铕流程如图6.2所示。其实质基于二价与三价稀土元素碱度的差别而进行稀土与铕的分离。三价铕用锌粉（或锌粒）还原成二价铕之后，用氨水沉淀三价稀土，此时因二价铕与碱土金属性质相似而留在溶液中。

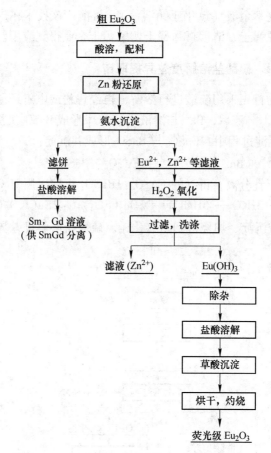

图 6.2　碱度还原法制备荧光级氧化铕流程图

还原及沉淀反应如下：

$$2EuCl_3 + Zn \xrightarrow{\quad\quad} 2EuCl_2 + ZnCl_2$$

$$RECl_3 + 3NH_4OH \xrightarrow{\quad\quad} RE(OH)_3 \downarrow + 3NH_4Cl$$

当溶液中 Eu^{2+} 含量比较高时，Eu^{2+} 也有可能形成 $Eu(OH)_2$ 沉淀。为了减少铕的损失，常在溶液中加入适量的 NH_4Cl，使 Eu^{2+} 形成稳定的配合物，以减少 $Eu(OH)_2$ 沉淀的生成。Eu^{2+} 在有 NH_4Cl 存在时可发生如下反应：

$$Eu(OH)_2 + 2NH_4Cl \longrightarrow [Eu(NH_3)_2 \cdot 2H_2O]Cl_2$$

但是 Eu^{2+} 在溶液中很不稳定，易发生如下反应：

$$Eu^{2+} + H^+ \longrightarrow Eu^{3+} + \frac{1}{2}H_2$$

$$Eu^{2+} + H^+ + \frac{1}{4}O_2 \longrightarrow Eu^{3+} + \frac{1}{2}H_2O$$

为了保证铕在分离过程中有较高的直收率，可以采用一些有效措施来减少上述反应的发生，如可降低酸性减少 H^+ 的氧化作用；或者使整个还原过程在惰性气氛下或空气隔绝的条件下进行；也可在固液分离时采用惰性溶剂（如煤气）作保护层隔绝空气防止氧化。在沉淀过程中加入适量 NH_4Cl 及控制一定的 NH_4OH 浓度，便可获得满意的分离效果。

锌粉还原-碱度法提铕的工艺条件为：氯化稀土溶液浓度为 50~60g/L，pH 值为 3~4，NH_4Cl 浓度为 1.5~2.0mol/L，锌粉用量为 10g/L，锌粉粒度约为 0.074mm，氨水浓度为 2.0mol/L，其用量与原始料液体积相同。还原时间 10~20min。还原温度为 25℃，还原过程和沉淀过程均在密闭器中进行。过滤时先用煤油保护层，其厚度约为 2.5cm。滤液中的 Eu^{2+} 用双氧水氧化，沉淀出 $Eu(OH)_3$。然后经酸溶、草酸沉淀和灼烧成 Eu_2O_3 大于 98% 的粗产品。再经一次还原分离即可制得 99.99% 的高纯氧化物。

锌粉还原-碱度法提铕，具有铕与其他稀土分离效果好、化工试剂消耗少、生产周期短及存槽量小等优点，早期国内许多分离厂家采用此技术。锌粉还原-碱度法存在以下缺点：操作繁琐，需多次进行过滤、洗涤等手工操作；流程长，固液转化次数多。

四、还原-萃取法提取氧化铕

在萃取剂 P507 体系中，三价稀土元素与二价铕的分离系数为 $10^4 \sim 10^7$，通过还原后，采用 P507 萃取剂将三价稀土元素萃取至有机相，而二价铕保留在萃余液中，从而得到纯度 99.99% 的氧化铕。图 6.3 所示为锌粉还原-萃取法制备氧化铕流程。其是将调配好

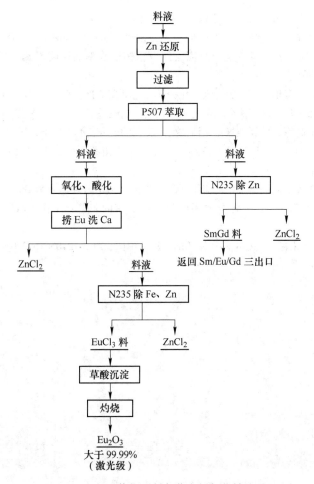

图 6.3 还原萃取法制备荧光级氧化铕流程

的稀土原料液直接用锌粉还原，使铕的还原率大于99%后，经流量计直接进入萃取槽进行 Eu^{2+} 和 RE^{3+} 萃取分离；萃取时使用水封式混合-澄清萃取槽（高纯氮气保护），溶液中有部分 Zn^{2+} 进入萃取液的 Sm、Gd 当中，部分进入萃余液 Eu 当中，Sm、Gd、Zn 反萃后从反萃液中回收 Zn 后进行 Sm、Gd 分离；萃余液经双氧水氧化、P507 捞铈洗钙、N235 除铁锌、精制草酸沉淀、灼烧后制得荧光级氧化铕。萃取法存在以下问题：二价铕易被空气和萃取剂中的氧气氧化，导致反萃液 Sm、Gd 中含有大量的铕，并且萃取段会出现白色三相层，影响萃取槽两相的流通；有机相和料液夹带的锌粉易积存于槽底，使萃取槽的有效体积逐渐减少，并造成水相口被堵塞，影响流通和稳定运转，增加锌粉的消耗。

思 考 题

6-1 试述氧化还原法分离铈的原理及技术特点。

6-2 简述碱度还原法提取铕的原理及工艺。

6-3 铕的还原有哪些方法？请加以叙述。

参 考 文 献

[1] 吴炳乾. 稀土冶金学［M］. 长沙：中南工业大学出版社. 1997.

[2] 乔军, 马莹, 王晶晶, 等. 高纯氢氧化铈制备工艺研究［J］. 湿法冶金, 2015, 34(2)：126-131.

[3] 李杏英, 刘志强, 陈怀杰, 等. 还原分离法制取粗铕回收率的影响因素［J］. 材料研究与应用, 2008, 2(1)：67-70.

[4] 李发金, 杨在玺, 徐金灿, 等. 荧光级氧化铕新工艺研究［J］. 稀土, 1991, 12(4)：58-61.

[5] 李梅, 满拥军, 郭玉华. 碱度法生产荧光级氧化铕工艺改进研究［J］. 稀土, 1998, 19(6)：64-66.

[6] 杨启山, 曹艳秋, 高丽娟. 高纯氧化铈清洁生产工艺的研究［J］. 稀土, 2008, 29(3)：64-67.

[7] 郝先库, 张瑞祥, 刘海旺. 还原萃取法制备荧光级氧化铕萃取剂自保护工艺：中国, CN1715427A ［P］. 2009, 1, 14.

[8] 刘建刚. 电化学在稀土湿法冶金中的应用［J］. 稀土, 1996, 17(3)：51-56.

[9] 龙志奇, 黄文梅, 黄小卫. 一种电解还原制备二价铕的工艺：中国, ZL02117300.1［P］. 2002, 4, 25.

[10] 刘志强, 邱显扬, 朱薇. 一种电解还原铕的方法：中国, ZL201210561672.0［P］. 2012, 12, 22.

第七章　钪的提取分离

钪是 1879 年瑞典的化学教授尼尔森和克莱夫差不多同时在稀有的矿物硅铍钇矿和黑稀尼尔森金矿中发现找到的一种元素。钪具有优异的物理、化学性能，目前已在冶金、化工、航天、核能、超导、电光源、电子元件、医疗等国民经济部门和高新技术领域得到应用。

第一节　钪的物料及其预处理

自然界中含钪的矿物多达 800 余种，在花冈伟晶岩类型矿的副产物中，几乎都含有钪，但含量却甚微，品位 $Sc_2O_3 > 0.05\%$ 的储量更少，而多数是与其他矿物伴生在一起，90%~95% 赋存在铝土矿、磷块岩及钛铁矿中，少部分在铀、钍、钨、稀土矿中，单独的钪矿床，目前只发现有以下三种：钪钇矿、铁硅钪矿、钛硅酸稀金矿和水磷钪矿。目前，全世界储量为 200 万吨左右，主要分布于俄罗斯、中国、塔吉克斯坦、美国、马达加斯加、挪威等国家。

我国钪资源非常丰富，与钪有关的矿产储量巨大，如铝土矿和磷块岩矿床、华南斑岩型和石英脉型钨矿床、华南稀土矿、内蒙古白云鄂博稀土铁矿床和四川攀枝花钒钛磁铁矿床等。其中铝土矿矿床和磷块岩矿床占优势，其次是钨矿床、钒钛磁铁矿床、稀土矿床和稀土铁矿床。据估计铝土矿和磷块岩矿的钪储量约 29 万吨，占所有钪矿类型总储量的51%，其含量为世界铝土矿钪平均含量（按 Sc_2O_3 为 38μg/g）的 1~4 倍。国内钪资源的主要分布见表 7.1。

表 7.1　我国钪资源及主要分布

含钪矿物	钪 资 源 分 布
铝土矿和磷块岩矿	主要分布于华北地台（主要包括山东、河南和山西）和扬子地台西缘（主要包括云南、贵州和四川）。铝土矿的 Sc_2O_3 含量为 40~150μg/g；贵州开阳磷矿、瓮福磷矿、织金新华磷矿磷块岩的 Sc_2O_3 含量为 10~25μg/g
钒钛磁铁矿	攀枝花钒钛磁铁矿超镁铁岩和镁铁岩的 Sc_2O_3 含量为 13~40μg/g，钪主要赋存于钛普通辉石、钛铁矿和钛磁铁矿
钨矿	华南斑岩型和石英脉型钨矿具有较高的钪含量，黑钨矿的 Sc_2O_3 含量一般为 78~377μg/g，个别达 1000μg/g
稀土矿	华南地区储量巨大的离子吸附型稀土矿中发现了规模较大的富钪矿床，Sc_2O_3 在 20~50μg/g 为伴生钪矿床，大于 50μg/g 为独立钪矿床；白云鄂博稀土铁矿的岩石中 Sc_2O_3 平均含量为 50μg/g
其他矿物	广西贫锰矿中的钪含量约为 181μg/g，以离子吸附形式赋存

钪的独立矿床极为稀少，当前，世界上具有工业意义的钪资源，主要来自处理铀钍矿、钨锡矿、钽铌矿、稀土矿、钛铁矿、铝土矿和白云母等的生产副产物。由于钪资源非

常分散，其矿物组成又十分复杂，因此目前世界氧化钪的产量仅几百公斤。

我国自 20 世纪 70 年代以来，冶炼钪的原料不断有所发现，如来自处理钨锡铍石英脉矿、钨锡矿、黑钨矿、钒钛磁铁矿、砂锡矿及稀土铌铁矿的废渣、烟尘、废液和钒钛磁铁矿经选矿后获得的钪精矿等。工业上是在综合处理这些稀有金属矿石时伴生回收分散的钪。

目前含钪物料有：黑钨矿（原矿含 Sc 0.05%）经碱分解后得到的钨渣含 Sc_2O_3 150 ~ 600g/t，经预处理后，再用盐酸溶解所得 $ScCl_3$ 溶液作为提炼 Sc_2O_3 的原料；钛铁矿用硫酸法生产钛白粉后的水解母液为含钪废液，其含 Sc_2O_3 10 ~ 25g/m³，作为提 Sc_2O_3 的原料；含钪烟尘主要为海绵钛氧化所得烟尘，经处理后，再用酸溶制得含钪料液作为提取 Sc_2O_3 的原料，该烟尘中含有 Sc_2O_3 736g/t，1/4 的钪精矿主要为钒钛磁铁矿选矿后所得钪精矿，钒钛磁铁矿含 Sc 27g/t，钪精矿含 Sc 112 ~ 114g/t，将钪精矿用盐酸溶解后获得 $ScCl_3$ 溶液作为提取 Sc_2O_3 的原料。

第二节 钪的提取分离

钪的提取一般要经过 4 个阶段：（1）从含钪很低的原料中初步富集钪。（2）分离杂质制取工业粗氧化钪（富钪精矿）。（3）精炼提纯制取高纯氧化钪（纯度 99% 以上）。（4）由高纯氧化钪制取金属钪。金属钪的制备主要有熔盐电解法、金属热还原法、氯化钪钙还原法和气相还原法 4 种。氧化钪的制备涉及前三个步骤，通常采用化学沉淀-溶剂萃取-离子交换-萃淋色层相结合的综合处理方法，通过富集-净化-精制-提纯的联合流程，来获得工业纯（Sc_2O_3 大于 98%）乃至高纯的氧化钪（Sc_2O_3 大于 99.99%）。由于钪在矿物中极为分散，而且含量非常低，使得回收的工艺复杂化，导致目前仅能从少数的原料中回收钪。

一、以四氯化钛的氯化烟尘为原料提取钪

以氯化烟尘为原料提取氧化钪的处理流程如图 7.1 所示。氯化烟尘中含 Sc_2O_3 0.13% ~ 0.16%，用盐酸浸出，浸出固液比为 1:2。实践证明酸度对浸出影响不大，浸出率随温度升高而增加，平均浸出率达 80% ~ 85%。浸出液采用 25%P_{204} + 15%仲辛醇 + 60%煤油进行萃取：

$$2Sc^{3+} + 6(HA)_2 =\!=\!= 2Sc(HA_2)_3 + 6H^+$$

当萃取酸度大于 2.5mol/L 时，萃取率可达 90%。萃取后酸洗 2 ~ 3 次除去其他各种离子，再用 5%NaOH 溶液反萃，反萃率近 95%：

$$Sc(HA_2)_3 + 3NaOH =\!=\!= Sc(OH)_3\downarrow + 3HA_2^- + 3Na^+$$

所得 $Sc(OH)_3$ 用 2mol/L 盐酸溶解后，再通过 TBP 萃取或离子交换提纯。

萃取： $$ScCl_3 + (2 ~ 3)TBP =\!=\!= ScCl_3 \cdot (2 ~ 3)TBP$$

反萃： $$ScCl_3 \cdot (2 ~ 3)TBP + H_2O =\!=\!= ScCl_3 + (2 ~ 3)TBP + H_2O$$

控制 pH 值在 1.0 ~ 1.5 进行草酸沉淀，沉淀率可达 97% 以上。在温度为 800 ~ 850℃ 的条件下灼烧，所得纯度大于 98% 的白色氧化钪，再经酸溶和三次草酸沉淀可得纯度 99.5% 的氧化钪。整个流程钪的总收率约 60% 左右。

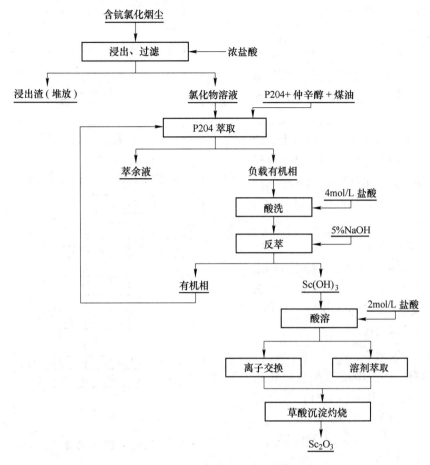

图 7.1 以四氯化钛的氯化烟尘为原料提取钪流程

二、从钛白废酸中提取氧化钪

在用硫酸法生产钛白粉时，无论采用钛精矿作为原料，还是采用高钛渣为原料其生产过程中均要产生大量的稀硫酸，即钛白废酸，此酸中除含有硫酸外，还含有大量杂质如硫酸亚铁、硫酸镁、硫酸铝、硫酸钙及少量偏钛酸等。表 7.2 为某厂产生的钛白废酸成分。

表 7.2 钛白废酸的主要成分 (g/L)

Sc_2O_3	TiO_2	Ti_2O_3	Fe	H_2SO_4
0.024	22.17	0.30	39.20	435.52

钛白废酸提取氧化钪的工艺流程如图 7.2 所示。

（一）一次萃取

采用：12%P204+5%TBP+3%苯乙酮+80%煤油组成的有机相，有机相与废酸相比 $(O/A)=5:1$，2 级逆流萃取。钪的萃取率大于 90%，钛的萃取率小于 2%，该三元萃取剂可以一次有效地分离废酸中的钛，钛钪比由原来的大于 900 降低到萃取后的小于 20，较有效地实现了钪钛的分离。苯乙酮的加入有效防止了第三相的生成，且萃取分相快，界面清晰，同时抑制了铁的萃取。

（二）一次反萃

经萃取得到的负载有机相含 Sc_2O_3 100~120mg/L，主要杂质为钛和微量的铁。所用反萃剂为 5% 碳酸钠溶液，相比为 1∶1。反萃得到的混合物静置分层，上层有机相经酸洗再生后返回一次萃取使用。下层水相混合物经过滤后，大部分的钛水解形成沉淀进入滤渣，钪留在滤液中，从而达到钪与杂质分离的目的。

（三）二次萃取

反萃滤液用 6mol/L 的盐酸调 pH 值小于 1，用 12%P204+5%TBP+3%苯乙酮+80%煤油做萃取剂，相比（O/A）=1∶2，一级萃取 10min。

（四）二次反萃

负载有机相用 100g/L 的氢氧化钠溶液反萃，相比（O/A）=1∶1，搅拌加热，温度 70~80℃，时间 30min，经二次反萃后，钪可以富集到 30% 左右，钛减少到 0.2% 以下。

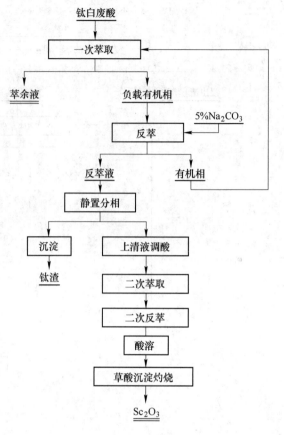

图 7.2　从钛白废酸中提取氧化钪流程

（五）草酸沉淀灼烧、煅烧经反萃得到的氢氧化钪

草酸沉淀灼烧、煅烧经反萃得到的氢氧化钪。按照成熟的盐酸溶解草酸沉淀工艺进行两次提纯处理，最后得到纯度为 99.9% 的氧化钪产品。

三、从钨渣中提取氧化钪

现行的钨冶炼工艺都是首先采用碱分解，钨精矿碱分解产生的不溶渣称为钨渣，也称碱煮渣。几乎所有的钨渣中都含有少量的 Sc、W 等有价金属，WO_3 含量达 1%~2%，Sc_2O_3 含量达 0.02%~0.04%，其具有较大的综合回收价值。

目前从钨渣中回收钪主要有两类方法：一是采用湿法工艺直接从钨渣中提取钪；二是钨渣（主要是黑钨渣）经火法还原熔炼使钨、铁、锰形成合金，而钪等稀有金属在熔炼渣中得到富集，再通过湿法方法从熔炼渣中提取钪。

（一）从钨渣中直接提取氧化钪

从钨渣中采用"浸出-还原-萃取-沉淀"直接提取氧化钪，从钨渣中直接提取氧化钪流程如图 7.3 所示。在酸浸之前，如果钨渣中残余有碱，须用水洗去。

1. 硫酸浸出

浸出前将钨渣磨细至小于 0.125mm，控制液固比 5∶1，在 125℃下、采用浓度为

6mol/L 硫酸浸出 4h，经二段浸出得到浸出液含氧化钪为 0.065～0.075g/L ，残余硫酸浓度 0.25～1mol/L，Fe^{3+}：304.4g/L，Mn^{2+}：26.8g/L，钪的浸出率可达 95%。

2. 铁粉还原

伯胺 N1923 能萃取 Fe(Ⅲ)，但基本上不萃取 Fe(Ⅱ)。因此，可用铁屑将 Fe(Ⅲ) 还原为 Fe(Ⅱ) 以分离大量铁。铁屑的用量为每升料液加入 20～30g ，室温下还原反应 24h，过滤后萃取。

3. 伯胺 N1923 萃取

采用有机相为 5%～15% N1923-ROH-煤油溶液，萃取相比（O/A）为 1:4，钪的萃取率可达 99%。伯胺 N1923 对 Sc^{3+} 萃取率与硫酸浓度有关，在低硫酸浓度时，伯胺先与硫酸络合成 $(RNH_3)_2SO_4$，再与 Sc^{3+} 反应，在硫酸浓度较高时，$(RNH_3)_2SO_4$，继续萃取硫酸生成 $(RNH_3)HSO_4$，$(RNH_3)HSO_4$ 再与 Sc^{3+} 反应。由于在高酸度时，中间经历了由 $(RNH_3)_2SO_4$ 向 $(RNH_3)HSO_4$ 转化的过程，所以萃取速率相对于低酸度来说较慢。

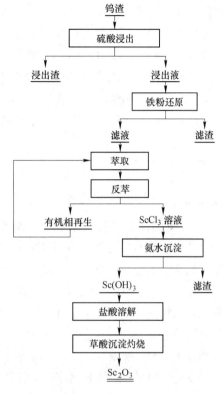

图 7.3 从钨渣中直接提取氧化钪流程图

伯胺萃酸：

$$2RNH_{2(O)} + H_2SO_4 \Longrightarrow (RNH_3)_2SO_{4(O)}$$

钪的反应平衡：

$$Sc^{3+} + 2SO_4^{2-} \Longrightarrow Sc(SO_4)_2^-$$

钪的萃取：

$$2Sc(SO_4)_2^- + (RNH_3)_2SO_{4(O)} \Longrightarrow 2[RNH_3^+] \cdot [Sc(SO_4)_2^-]_{(O)} + SO_4^{2-}$$
$$2[RNH_3^+] \cdot [Sc(SO_4)_2^-]_{(O)} + 3(RNH_3)_2SO_{4(O)} \Longrightarrow (RNH_3)_3Sc(SO_4)_3 \cdot (RNH_3)_2SO_{4(O)}$$

4. 洗涤与反萃取

由于伯胺 N1923 在萃取富集钪时，也有铁、钛等杂质被萃取，为此需要进行洗涤除去。基于负载有机相中的铁和钛分别可以被一定浓度的硫酸和含有双氧水的盐酸溶液洗脱掉，选择含有 7%H_2O_2 + 10%H_2SO_4 + 5%HCl 混合溶液作洗涤剂，相比 O/A 为 1:1 洗涤，96% 的钛和 98% 的铁被洗涤，2.5% 的钪损失。洗涤后有机相用 3.5mol/L 的盐酸溶液作反萃剂：

$$[RNH_3^+] \cdot [Sc(SO_4)_2^-]_{(O)} + 4HCl \Longrightarrow RNH_3 \cdot Cl_{(O)} + ScCl_3 + 2H_2SO_4$$
$$(RNH_3)_3Sc(SO_4)_3 \cdot (RNH_3)_2SO_{4(O)} + 8HCl \Longrightarrow 5RNH_3 \cdot Cl_{(O)} + ScCl_3 + 4H_2SO_4$$

负载有机相中 98% 以上的钪被反萃，同时 17% 的钛，12% 的铁和 2% 左右的锰也被反萃。反萃后的有机相用 0.25mol/L H_2SO_4 洗涤再生。

为得到更高纯度的 Sc_2O_3，采用两步沉淀法净化氯化钪溶液。先以氨水作为沉淀剂将氯化钪沉淀为 Sc(OH)₃，既分离氨性介质中不沉淀的杂质，又可以提高钪的浓度。过滤，再用盐酸溶解、草酸再次沉淀钪，而铁、铝和钛不会在草酸溶液中沉淀，以达到和钪分离的效果。草酸钪缓慢升温灼烧获得氧化钪产品。

（二）从钨渣还原熔炼渣中提取氧化钪

钨渣在还原剂焦粉的存在下，经高温还原熔炼可得到钨铁锰多金属合金，93%～95%的钪及铀、钍和铌等稀有金属富集于渣中，熔渣的主要成分见表7.3。

表 7.3　钨渣还原熔炼渣成分　　　　　　　　　　　　　　　（%）

成分	Sc_2O_3	Fe	Mn	WO_3	Nb_2O_5	Ta_2O_5	ThO_2	SiO_2
含量	0.06～0.08	2～4	3～6	0.05～0.1	0.2～0.5	2～5	0.1～0.3	16～20

从钨渣还原熔炼渣回收钪流程如图 7.4 所示。

（1）硫酸自热分解、水浸出。还原熔炼渣经水淬、球磨后，加入渣量的 1.1 倍工业浓硫酸，即发生剧烈自热反应，无需蒸汽加热，钪、稀土及钍、铀等转为可溶性硫酸盐，用 4 倍渣量的水进行浸出，稀土、钪、钍、铀大部分进入溶液中。

（2）P204-TBP 协同萃取富集钪、钍、铀。浸取液用 12%P204 +10%TPB +5%仲辛醇+ 73% 磺化煤油的萃取剂进行萃取，经 6mol 的盐酸洗涤，钪、铀、钍留在有机相，而稀土进入水相，水相用氨水中和沉淀并过滤、烘干、灼烧后即得混合稀土氧化物；有机相用 2.5mol 氢氧化钠溶液反萃得到含钪 70%～80%的富集物。

（3）萃取色层和环烷酸萃取制备高纯氧化钪。富集物盐酸溶解后调整酸度为约 9.0mol/L，经 60～80 目含 TBP 的萃淋树脂进行萃取色层吸附，用 9.0mol 的盐酸淋洗微量稀土和钛等，再用 6mol 的硝酸解吸钪得到硝

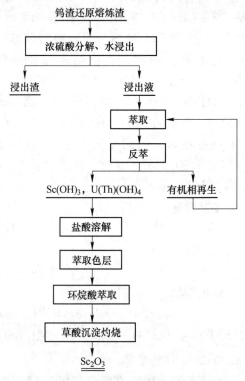

图 7.4　从钨渣还原熔炼渣回收氧化钪流程

酸钪。硝酸钪用环烷酸萃取分离微量钙、铁、硅、镁等杂质，再经精制草酸沉淀过滤，900℃高温灼烧制得高纯 99.99%氧化钪。

四、从赤泥中回收氧化钪

赤泥是氧化铝生产过程中铝土矿碱溶出产生的残渣，每生产 1t 氧化铝产出 1.0～1.3t 赤泥。赤泥中除含有 Al_2O_3、CaO、SiO_2、Fe_2O_3、TiO_2、Na_2O 外，还含有 0.0034%～0.0093%的钪，其富存的总量相当可观，赤泥是一种很好的提取钪资源原料。由于品位低，工艺流程长，产生不了经济效益，到目前为止还没有实现工业化生产，一直处在优化研究中。

图 7.5 所示为某赤泥处理提取氧化钪的流程。赤泥经三段盐酸、硫酸分步浸出得到钪浸出液，含钪浸出液通过萃取富集和萃取提纯得纯氧化钪。

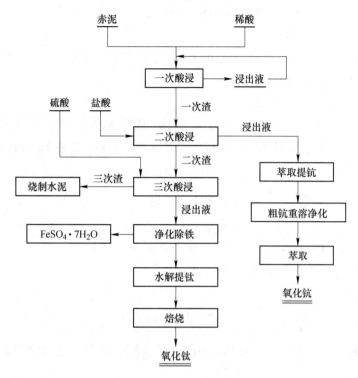

图 7.5　从赤泥回收氧化钪流程

（一）酸浸

1. 一段盐酸浸出预处理

主要将 Na_2O、CaO、$NaAlO_2$ 强碱性氧化物进行中和处理，把赤泥中 85% 的钠和 50% 的钙浸出到溶液中，再通过蒸发结晶的方式析出回收利用。

$$Na_2O + 2HCl == 2NaCl + H_2O$$
$$CaO + 2HCl == CaCl_2 + H_2O$$
$$NaAlO_2 + 4HCl == NaCl + AlCl_3 + 2H_2O$$

2. 二段盐酸浸出钪

将钪进行浸出，同时铁、铝也被浸出。Sc 的浸出率在 80% 以上，氧化铁、氧化铝浸出率达 90%，预处理未浸出的钙继续浸出，而钛基本不被浸出：

$$Sc_2O_3 + 6HCl == 2ScCl_3 + 3H_2O$$
$$Na_2O \cdot Al_2O_3 \cdot 2SiO_2 + 2HCl == 2NaCl + 2SiO_2 + Al_2O_3 + H_2O$$
$$Al_2O_3 + 6HCl == 2AlCl_3 + 3H_2O$$
$$Fe_2O_3 + 6HCl == 2FeCl_3 + 3H_2O$$

3. 三段硫酸酸浸回收钛

采用硫酸浸出主要目的是浸出钛，此时，大部分的钛被浸出，二段浸出时未被浸出的 Sc 和 Fe 继续浸出：

$$TiO_2 + 2H_2SO_4 \Longrightarrow Ti(SO_4)_2 + 2H_2O \longrightarrow TiOSO_4 + H_2SO_4 + H_2O$$
$$Fe_2O_3 + 3H_2SO_4 \Longrightarrow Fe_2(SO_4)_3 + 3H_2O$$
$$Sc_2O_3 + 3H_2SO_4 \Longrightarrow Sc_2(SO_4)_3 + 3H_2O$$

（二）Sc 的萃取和反萃

采用 P204 煤油溶液进行萃取、NaOH 反萃。原理与前面回收提取氧化钪一样，这里不再赘述。Sc 的萃取率达 95%以上。

（三）净化除杂制取氧化钪

反萃得到的 Sc(OH)$_3$盐酸重溶，用 N235 进行除铁后，用氨水调 pH 值至 1.2 左右，加草酸沉淀得到草酸钪，而钛不与草酸反应，草酸钪在 800℃ 焙烧 1h 得到纯度 97.27%氧化钪产品。

思 考 题

7-1　钪的资源有何特点；目前的工业化前景有哪几种？

7-2　不同钪资源的回收处理方法有什么共性，试举一例加以说明。

7-3　试述以四氯化钛的氯化烟尘为原料提取钪的原理及工艺。

7-4　试述从钛白废酸中提取氧化钪工艺。

参 考 文 献

[1] 廖春生，徐刚，贾江涛，等. 新世纪的战略资源—钪的提取与应用 [J]. 中国稀土学报，2001(4)：289-297.

[2] 董方，高利坤，陈龙，等. 钪的资源及回收提取技术发展现状 [J]. 矿产综合利用，2016(4)：21-26.

[3] 易宪武、黄春辉，王慰. 无机化学（丛书），第七卷，钪及稀土元素 [M]. 北京：科学出版社，1992.

[4] 钟学明. 从钨渣中提取氧化钪的工艺研究 [J]. 江西冶金，2002，22(3)：19-22.

[5] 刘彩云，符剑刚. 钨渣中钪的萃取回收实验研究 [J]. 稀有金属与硬质合金，2015，43(5)：4-8.

[6] 李勇明，陈建军. 对钛白水解母液中提钪工艺流程的改进研究 [J]. 稀有金属与硬质合金，1997，1-4.

[7] 罗教生，王莉莉，王冠亚. 钨渣的综合利用研究 [J]，江西冶金，1998，18(6)：31-32.

[8] 李海，董张法，陈志传，等. 钛白废酸中钪的提取工艺改进 [J]. 无机盐工业，2006，38(9)：51-53.

[9] 满露梅，樊艳金，黄家富，等. 用溶剂萃取法从废酸液中分离钪、钛 [J]. 湿法冶金，2016，47(3)：231-234.

[10] 樊艳金，何航军，张建飞，等. 钛白废酸与赤泥联合提取氧化钪的工艺研究 [J]. 有色金属（冶炼部分），2015，1(5)：55-57.

[11] 刘慧中，汤惠民. 从钨渣中提取钪的研究 [J]. 上海环境科学. 1990，9(3).

[12] 梁焕龙，罗东明，刘晨，等. 从钨渣中浸出氧化钪的试验研究 [J]. 湿法冶金，2015，34(2)：114-116.

第八章　熔盐电解法制取稀土金属及稀土合金

稀土矿物经处理和分离提纯后，得到稳定的稀土氧化物、氯化物或氟化物等形态的中间产品，一方面用于冶金机械、石油化工、玻璃陶瓷、农业纺织和稀土新材料中，另一方面还要进行进一步冶炼成金属（合金）用于国防、军工等所需的新材料各领域。

稀土元素是活性很强的元素，且稀土金属的熔点高，难以用一般的方法从其相应的化合物中提取出来。以稀土的氯化物、氟化物和氧化物为原料，主要采用熔盐电解、金属热还原两类方法制取稀土金属及稀土合金。所得到的金属（合金）再通过火法精炼进行进一步提纯。

稀土金属冶炼技术始于瑞典化学家莫桑德尔于 1862 年研究的金属钠、钾还原无水氯化铈制备金属铈，此后 1875 年希勒布兰德和诺尔顿又用氯化物熔盐电解法制得了金属铈、镧和少量镨钕混合金属，到 20 世纪 30 年代末逐步发展了稀土氯化物和氟化物熔盐体系电解和金属热还原两大生产工艺技术。

稀土单一金属及稀土合金的广泛应用和科技进步促进了稀土金属及合金制取工艺技术的进步和生产规模的扩大。核工业技术的发展要求具备获得原子俘获截面小的金属钇和俘获截面大的金属钐、铕材料，这种需求发展了稀土氟化物钙热还原法和氧化钐、氧化铕直接用镧还原-蒸馏法分别制备金属钇和金属钐、铕的生产工艺技术。

20 世纪 70 年代钐钴永磁材料研发和应用，促进了金属钐制取技术的运用及发展，至 2000 年钐的单炉产量达到 100kg，回收率达到 95%，纯度达到 99.95%。

20 世纪 80 年代由于 NdFeB 高性能永磁材料应用和发展，推动了稀土氟化物体系电解工艺、设备的发展，电解槽规模由试验室 100 多安培提到 3000A，到 2000 年末达到 6000A，2002 年达到 10000A，2008 年达到了 25000A。同时金属镝、铽的在稀土永磁体中的应用，使金属热还原法制备金属镝、铽的技术和设备也达到了产业化的规模。

随着 20 世纪 90 年代初镍氢电池成果的推广应用，稀土氯化物熔盐体系电解制取低镁、低铁的富镧或富铈混合电池阴极稀土金属合金的技术和设备得到了快速发展。而大磁致伸缩材料(TbDyFe 合金) 的应用推动了高纯稀土金属镝、铽的技术进步。随着高新技术的发展，对稀土金属及合金种类、质量的需求不断提高，必将进一步促进稀土金属及合金制备技术和设备的发展。

第一节　制取稀土金属及合金原料的制备

制取稀土金属及合金的熔盐电解、金属热还原工艺的原料是稀土的氧化物、氟化物和氯化物，其中稀土氯化物、稀土氟化物含有结晶水。由于熔盐电解、金属热还原均是在高温下进行，无论是作为熔盐主要成分也还是作为热还原原料用的稀土卤化物都要求是无水卤化物，故在熔盐电解、金属热还原之前必须对稀土氯化物、稀土氟化物进行脱水处理。

稀土氯化物、稀土氟化物的制取分为湿法制取和干法制取。

一、无水稀土氯化物的制取

（一）稀土氯化物性质

稀土分离后可得稀土氯化物溶液，或将稀土氧化物或氢氧化物溶于盐酸中也可得稀土氯化物溶液，稀土氯化物溶液蒸发浓缩至稀土含量（以 RE_2O_3 计）为 40%~50%时进行冷却结晶，并在 100℃温度下干燥，可制得水合稀土氯化物，水合稀土氯化物一般以 $RECl_3 \cdot nH_2O$ 形式存在，$n=6~7$。无水和水合稀土氯化物都容易吸水而潮解，都易溶于水。表 8.1 为水合稀土氯化物的熔点。

表 8.1　水合稀土氯化物的熔点

氯化物	熔点/℃	氯化物	熔点/℃	氯化物	熔点/℃
$LaCl_3 \cdot 6H_2O$	70	$SmCl_3 \cdot 6H_2O$	68	$HoCl_3 \cdot 4H_2O$	84
$CeCl_3 \cdot 6H_2O$	96	$EuCl_3 \cdot 4H_2O$	91	$ErCl_3 \cdot 4H_2O$	84
$PrCl_3 \cdot 6H_2O$	60	$GdCl_3 \cdot 4H_2O$	94	$TmCl_3 \cdot 4H_2O$	90
$NdCl_3 \cdot 6H_2O$	70	$DyCl_3 \cdot 4H_2O$	90	$YCl_3 \cdot 6H_2O$	88

（二）稀土无水氯化物的制取

图 8.1~图 8.3 所示为 $LaCl_3 \cdot 7H_2O$、$CeCl_3 \cdot 7H_2O$、$YCl_3 \cdot 6H_2O$ 热分解曲线，从图中可知，La、Ce、Pr、Nd、Sm、Gd 的水合氯化物在 55~90℃便开始脱水，在 330~340℃范围内可脱水完成。在 445~680℃，铈的氯化物最终产物是 CeO_2，其他的为 REOCl。大多数稀土氯化物的脱水温度为 200℃左右，对于 La 至 Nd 的结晶氯化物，其开始脱水的温度较低，从 Sm 到 Lu 及 Y 的水合氯化物其开始脱水温度则较高。随着原子序数的增加，稀土氯化物与结晶水的结合能力增加。水合稀土氯化物脱水是分阶段进行的，先转变成含水少的氯氧化稀土中间化合物，最后转换为不含水的无水氯化物。

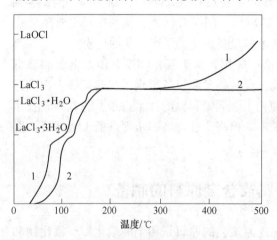

图 8.1　$LaCl_3 \cdot 7H_2O$ 热分解曲线

1—在空气中，加热速度 0.5~0.85℃/min；

2—在空气-氯化氢中，加热速度 1℃/min

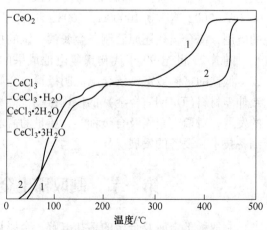

图 8.2　$CeCl_3 \cdot 7H_2O$ 热分解曲线

1—在空气中，加热速度 1.2℃/min；

2—在空气-氯化氢中，加热速度 1.2℃/min

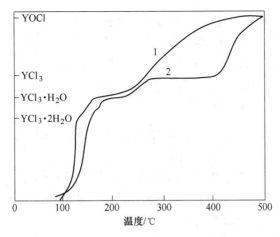

图 8.3　$YCl_3 \cdot 6H_2O$ 热分解曲线

1—在空气中，加热速度 0.5~0.85℃/min；2—在空气-氯化氢中，加热速度 1℃/min

以氯化镧为例，其脱水步骤如下：

$$LaCl_3 \cdot 7H_2O \longrightarrow LaCl_3 \cdot 6H_2O + H_2O \longrightarrow LaCl_3 \cdot 3H_2O + 3H_2O \longrightarrow$$
$$LaCl_3 \cdot H_2O + 2H_2O \longrightarrow LaCl_3 + H_2O$$

表 8.2 为结晶氯化稀土的脱水阶段、脱水温度和气相水解温度。单纯地加热 $RECl_3 \cdot nH_2O$，实际上不能得到无水稀土氯化物，因为无水稀土氯化物遇到排除水合物中的结晶水时，会水解生成氯氧化物稀土：

$$RECl_3 \cdot nH_2O = REOCl + 2HCl + (n-1)H_2O$$
$$RECl_3 + H_2O = REOCl + 2HCl$$

表 8.2　结晶氯化稀土的脱水阶段、脱水温度和气相水解温度

稀土氯化物	各脱水阶段的温度/℃				阶段脱水分子数				完全脱水温度/℃	开始气相水解温度/℃
	1	2	3	4	1	2	3	4		
$LaCl_3 \cdot 7H_2O$	52~100	123~140	169~192		4	2	1		192	397
$CeCl_3 \cdot 7H_2O$	50~102	121~127	142~148	153~211	4	1	1	1	211	384
$PrCl_3 \cdot 6H_2O$	51~97	115~127	137~147	177~227	3	1	1	1	227	370
$NdCl_3 \cdot 6H_2O$	67~97	111~117	141~151	157~217	3	1	1	1	217	350
$SmCl_3 \cdot 6H_2O$	77~112	130~137	155~163	171~204	3	1		1	204	340
$EuCl_3 \cdot 6H_2O$	84~125	134~143	163~170	175~203	3	1	1	1	203	335
$GdCl_3 \cdot 6H_2O$	68~130	137~163	163~200		3	1.5		1.5	200	327
$TbCl_3 \cdot 6H_2O$	87~140	142~162	168~198		3	2	1		198	320
$DyCl_3 \cdot 6H_2O$	90~130	147~158	180~197		3	2	1		197	312
$HoCl_3 \cdot 6H_2O$	72~117	122~147	169~190		3	2	1		190	300
$ErCl_3 \cdot 6H_2O$	70~102	110~147	162~189		3	2	1		189	280
$TmCl_3 \cdot 6H_2O$	82~127	145~167	180~190		3	2	1		190	260
$YbCl_3 \cdot 6H_2O$	70~110	117~144	152~199		3	2	1		199	244
$LuCl_3 \cdot 6H_2O$	80~134	137~180	180~210		3	2	1		210	217
$YCl_3 \cdot 6H_2O$	80~150	150~200			5	1			220	320

由于 REOCl 的化学稳定性是随温度的增高和稀土元素原子序数的增加而增大的，因此重稀土水合氯化物的脱水更容易生成氯氧化物；稀土氯氧化物是高熔点化合物，是在稀土金属（合金）生产中导致稀土金属回收率降低的主要原因。为防止氯氧化物的生成，可通过减压（真空）下，或在干燥氯化氢、氯化铵或氩气中进行。

1. 水合稀土氯化物直接脱水

为防止生成的无水稀土氯化物与脱除的结晶水生成稀土氯氧化物，脱水时常采用真空条件下或在氯化氨、氯化氢气体保护下脱水。

在真空下，在 $200 \sim 350℃$ 温度下直接加热含结晶水的稀土氯化物而制得无水稀土氯化物，其间控制炉内压力为 $10^4 Pa$，所脱除的水立即被抽成真空，从空间上隔离了水与稀土氯化物的接触，防止了氯氧化物稀土生成。

为抑制脱水过程中稀土氯化物水解，脱水可在氯化氨、氯化氢气体保护下进行。在 $400 \sim 500℃$ 温度下加热含结晶水的稀土氯化物脱去水分制得无水稀土氯化物。

$$REOCl + HCl === RECl_3 + H_2O$$

$$REOCl + 2NH_4Cl === RECl_3 + 2NH_3 + H_2O$$

NH_4Cl 是比 HCl 更有效的氯化剂，在氯化铵存在下，保持 $130 \sim 200℃$ 温度和低于 $0.67kPa$ 的炉内压力下，可以获得含氧量较低的稀土氯化物。

生产用设备如图 8.4 所示。稀土水合氯化物与 20% 的 NH_4Cl 混合装入置于料车框架上的搪瓷盘内，料层厚度一般约 $20 \sim 30mm$。料车推入窑中后，密闭窑门，用机械真空泵抽真空减压至 $1.3 \sim 1.6kPa$，并开始加热，加热时间根据物料的多少而定。

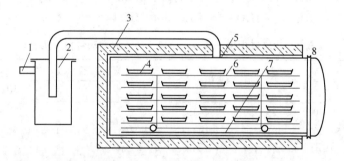

图 8.4 减压脱水炉

1—接真空系统；2—缓冲罐；3—加热炉；4—料盘；5—脱水炉罐体；6—料架；7—轨道；8—炉门

2. 稀土氧化物氯化

在一定温度下，稀土氧化物与氯气、氯化氢气体、氯化铵、四氯化碳等直接反应制取无水稀土氯化物。如稀土氧化物加碳高温氯气氯化是将稀土氧化物与碳按比例 $RE_2O_3/C = 1/0.123$ 制团后，在 $600 \sim 800℃$ 温度下反应生成稀土氯化物。其反应为：

$$RE_2O_3 + 3C + 3Cl_2 \longrightarrow 2RECl_3 + 3CO$$

用氯化氢或氯化铵作氯化剂，能获得杂质含量少的无水稀土氯化物。NH_4Cl 氯化时，相当于 $2 \sim 3$ 倍理论量的 NH_4Cl 与 RE_2O_3 均匀混合，装入氯化反应器后置于炉内加热一定时间。当控制氯化温度为 $300 \sim 350℃$，氯化率接近 100%，过量的 NH_4Cl，可通过抽真空通入 HCl 气体并在加热过程中脱除。

稀土氧化物氯化装置如图 8.5 所示。因产品质量、工艺技术和结晶上的一些原因，大部分未获得工业实际应用。

3. 稀土氯化物的蒸馏提纯

为制取纯度较高的稀土金属，必须尽可能地除去稀土氯化物中的铁、铝、硅、镁、钙、氧、硫、碳等杂质。目前是采用真空蒸馏法提纯氯化稀土，其原理是利用稀土氯化物与其他化合物在同一温度下蒸气压的差别，使稀土氯化物与低沸点及高沸点化合物杂质进行分离。被蒸出的稀土氯化物进入上部冷凝器凝结下来，而氧、碳等杂质留在坩埚底部。蒸馏结束后炉内充入氩气。

如无水氯化钇的蒸馏提纯：控制蒸馏温度为 $850 \sim 900℃$，压力为 $10^{-3} \sim 10^{-2} Pa$，蒸馏速度为 $0.3 \sim 0.36 kg/h$ 所提纯的无水氯化钇含氧、氯、钇及 YOCl 见表 8.3，蒸馏装置如图 8.6 所示。

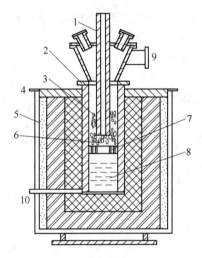

图 8.5　稀土氧化物加炭高温氯化装置

1—中心电极及氯化剂进气孔；2—导电板；3—料团块；
4—石墨被套；5—保温炉；6—石墨过滤层；7—石墨筛板；
8—无水氯化稀土；9—尾气出口；10—排料口

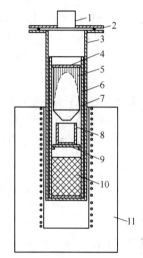

图 8.6　氯化钇蒸馏装置

1—接真空系统；2—密封圈；3—不锈钢罐；
4—镍制口盖；5—氯化钇冷凝物；6—镍里衬；
7—镍制冷凝器；8—钼坩埚；9—镍制支架；
10—粗氯化钇；11—加热炉

表 8.3　真空蒸馏提纯无水氯化钇的效果

元素含量（质量分数）/%	原熔铸 YCl_3	蒸馏 YCl_3	重蒸馏 YCl_3
氧		0.83 ± 0.16	0.35 ± 0.05
氯（理论量为5447%）	1.10 ± 0.02	53.04	54.14
钇（理论量为45.53%）		45.35	45.06
YOCl 不溶物		2.40	0.05

二、无水稀土氟化物的制取

（一）稀土氟化物性质

稀土氟化物具有较高的熔点和沸点，溶解度小，无吸水性，用氢氟酸可从稀土的盐酸、硫酸或硝酸溶液中沉淀析出得到水合氟化物。水合稀土氟化物受热分解得到无水氟化物，其曲线如图8.7所示。

（二）稀土无水氟化物的制取

1. 氢氟酸沉淀、脱水制取稀土无水氟化物

首先用氢氟酸在含稀土离子的溶液中将稀土离子转化为稀土氟化物沉淀，然后将稀土氟化物过滤，烘干，再将烘干的稀土氟化物放入真空脱水炉中脱水，真空脱水时控制温度 500~650℃，控制炉内压力为 $1.3\times10^{-4}\sim2.7\times10^{-4}\mathrm{Pa}$。

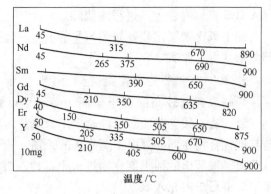

图 8.7　水合稀土氟化物热分解曲线

2. 无水氟化氢气体氟化制取稀土无水氟化物

在温度 600~700℃下，将无水氟化氢气体通入装有稀土氧化物的耐腐蚀容器中，经反应一定时间后，可将稀土氧化物转化为氧含量很低的稀土氟化物。

$$RE_2O_3+6HF \longrightarrow 2REF_3+3H_2O$$

实际操作时要控制好温度、反应时间、稀土氧化物料层厚度。一般是快速升温至650℃左右，保温4~5h，随后停止加热，冷却至300℃后停止通入 HF 气体，冷却到低于100℃即可出料。所制无水稀土氟化物的氧含量小于 0.01%~0.1%，氟化率大于99%，稀土回收率在98%以上。生产用的装置有立式炉和卧式炉两种，其装置示意图如图8.8，图8.9所示。

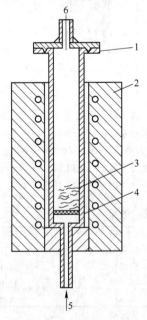

图 8.8　立式稀土氟化炉示意图
1—镍制氟化炉；2—加热炉体；3—稀土氧化物；
4—镍制内胆；5—氟化氢气体；6—排放尾气

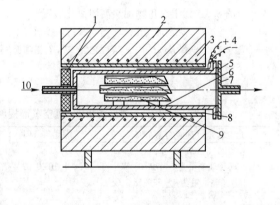

图 8.9　卧式稀土氟化炉
1—保温层；2—加热炉体；3—电热丝；
4—接温控器；5—密封圈；6—炉胆；7—炉盖；
8—炉体内腔；9—稀土氧化物；10—氟化氢气体

3. 氟化氢铵氟化制取稀土无水氟化物

将氟化氢铵与稀土氧化物混合料升温到 300℃ 保温 10h，最后再升温到 600℃ 保温 2~3h，即可将稀土氧化物转化为稀土无水氟化物。

$$RE_2O_3 + 6NH_4F \cdot HF \longrightarrow 2REF_3 + 6NH_4F + 3H_2O$$

稀土氟化率大于 99%。控制氟化氢铵的加入量为理论量的 130%。其反应装置简图如图 8.10 所示。

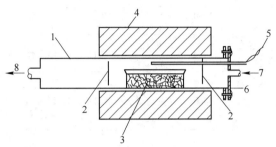

图 8.10　氟化氢铵氟化设备
1—耐腐蚀合金管；2—挡板；3—料舟；4—电阻炉；5—热电偶；6—法兰；7—干燥空气；8—排气

第二节　熔盐电解法制取稀土金属

熔盐电解是制取镧、铈、镨、钕等单一轻稀土金属、混合稀土金属，及钕铁、钆铁、镝铁、钬铁、钇铁、钇铝等稀土合金的主要工业生产方法。稀土熔盐电解具有可连续生产的特点，在稀土金属生产中占有重要地位，其应用范围广。

稀土熔盐电解有稀土氯化物熔盐体系（RCl$_3$-KCl）电解工艺和稀土氟化物熔盐体系（RF$_3$-LiF）电解稀土氧化物工艺，稀土金属熔盐电解工艺技术进展概况见表 8.4。

由于稀土氯化物熔盐体系电解过程烟气污染大、电流效率低、电耗高（约为 18~20kW·h/kg（金属）和稀土回收率较低（80%~85%），自 1980 年以后，氯化物熔盐体系电解技术发展变慢，国内外相继停止了用该技术生产。稀土氟化物熔盐体系电解稀土氧化物生产稀土金属的技术在解决了耐氟盐腐蚀的槽体材料后发展迅速，电解过程实现了自动化控温、加料和真空虹吸出金属，综合处理回收阳极气体，防止了大气污染，且电流效率达到了 75% 左右，稀土回收率 90% 以上；其电解工艺生产技术得到了进一步发展，2000年以后电解槽的大型化及自动化达到了工业化稳定生产水平。

一、稀土氯化物熔盐体系电解

稀土氯化物体系熔盐电解稀土金属起步较早，1875 年人们开始进行氯化物体系电解的研究，国外以往普遍采用经脱水后的结晶氯化稀土为原料进行电解，使用 2000~3000A 电解槽，电流效率为 40%~50%，国内原上海跃龙化工厂使用 10000A 电解槽。稀土氯化物体系熔盐电解生产稀土金属工艺因氯化稀土易吸收水分、电流效率低、操作难掌握、烟气治理困难、操作环境差，虽一度发展了一些大型电解槽，但还是因有以上缺点而逐渐被其他工艺所替代。

194

表8.4 稀土熔盐电解工艺技术进展概况

时间	电解槽型	电流/A	稀土原料	电流效率/%	优、缺点	生产单位
20 世纪 50 年代	上插单石墨阳极,铁阴极	2300	RCl_3 脱水料	约 40	电效低,阴极不合理,氯气污染环境	奥地利 Treibacher 厂
20 世纪 60 年代	石墨坩埚为槽体也是阳极,上插钨棒阴极	1000	RCl_3 脱水料	约 38	电效低	上海跃龙化工厂
	石墨坩埚为槽体也是阳极,上插钨棒阴极	1000	RCl_3 无水料	约 42	电效有提高	北京有研院、上海跃龙化工厂
	上插多石墨阳极,耐火砖砌筑,长方形槽体,钼棒阴极	3000	RCl_3 脱水料	约 35	电效低,有氯气及挥发盐的回收系统	上海跃龙化工厂
	上插多石墨阳极,耐火砖砌筑,长方形槽体,液态稀土金属为阴极,底部出料	5000	RCl_3 无水料	50~55	电极配置合理、电解渣综合回收稀土、KCl	德国 Goldschmidt
20 世纪 70 年代	上插多石墨阳极,耐火砖砌筑,长方形槽体,上插多棒阴极	10000	RCl_3 脱水料	约 35	电效较低、电极配置较合理、综合回收稀土和 KCl	上海跃龙化工厂
20 世纪 80~90 年代	氟化物体系氧化物电解,上插多石墨阳极,耐火砖砌筑,长方形槽体,底部液态金属阴极	20000	混合 REO	约 75	电效高,电耗低,稀土收率高	哈萨克斯坦
	氟化物体系氧化物电解,上插石墨桶状阳极和钼棒阴极,槽体为石墨坩埚	3000	Nd_2O_3	约 75	电效高,电耗低,稀土收率高	包头稀土研究院、赣州有色冶金研究所等
2000~2007 年	氟化物体系氧化物电解,上插多石墨阳极和多钼阴极,耐火砖及碳素材料砌筑槽体,自动加料,虹吸出金属	大于 10000	Nd_2O_3	大于 70	电效高,电耗低,稀土收率高,有阳极气体及挥发盐的回收处理系统	包头稀土研究院、赣州有色冶金研究所、西安西骏稀土实业公司
2008 年	氟化物体系氧化物电解,上插多钨阴极,耐火砖及碳素材料砌筑槽体,自动加料,虹吸出金属	大于 25000	Pr_6O_{11}+Nd_2O_3	大于 70	电效高,电耗低,稀土收率高,有自动出炉装置、有阳极气体挥发盐的回收处理系统	江西南方稀土高技术股份有限公司、包头稀土研究院等

(一) 稀土氯化物熔盐体系电解基本原理

稀土化合物的化学稳定性特别好,其水溶性化合物的电极电位比氢更负,很难从水溶液中电解制取稀土金属，常在熔融的熔盐电解质中电解制取稀土金属。

稀土氯化物熔盐体系电解过程中熔融稀土氯化物即是电解质主要成分，又是稀土电解过程中的原料。在直流电流作用下，稀土熔盐电解质中的稀土阳离子在电解槽阴极获得电子还原成稀土金属，在阳极上则析出氯气。

1. 电极过程

稀土氯化物熔盐体系电解是在熔融碱金属、碱土金属氯化物电解质中，以稀土氯化物为原料，在高于稀土金属熔点 $50 \sim 100℃$ 的温度下进行。以石墨作阳极，不与氯化物熔体和熔融稀土金属相互作用的钼或钨作阴极，在直流电场作用下，稀土氯化物在熔体电离出来的稀土阳离子和氯阴离子分别在阴、阳极上放电。其电极过程如下。

A　阴极过程

稀土氯化物和碱金属氯化物混合熔体的电解阴极过程分为 3 个阶段：

（1）在比稀土金属平衡电位更正的区间，即阴极电位为 $-1 \sim -2.6V$，阴极电流密度为 $10^{-4} \sim 10^{-2} A/cm^2$ 范围内，电位较正的阳离子先在阴极上析出，如：

$$2H^+ + 2e \longrightarrow H_2$$
$$Fe^{2+} + 2e \longrightarrow Fe$$

在此电位区间内，有些变价稀土离子也会发生不完全放电反应，如 Sm^{3+}、Eu^{3+} 等离子：

$$Sm^{3+} + e \longrightarrow Sm^{2+}$$
$$Eu^{3+} + 2e \longrightarrow Eu^{2+}$$

这些被还原的低价离子，部分会被流动的熔盐带入阳极区而被重新氧化，造成电流空耗。因此要求用于稀土原料和电解质中比稀土金属电位更正的元素以及变价元素含量应尽量低，以保证产品质量和提高电解电流效率。

（2）在接近于稀土金属平衡电位的区间，即阴极电位为约 $-3V$ 左右，阴极电流密度从 10^{-1} 至 nA/cm^2（n 为大于 10^{-1} 的数）范围内，稀土离子将在阴极直接被还原成金属：

$$RE^{3+} + 3e \longrightarrow RE$$

析出的稀土金属有可能部分再次溶于稀土氯化物熔体中，即发生二次反应：

$$RE + 2RECl_3 \Longleftrightarrow 3RECl_2$$

二次反应的发生会降低电流效率。随电解温度的升高二次反应将加剧。

电解出的稀土金属还可能与熔体中的碱金属离子发生置换反应，导致电流效率的降低：

$$RE + 3K^+ \Longleftrightarrow RE^{3+} + 3K$$

在上述电位区间内碱金属离子还可能被还原为碱金属低价离子：

$$2Me^+ + e \longrightarrow Me_2^+$$

（3）在阴极电位为 $-3.3 \sim 3.5V$ 的区间，当电解过程中阴极附近的稀土离子浓度逐渐变稀，电流密度处于其极限扩散电流密度值时，阴极极化电位会迅速上升，达到碱金属的析出电位时，碱金属离子将在阴极上析出：

$$Me^+ + e \longrightarrow Me$$

B　阳极过程

在稀土氯化物体系电解过程中，一般用石墨做阳极，阴极离子在石墨阳极上失去电

子,发生氧化反应:

$$Cl^- \longrightarrow [Cl] + e$$
$$2[Cl] \longrightarrow Cl_2$$

电极过程中,析出电位比 Cl^- 更负的阴离子如 SO_4^{2-},OH^- 等都将在阳极上同时优先放电,生成不利于电解过程的氧、硫、氧化物和水等。常见的阴离子阳极过程见表8.5。

表 8.5 常见阴离子的阳极过程 (700℃)

阴离子	阳极反应	电极电位/V
F^-	$2F^- \rightleftharpoons F_2+2e$	+3.51
Cl^-	$2Cl^- \rightleftharpoons Cl_2+2e$	+3.39
SO_4^{2-}	$SO_4^{2-} \rightleftharpoons SO_3+O+2e$	+3.19
Br^-	$2Br^- \rightleftharpoons Br_2+2e$	+2.98
S^{2-}	$2S^{2-} \rightleftharpoons S_2+4e$	+2.69
NO_3^-	$2NO_3^- \rightleftharpoons N_2O_5+O+2e$	+2.59
I^-	$2I^- \rightleftharpoons I_2+2e$	+2.42
OH^-	$2OH^- \rightleftharpoons H_2O+O+2e$	+2.29
PO_4^{3-}	$PO_4^{3-} \rightleftharpoons P_2O_5+3O+6e$	—

2. 电解质的物理化学性质

A 稀土氯化物的分解电压

稀土化合物的理论分解电压与相应的可逆化学电池的电动势 $E^{\ominus}$ 相一致。根据热力学计算,某些氯化物的理论分解电压见表8.6。$E^{\ominus}$ 值可对原电池 $RE/RECl_3/Cl_2$ 进行测定,也可按热力学公式计算:

$$E^{\ominus} = -\Delta G/(nF)$$

式中 $E^{\ominus}$——电动势;

ΔG——自由焓变化;

n——离子的化合价;

F——法拉第常数。

表8.6中数据表明,同一温度下,稀土氯化物分解电压随原子序数的增加而减小,即电极电位变得更正(Y,Sc 除外);随温度的升高而减小,但某些金属随温度的变化有其特殊性。碱金属和碱土金属氯化物的分解电压一般比稀土氯化物的更高(Mg 除外),后者比前者至少更正0.2V以上;而铀、钍特别是有色重金属氯化物的分解电压,则比稀土氯化物的更低,后者比前者要更负0.2V以上。氯化物的分解电压一般随温度的升高而递减。

B 稀土金属熔点及稀土氯化物的熔点、沸点和蒸气压

稀土金属熔点及稀土氯化物的熔点、沸点和蒸气压见表8.7~表8.9,稀土氯化物的熔点较高,如果使之与碱金属或碱土金属氯化物组成电解质体系,则可生成熔点较低的稳定化合物(配合物)或共晶混合物,从而可以降低稀土氯化物熔盐电解质的熔点,有利于稀土氯化物熔盐电解温度的降低;当向稀土电解质中添加碱金属或碱土金属氯化物时,相当于降低了熔体中稀土氯化物的量,电解质的挥发损失减少。

表 8.6 某些氯化物的理论分解电压 (V)

金属离子	600℃	800℃	1000℃	金属离子	600℃	800℃	1000℃
Sm^{2+}	3.787	3.661	3.559	Y^{3+}	2.758	2.643	2.548
Ba^{2+}	3.728	3.568	3.412	Ho^{3+}	2.729	2.610	2.511
K^+	3.658	3.441	3.155	Er^{3+}	2.715	2.589	2.488
Sr^{2+}	3.612	3.469	3.333	Tm^{3+}	2.682	2.553	2.447
Cs^+	3.599	3.362	3.078	Yb^{3+}	2.670	2.542	2.434
Rb^{2+}	3.595	3.314	3.001	Lu^{3+}	2.616	2.478	2.356
Li^+	3.571	3.457	3.352	Mg^{2+}	2.602	2.460	2.346
Ca^{2+}	3.462	3.323	3.208	Sc^{3+}	2.514	2.375	2.264
Na^+	3.424	3.240	3.019	Th^{4+}	2.399	2.264	2.208
La^{3+}	3.134	2.997	2.876	U^{4+}	2.078	1.974	1.953
Ce^{3+}	3.086	2.945	2.821	Mn^{2+}	1.902	1.807	1.725
Pr^{3+}	3.049	2.911	2.795	Zn^{2+}	1.552	1.476	—
Pm^{3+}	3.006	2.884	2.784	Cd^{2+}	1.331	1.193	1.002
Nd^{3+}	2.994	2.856	2.736	Pb^{2+}	1.215	1.112	1.039
Sm^{3+}	2.975	2.861	2.763	Fe^{2+}	1.207	1.118	1.050
Eu^{3+}	2.936	2.828	2.815	Co^{2+}	1.079	0.977	0.900
Gd^{3+}	2.913	2.807	2.709	Ni^{2+}	1.003	0.875	0.763
Tb^{3+}	2.858	2.758	2.657	Ag^+	0.870	0.826	0.784
Dy^{3+}	2.802	2.690	2.599				

表 8.7 稀土金属的熔点

稀土金属	La	Ce	Pr	Nd	Pm	Sm	Eu	Gd	Tb
熔点/℃	920	798	931	1010	1080	1072	822	1311	1360

稀土金属	Dy	Ho	Er	Tm	Yb	Lu	Sc	Y	
熔点/℃	1409	1470	1522	1545	824	1656	1539	1523	

表 8.8 稀土氯化物的熔点、沸点 (℃)

氯化物	熔点	沸点	氯化物	熔点	沸点	氯化物	熔点	沸点
$LaCl_3$	827	1750	$EuCl_3$	623	分解	$TmCl_3$	821	1490
$CeCl_3$	802	1730	$GdCl_3$	609	1580	$YbCl_3$	854	分解
$PrCl_3$	786	1710	$TbCl_3$	588	1550	$LuCl_3$	892	1480
$NdCl_3$	760	1690	$DyCl_3$	654	1530	$ScCl_3$	—	967
$PmCl_3$	740	—	$HoCl_3$	720	1510	YCl_3	904	1510
$SmCl_3$	678	—	$ErCl_3$	776	1500			

表8.9　稀土氯化物的蒸汽压

氯化物	$\lg P = A - B/T - C$[①]			氯化物	$\lg P = A - B/T - C$[①]		
	A	B	C		A	B	C
$ScCl_3$	14.37	65000		$GdCl_3$	41.76	17150	$9.061\lg T$
YCl_3	42.169	17470	$9.061\lg T$	$TbCl_3$	41.74	17000	$9.061\lg T$
$LaCl_3$	41.983	18392	$9.061\lg T$	$DyCl_3$	41.71	16850	$9.061\lg T$
$CeCl_3$	42.011	18153	$9.061\lg T$	$HoCl_3$	41.69	16700	$9.061\lg T$
$PrCl_3$	41.981	17946	$9.061\lg T$	$ErCl_3$	41.671	16624	$9.061\lg T$
$NdCl_3$	41.841	17691	$9.061\lg T$	$TmCl_3$	41.66	16480	$9.061\lg T$
$PmCl_3$	41.85	17600	$9.061\lg T$	$YbCl_3$	41.65	16380	$9.061\lg T$
$SmCl_3$	41.82	17450	$9.061\lg T$	$LuCl_3$	41.64	16280	$9.061\lg T$
$EuCl_3$	41.79	17300	$9.061\lg T$				

①适用于熔点至沸点间的温度范围；P单位为厘米汞柱。

C　某些碱金属、碱土金属和稀土金属氯化物的黏度

熔盐电解体系的黏度对稀土金属与电解质的分离起决定性作用，黏度大，不利于稀土金属与电解质分离，也不利于泥渣沉降和阳极气体的排出；同时增大了电解质循环和离子扩散的阻力，导致电解时的传热、传质过程受到较大影响。

组成熔盐电解体系的某些碱金属、碱土金属和稀土金属氯化物的黏度见表8.10，表8.11，由表中可以看出，碱金属和碱土金属氯化物的黏度比稀土氯化物的要小。它们之间不互相形成配合物时，在稀土氯化物电解质中加入碱金属和碱土金属氯化物时，会降低电解质体系的黏度。但它们之间相互形成配合物时，则因配合物分子很大，其黏度会增大。

表8.10　某些碱金属、碱土金属和稀土金属氯化物的黏度

氯化物	LiCl	NaCl	KCl	$MgCl_2$	$CaCl_2$	$PrCl_2$	$DyCl_3$
黏度/Pa·s	1.81×10^{-3}	1.49×10^{-3}	1.08×10^{-3}	4.12×10^{-3}	4.94×10^{-3}	4.48×10^{-3}	8.09×10^{-3}
温度/℃	617	816	800	808	800	860	950

表8.11　某些熔融稀土氯化物的黏度

氯化物	$\mu = a + bt + ct^2 + dt^3/10^{-3} Pa \cdot s$				温度范围/℃
	a	$-b$	$-c$	d	
$PrCl_3$	14.1106	1.0965×10^{-2}	1.1776×10^{-6}	1.0503×10^{-8}	855~999
$NdCl_3$	32.4892	3.9029×10^{-2}	1.8720×10^{-6}	2.7019×10^{-8}	886~967
$GdCl_3$	16.6960	-4.6156×10^{-2}	9.7631×10^{-6}	5.1603×10^{-8}	787~960
$DyCl_3$	41.8454	3.4900×10^{-2}	4.9510×10^{-6}	4.5152×10^{-8}	932~999

D　某些熔融稀土氯化物的比电导和密度

稀土电解质的导电性能增加，有利于电流密度的提高，从而在其他条件不变的情况下可提高其生产能力；或能在相同电流密度下适当加大极距，而不致使电解质的电压降过大，有利于二次作用的减少，提高电流效率。某些熔融稀土氯化物的比电导见表8.12，表8.13，密度见表8.14，表8.15。

表 8.12　某些熔融稀土氯化物的比电导

氯化物	$\chi = a + bt + ct^2/10^2 \mathrm{s} \cdot \mathrm{m}^{-1}$			温度范围/℃
	a	$b\times10^3$	$c\times10^3$	
$LaCl_3$	−2.1376	4.930	−1.324	892~1034
$PrCl_3$	−3.0331	7.0871	−2.7592	845~999
$NdCl_3$	−1.4670	3.2227	−0.3931	844~995
$GdCl_3$	−1.5036	3.3316	−0.7796	745~991
$DyCl_3$	−2.8508	6.6109	−2.9420	785~997

表 8.13　某些稀土金属、碱金属和碱土金属氯化物的比电导

氯化物	$LaCl_3$	$PrCl_3$	$NdCl_3$	$GdCl_3$	$DyCl_3$	$LiCl_3$	NaCl	KCl	$MgCl_2$	$CaCl_2$
比电导 /$\Omega^{-1} \cdot \mathrm{cm}^{-1}$	1.127	1.110	1.115	0.863	0.716	5.860	3.540	2.543	1.700	2.020
温度℃	900	900	900	900	900	620	805	900	800	800

表 8.14　某些熔融稀土氯化物的密度

氯化物	$\chi = a + bt/\mathrm{g} \cdot \mathrm{cm}^{-3}$		温度范围/℃
	a	$-b$	
$LaCl_3$	3.741	0.652×10³	895~996
$PrCl_3$	3.809	0.742×10³	809~999
$NdCl_3$	4.010	0.930×10³	839~984
$GdCl_3$	3.967	0.673×10³	659~1007
$DyCl_3$	4.201	0.814×10³	689~996

表 8.15　某些稀土金属、碱金属和碱土金属氯化物熔体的密度值（900℃）

氯化物	$LaCl_3$	$PrCl_3$	$NdCl_3$	$GdCl_3$	$DyCl_3$	LiCl	KCl	NaCl	$MgCl_2$	$CaCl_2$
密度/$\mathrm{g} \cdot \mathrm{cm}^{-3}$	3.153	3.141	3.173	3.361	3.428	1.372	1.450	1.475	1.643	2.010

　　稀土氯化物的比电导较碱金属和碱土金属氯化物的要小。所以在稀土氯化物中添加某些碱金属或碱土金属的氯化物，能进一步改善电解质的电导性能。但是其电导性的提高与添加量并不呈线性关系，而视添加物与稀土氯化物是否形成配合物或缔合物而定。

　　稀土氯化物熔体的密度一般随温度的增高而降低。稀土氯化物的密度比碱金属和碱土金属氯化物的密度要高，在稀土氯化物熔体中加入碱金属或碱土金属氯化物，可以降低稀土氯化物熔盐体系的密度。

　　E　某些稀土金属在稀土氯化物熔盐中的溶解度

　　稀土在熔盐中的溶解度影响电解的电流效率，显然，溶解度高电流效率降低，某些稀土金属在稀土氯化物熔盐中的溶解度见表 8.16。

表 8.16　某些稀土金属在稀土氯化物熔盐中的溶解度

金属	熔盐	温度/℃	溶解度/%（mol）	金属	熔盐	温度/℃	溶解度/%（mol）
La	$LaCl_3$	1000	12	Sm	$SmCl_3$	大于 850	大于 30
Ce	$CeCl_3$	900	9	Mg	$MgCl_2$	800	0.2~0.3
Pr	$PrCl_3$	927	22	Li	LiCl	640	0.5±0.2
Nd	$NdCl_3$	900	31				

从上述性质可以看出，熔融的稀土氯化物具有电子导电的性能，但其黏度、熔点较高、不稳定（易与水和氧发生反应）、在熔点以上易挥发、稀土金属在纯稀土氯化中的溶解度大，因此，需要改善熔盐电解质的性质，使电解质具有良好的物理化学性质。通常选用其他的化合物组成二元或多元体系，而不用单纯的稀土氯化物电解。

研究与实践表明，作为稀土熔盐电解的电解质须满足以下条件：

（1）稍高于稀土金属的熔点温度附近，电解质有较好的稳定性。

（2）稀土金属的盐类在组成的电解质中的溶解度应尽可能大。

（3）组成电解质的盐类要比被还原的稀土盐类稳定。

由表 8.5 常见阴离子电极电位表明，作为熔盐体系的另一种化合物应是氯化物盐类，因为其他阴离子电极电位低于氯离子的电极电位，在电解过程中将先于氯离子电解出来。而表 8.6 说明，为避免阳离子与 RE^{3+} 在阴极上共同析出，可供选择的电解质是钾、钠、钙、钡等金属的氯化物。

以往对稀土氯化物与钾、钠氯化物形成的二元系作了较完整的研究，对其相图的研究结果如图 8.11~图 8.15 所示。氯化钾与几乎所有的轻稀土氯化物能形成稳定的配合物，而氯化钠则无此特性。

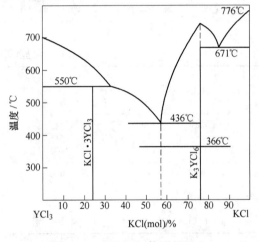

图 8.11　KCl-YCl_3 体系相图

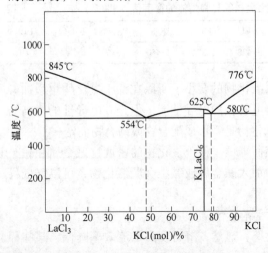

图 8.12　KCl-$LaCl_3$ 体系相图

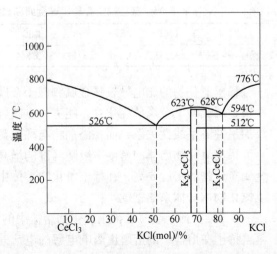

图 8.13　KCl-$CeCl_3$ 体系相图

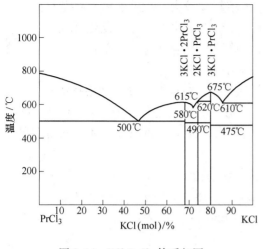

图 8.14　KCl-PrCl₃ 体系相图

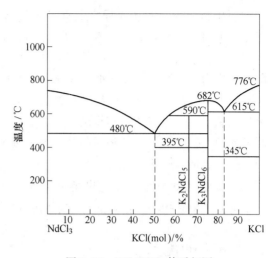

图 8.15　KCl-NdCl₃ 体系相图

表 8.17 为某些稀土氯化物与碱金属、碱土金属氯化物体系的熔点或稳态最高温度。由图 8.11~图 8.15 和表 8.17 可见，在高温熔融状态下，稀土氯化物可以很好地溶于碱金属或碱土金属氯化物中。且在轻稀土金属熔点温度附近，电解质有较好的稳定性，稀土金属的盐类在组成的电解质中的溶解度也较大。稀土氯化物与碱金属或碱土金属氯化物组成二元或三元熔盐体系后，体系的熔点或稳态最高温度明显降低，而且远低于稀土金属的熔点。因此选用二元或三元氯盐体系，有利于稀土氯化物熔盐电解温度的降低。

表 8.17　某些稀土氯化物与碱金属、碱土金属氯化物体系的熔点或稳态最高温度

氯化物体系	化合物或混合物 /mol%	$T_{熔}$ 或 $T_{稳}$/℃	氯化物体系	化合物或混合物 /mol%	$T_{熔}$ 或 $T_{稳}$/℃
钠铈氯化物	60NaCl-40CeCl₃	510	钙稀土氯化物	78CaCl₂-22RECl₃	613
钠镨氯化物	59NaCl-41PrCl₃	480	钡稀土氯化物	75CaCl₂-25RECl₃	624
钠稀土 氯化物	53NaCl-47RECl₃	487		31BaCl₂-69RECl₃	683
	54NaCl-46RECl₃	499	钠钙稀土氯化物	35BaCl₂-65RECl₃	672
钾镧氯化物	3KCl・LaCl₃	625	钠钡稀土氯化物	31NaCl-48CaCl₂-21RECl₃	458
	2KCl・LaCl₃	645	钙钡稀土氯化物	42NaCl-22BaCl₂-36RECl₃	373
	KCl・LaCl₃	620		49NaCl₂-21BaCl₂-30RECl₃	490
钾铈氯化物	3KCl・CaCl₃	628	钠钾镨氯化物	26NaCl-56KCl-18PrCl₃	528±3
	2KCl・CeCl₃	512, 623		23.4NaCl-48.8KCl-29.8PrCl₃	523±3
钾镨氯化物	3KCl・PrCl₃	682, 512		19.6NaCl-32.3KCl-48.1PrCl₃	440±3
钾钕氯化物	3KCl・NdCl₃	682		13NaCl-53.6KCl-13.4NdCl₃	535±3
	2KCl・NdCl₃	345	钠钾钕氯化物		
	3KCl・2NdCl₃	590		31NaCl-38.2KCl-30.8NdCl₃	520±3
钾钐氯化物	3KCl・SmCl₃	750			
	2KCl・SmCl₃	570		36.7NaCl-17.4KCl-45.9NdCl₃	245±3
	KCl・2SmCl₃	530			

表 8.17 表明，稀土金属在其自身氯化物中的溶解度较大，比镁、锂等在各自的熔融氯化物中的溶解度大 1~2 个数量级。研究表明，在稀土氯化物中加入氯化钾或氯化钠会降低稀土金属在稀土氯化物中的溶解度，熔融盐中氯化钾的浓度增加，镧的损失降低，在所有氧化物中，稀土金属在加入氯化钾时的损失最小。

综上所述，稀土氯化物与碱金属或碱土金属氯化物，组成二元或多元熔盐体系，能改善稀土氯化物熔盐体系的物理化学性质。因 K^+ 在阴极的析出电位较负，且 KCl 与 $RECl_3$ 能形成稳定的不易与水分和氧发生分解反应的配合物，稀土金属在其熔体中的溶解度也小，所以通常选用 KCl。

3. 稀土氯化物熔盐体系电解电流效率及其影响因素

电流效率是指实际得到的稀土金属的质量与理论上应得到的稀土金属的质量之比：

$$\eta = (m_{实}/m_{理}) \times 100\%$$

式中　η——电流效率；

　　　$m_{实}$——实际得到的稀土金属的质量；

　　　$m_{理}$——理论上应得到的稀土金属的质量。

$$m_{理} = CIt$$

式中　C——电化当量，g/(A·h)；

　　　I——电流强度，A；

　　　t——电解时间，h。

根据法拉第定律，阴极上析出的稀土金属重量与通过的电量成比例，析出每一克当量的稀土金属要消耗 96500 库仑的电量。理论上以每安培·时析出的金属量称为该金属的电化当量。

$$C = (金属元素的相对原子质量/该金属的价数)/26.8$$

表 8.18 为各稀土元素电化当量值。

表 8.18　稀土元素电化当量值　　　　　　　　　(g/(A·h))

元素	价数	相对原子质量	C	元素	价数	相对原子质量	C
Sc	3	44.96	0.5608	Gd	3	157.25	1.9510
Y	3	88.905	1.1058	Tb	3	158.924	1.9797
La	3	138.91	1.7276	Dy	3	162.50	2.0203
Ce	3	140.12	1.7426	Ho	3	164.93	2.033
Ce	4	140.12	1.7030	Er	3	167.26	2.079
Pr	3	140.907	1.7525	Tm	3	168.934	2.1067
Nd	3	144.24	1.7942	Yb	3	173.04	2.1519
Sm	3	150.35	1.8707	Lu	3	174.97	2.1765
Eu	3	151.96	1.8904				

稀土氯化物熔盐体系电解电流效率的影响因素：

(1) 电解槽漏电，或局部极间短路。指阴阳极之间绝缘不好，电解槽出现对地漏电，或电解槽极间局部短路或漏电，使电解电流减小。

（2）稀土元素在两电极上的交替放电引起的电流空耗损失。这种影响主要是稀土元素的变价元素引起的，如钐离子在阴极上发生反应：

$$Sm^{3+} + e \longrightarrow Sm^{2+}$$

而当熔融体中的 Sm^{2+} 扩散到阳极区时，又发生反应：

$$Sm^{2+} \longrightarrow Sm^{3+} + e$$

由于变价元素离子的存在，造成电流空耗；非变价元素的稀土金属离子在阴极上析出后被带到阳极也同样会发生以上反应。

（3）其他离子放电所引起的电流效率损失。电解质熔融体中其他电位较正的离子，如 Th^{4+}、U^{4+}、Mn^{2+}、Zn^{2+}、Cd^{2+}、Pb^{2+}、Fe^{2+}、Co^{2+}、Ni^{2+} 将会优先在阴极上析出而消耗电流。

（4）阴极上析出的稀土金属在熔融电解质中熔解，在阳极区被阳极气体氧化稀土金属在其自身氯化物中的溶解度较大，因而电解析出的稀土金属会有一定比例溶于电解质中，并进一步被阳极气体氧化。

（5）电极上生成的稀土金属的机械损失（金属与电解质分离不好）或金属与电解槽材料的相互作用损失。

（6）工艺参数和操作对电流效率的影响。主要涉及的是电解温度、电解质组成、各种添加剂、极距、电流密度、阴阳极电流分布等的变化对电流效率的影响。

电解温度过低，电解质流动性变差，黏度增大，金属液粒分散于熔体不易凝聚，而易被循环的电解质带到阳极区，为阳极气体所氧化，引起电流效率降低；温度过高，电解质的循环和对流作用加剧，析出的金属熔体和已被还原的低价稀土离子更易带入阳极区而受到氧化，同时稀土金属与槽内材料和气氛之间的作用也相应加剧，特别是稀土金属在电解质中的溶解度及与电解质的二次反应，随温度的增高而急剧增大或增速，因而将显著降低电流效率。

当电解质中 $RECl_3$ 浓度过低，碱金属或碱土金属离子会与稀土离子共同放电；若 $RECl_3$ 浓度过高，则电解质的黏度和电阻变大，稀土金属不易与电解质分离，金属在熔盐中的损失增大。同时阳极气体从电解质中排出困难，从而增加了二次反应的可能。在生产实践中，电解质中 $RECl_3$ 的含量以控制在 $35\% \sim 48\%$（质量分数）为宜。

极距与电流效率密切相关。极距过小，电解质极易将被溶解的金属和未完全放电的低价离子循环到阳极区而被氧化；同时阳极气体也易循环至阴极区，使部分析出的金属重新氧化，导致电流效率显著降低。极距过大，又会因电解质的电阻增大而使熔体局部过热，同样影响电流效率的提高。

适当提高阴极电流密度可加快稀土金属的析出速度，故能相对减少金属溶解和二次反应造成的电流效率损失。但阴极电流密度过大，又会促使其他阳离子在阴极放电析出，并使熔盐和阴极区产生过热，将同样导致金属的溶解损失增加和二次反应的加剧，而使电流效率降低。在生产实践中，一般控制在 $3 \sim 6A/cm^2$ 比较适宜；阳极电流密度过小，要求阳极面积大，槽体容积也须增大；阳极电流密度过大，则阳极气体对电解质的搅动愈激烈，金属损失及阳极材料机械损失相应增加。

（二）稀土氯化物熔盐体系电解工艺实践

1. 稀土氯化物熔盐体系熔盐电解工艺流程

稀土氯化物熔盐体系电解工艺流程如图8.16所示。

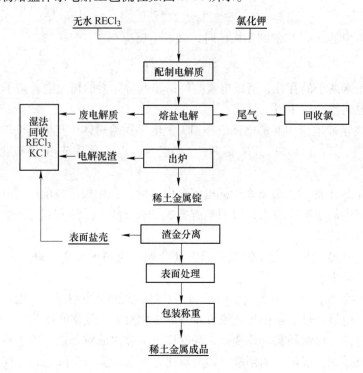

图8.16 稀土氯化物熔盐体系电解工艺流程

2. 稀土氯化物熔盐体系电解槽结构

目前国内外使用的稀土氯化物电解槽分为上插阴极与下插阴极等类型。其简要结构图如图8.17和图8.18所示。

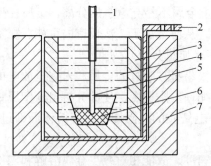

图8.17 小型上插阴极电解槽
1—瓷保护管；2—阳极导电板；3—石墨坩埚；
4—电解质；5—钼阴极；6—稀土金属；7—炉衬

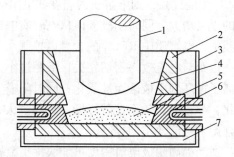

图8.18 下插阴极电解槽
1—石墨阳极；2—耐火砖槽体；3—铁外壳；4—电解质；
5—稀土金属；6—铁阴极；7—保温材料

图8.17所示的上插阴极电解槽，其特点是：阴极电流密度大，电力线分布均匀；液体金属析出并聚集在接收器中，减少了金属被电解质和电解槽底部沉渣污染的程度，从而

相应地减少了金属的溶解损失与二次反应的进行。电解槽槽体结构简单，控制及操作灵活，易于逸出阳极气体，电解过程电流效率和金属回收率较高；但生产能力低，散热比较严重，槽电压较高，单位产品的电能消耗较大，槽子寿命短。

图 8.18 所示的下插阴极电解槽，其特点是：产能大，生产率高，工作电流大，槽电压低，电能消耗较小，适于规模化工业生产；但槽体电流分布不均，阳极气体逸出比较困难，金属的溶解及二次反应均较严重，渣量大，因此电流效率不高。

3. 稀土氯化物体系电解工艺控制条件

（1）电解质的组成：电解质由稀土氯化物与氯化钾或氯化钠组成。电解质中的 $RECl_3$ 含量一般控制在 35%~40%（质量分数）。氯化稀土含量过高，熔盐电解质电阻大、黏度也大，阳极气体逸出困难。金属微粒在阴极区聚集不良，分散于熔体中易被阳极气体氧化；稀土含量过低，会发生碱金属和稀土离子共同放电，这两种情况均使电流效率降低，电量消耗量增加。

（2）对稀土氯化物的要求：氯化稀土中的 H_2O 小于 5%、Sm 小于 0.5%、Si 小于 0.5%、Fe 小于 0.5%、SO_4^{2-} 小于 0.03%、PO_4^{3-} 小于 0.01%，水不溶物小于 5%。

（3）电解槽的启动：首先是将配好的电解质加入部分至电解槽中，用交流起弧机，通过垫在电极底部的炭块进行起弧升温，电解质熔化后逐步加入电解质，电解槽中熔融电解质达到电解操作量时，且温度达到电解温度时，移除起弧机，放置好阴极，开始加入原料进行电解。

（4）电解温度：电解温度与熔盐电解质组成和金属熔点有关，操作时控制高于稀土金属熔点 50℃ 左右为宜。混合稀土金属的电解温度为 820~900℃，镧、铈、镨的电解温度分别为 930℃、820℃、940℃ 左右。电解温度过高，金属与熔盐电解质的二次反应加剧，金属溶解损失增加；电解温度过低，则熔盐电解质黏度大，电流效率下降。实际操作时通过控制电解电流大小的方法来控制电解过程的温度。

（5）电流密度：阴极电流密度一般为 3~6A/cm²，适当提高阴极电流密度可加快稀土金属的析出速度；但阴极电流密度过大，碱金属会同时析出，并会使熔盐过热，导致二次反应加剧。阳极电流密度一般为 0.6~1.0A/cm²，阳极电流增大，电解质循环加剧，二次作用增加，金属损失增大，并易产生阳极效应。

（6）极距：极距一般为 40~110mm，适当增大极间距可减少金属在阳极区的氧化，电解过程中，随着阳极消耗变化，极距也相应变化。

氯化体系熔盐电解制备混合稀土金属和单一稀土金属的电解工艺条件及技术指标见表 8.19，表 8.20。

二、稀土氟化物熔盐体系电解

稀土氟化物熔盐体系电解是以稀土氟化物熔盐为电解质、以稀土氧化物为电解原料的熔盐电解方法。目前常用 REF_3- LiF 或 REF_3- LiF - BaF_2 电解质体系，由于稀土氧化物和氟化物的沸点较高、蒸气压低、导电性好、金属离子比较稳定、稀土氧化物在氟化物电解质体系的溶解度为 2%~5%，不仅适用于电解生产制取混合稀土金属和镧、铈、镨、钕等单

表 8.19　各种电解槽生产混合稀土金属工艺条件和技术指标

电解槽结构、工艺、指标	800A 型	3000A 型	10000A 型
结构材料	石墨	高铝砖	高铝砖
阳极材料	石墨槽	石墨排片	石墨排片
阴极材料	钼棒	钼棒	钼棒
电解质组成	$RECl_3$-KCl	$RECl_3$-KCl	$RECl_3$-KCl
$RECl_3$ 含量（计 RE_2O_3）/%	26±4	28±4	28±4
电解温度/℃	870±20	860±20	870±20
极距/cm	3~4	5	4
平均电流/A	750	2500	9000
平均电压/V	16	10~11	8~9
阳极电流密度/$A \cdot cm^{-2}$	0.95±0.05	0.80±0.05	0.45±0.05
阴极电流密度/$A \cdot cm^{-2}$	6±1	2.5	2.5
电解质体积电流密度/$A \cdot cm^{-3}$	0.18±0.02	0.08±0.005	0.035±0.005
电流效率/%	50~60	30	25~30
每千克金属电耗/kW·h	大于30	27~30	20~25
直收率/%	90	80	85
单耗结晶 $RECl_3$/kg	2.8	3.2	3.0

表 8.20　电解制取混合稀土金属、镧、铈、镨、钕的工艺条件与结果

电解槽结构、工艺、指标	富镧混合稀土金属	镧	铈	镨	钕
槽型	石墨槽	石墨铁壳槽	陶瓷槽	石墨铁壳槽	石墨槽
结构材料	石墨	石墨	高铝砖	石墨	石墨
金属盛接器	瓷坩埚	瓷坩埚	高铝砖	瓷坩埚	氧化铝坩埚
阳极材料	石墨槽	石墨坩埚	石墨	石墨坩埚	石墨槽
阴极材料	钼	钼	钼	钼	钨
电解质组成	$RECl_3$-KCl	$LaCl_3$-KCl	$CeCl_3$-KCl	$PrCl_3$-KCl	$NdCl_3$~KCl
$RECl_3$ 含量（RE_2O_3 计）/%	35~50	25~40	35~50	25~40	约60
电解温度/℃	930	920	870~910	900~950	1050
极距/mm	30~50	30~50	40~50	30~50	20
平均电流/A	800	800	2500	800	10
平均电压/V	14~18	14~18	10~11	14~18	—
阳极电流密度/$A \cdot cm^{-2}$	0.95±0.05	0.95±0.05	0.8	0.90±0.05	0.059
阴极电流密度/$A \cdot cm^{-2}$	5	4~7	2.5	4~7	6.3
体积电流密度/$A \cdot cm^{-3}$	0.18±0.02	0.20±0.02	0.082	0.20±0.05	—
直收率/%	90	90~95	90	90	13~19.7
电流效率/%	50~60	70~75	63	60~65	37~50
每千克金属电耗/kW·h	30	—	15	—	—
单耗结晶 $RECl_3$/kg	2.7~2.9	—	3~3.1	—	—

一轻稀土金属及其合金，还可用于制取熔点高于1000℃的某些中重稀土金属合金等。与氯化物熔盐电解法相比，氟化物熔盐电解法具有电解烟气处理更简单、电流效率高、电能消耗低等优点，但也存在电解槽材质须耐氟的腐蚀等问题。

稀土氟化物熔盐体系电解用原料氧化物与电解质氟化物不易吸湿和水解，特别是稀土金属在其氟化物熔体中的溶解损失较小，故此法制取的稀土金属质量较好，电流效率和金属直收率较高。

（一）稀土氟化物熔盐体系电解基本原理

稀土氟化物熔盐体系电解基本原理与稀土氯化物熔盐体系电解基本原理基本相同，溶解在氟化物熔盐中的RE_2O_3离解成稀土阳离子和氧阴离子，在直流电场作用下，稀土阳离子向阴极移动，并在其上获得电子被还原成金属；在阳极上则析出二氧化碳。

1. 电极过程

稀土氟化物体系熔盐电解以稀土氟化物、碱金属和碱土金属氟化物为电解质，以稀土氧化物为电解原料，在高于稀土金属熔点100~200℃的二元或三元氟化物熔体中进行，采用石墨作阳极，用钼或钨作阴极。在直流电场作用下，稀土氧化物电离出的稀土阳离子和氧阴离子分别在阴、阳极上放电，其电极过程如下所述。

A　阴极过程

对稀土氧化物、稀土氟化物和碱金属氟化物混合熔体的电解研究表明，阴极过程与稀土氯化物体系电解相似，RE^{3+}在阴极上获得电子析出稀土金属。

$$RE^{3+} + 3e \longrightarrow RE$$

同样也存在变价稀土金属离子的不完全放电而空耗电流，电解出的稀土金属还可与O_2、C和CO_2等相互作用，也可少量溶解或分散于熔体中而造成一定的损失。

B　阳极过程

稀土氧化物在稀土氟化物体系中的电解，普遍采用石墨做阳极，阴极离子阳极上失去电子，发生氧化反应：

$$O^{2-} - 4e \longrightarrow O_2$$
$$2O^{2-} + C - 4e \longrightarrow CO_2$$
$$O^{2-} + C - 2e \longrightarrow CO$$

当产生阳极效应时则会发生下列反应：

$$nF^- + mC - ne \longrightarrow C_mF_n$$

对于稀土氧化物电解，其总反应为：

$$RE_2O_3 + 3C \Longrightarrow 2RE + 3CO(或 CO_2)$$

2. 电解质的物理化学性质

电解质的物理化学性质对电解过程产生一定的影响，电解过程与稀土氟化物、氧化物的分解电压、熔点、沸点和蒸汽压息息相关。

（1）稀土氟化物的蒸汽压。稀土氟化物的蒸汽压见表8.21。

（2）稀土氧化物的分解电压。某些固体或熔融氧化物的理论分解电压见表8.22。数据说明，在1000℃时各稀土氧化物的分解电压值波动于2.40~2.65V之间，比多数其他氧化物的分解电压值都要高。

表 8.21　稀土氟化物的蒸汽压

氟化物	温度范围/K	$\lg P = -A/T + B$	
		A	B
ScF_3	1172~1402	19380	9.34
	1220~1716	20310	$24.42 \sim 3.523\lg T$
YF_3	1256~1434	21850	9.77
LaF_3	1340~1650	21730	9.608
	1200~1434	20200	8.20
CeF_3	—	19830	8.816
	1373~1634	20460	9.205
NdF_3	1383~1520	18730	8.03
DyF_3	1426~1623	18420	7.538
HoF_3	1278~1429	18470	7.333
ErF_3	1374~1521	19300	7.777
TmF_3	1353	19600	8.240
YbF_3	1362	18640	7.750
LuF_3	1368	21000	9.410

注：P 的单位为毫米汞柱。

表 8.22　固体或熔融氧化物的理论分解电压

金属离子	$E_{理论}$/V			金属离子	$E_{理论}$/V		
	500℃	1000℃	1500℃		500℃	1000℃	1500℃
Zr^{2+}	4.904	4.381	3.947	Ti^{4+}	2.000	1.776	1.557
Ca^{2+}	2.881	2.626	2.354	Si^{4+}	1.863	1.647	1.412
La^{3+}	2.840	2.550	2.317	Ta^{5+}	1.815	1.583	1.356
Ac^{3+}	2.882	2.687	2.503	V^{2+}	1.807	1.590	1.382
Pr^{3+}	2.838	2.608	2.370	Mn^{2+}	1.705	1.515	1.305
Nd^{3+}	2.836	2.642	2.334	Nb^{5+}	1.655	11.439	1.245
Th^{2+}	2.786	2.557	2.325	Na^{+}	1.616	1.256	—
Th^{4+}	2.784	2.539	2.296	In^{3+}	1.196	0.926	0.66
Ce^{3+}	2.772	2.526	2.280	Ge^{2+}	1.166	1.052	—
Be^{2+}	2.764	2.505	2.309	W^{4+}	1.144	0.946	0.78
Sm^{3+}	2.738	2.507	2.260	Sn^{4+}	1.090	0.842	0.566
Mg^{2+}	2.686	2.366	1.905	Fe^{3+}	1.066	0.855	0.645
Sr^{3+}	2.659	2.409	2.105	Mo^{4+}	1.064	0.859	0.662
Y^{3+}	2.677	2.459	2.250	Fe^{2+}	1.095	0.920	0.767
Sc^{3+}	2.602	2.367	2.127	Mn^{4+}	0.983	0.806	—
Hf^{4+}	2.552	2.308	2.074	Cd^{2+}	0.922	0.538	0.036
Ba^{2+}	2.508	2.224	2.021	NI^{2+}	0.897	0.677	0.476
U^{4+}	2.568	2.342	2.110	Co^{2+}	0.898	0.676	0.488
Al^{3+}	2.468	2.188	1.909	Pb^{2+}	0.742	0.505	0.318
U^{2+}	2.456	2.213	1.963	Cu^{+}	0.578	0.400	0.229
Ti^{2+}	2.299	2.062	1.838	Te^{4+}	0.332	0.084	-0.176
Ti^{3+}	2.272	2.046	1.828	Cu^{2+}	0.439	0.215	0.078
Ce^{4+}	2.171	1.954	1.734	Ir^{3+}	0.123	-0.053	-0.204

（3）稀土氧化物及稀土氟化物的熔点、沸点。稀土氧化物熔点，稀土氟化物的熔点、沸点见表8.23和表8.24。

（4）稀土氟化物的分解电压。某些固体或熔融氟化物的理论分解电压见表8.25。

表 8.23　稀土氧化物及稀土氟化物的熔点　　　　　（℃）

氧化物	熔点	氧化物	熔点	氟化物	熔点	氟化物	熔点
La_2O_3	2217	Dy_2O_3	2391	LaF_3	1490	DyF_3	1154
Ce_2O_3	2142	Ho_2O_3	2400	CeF_3	1437	HoF_3	1143
Pr_2O_3	2127	Er_2O_3	—	PrF_3	1395	ErF_3	1140
Nd_2O_3	2211	Tm_2O_3	2411	NdF_3	1374	TmF_3	1158
Pm_2O_3	2320	Yb_2O_3	—	PmF_3	1407	LuF_3	1182
Sm_2O_3	2330	Lu_2O_3	—	SmF_3	1306	YbF_3	1157
Eu_2O_3	2395	Sc_2O_3	2435	EuF_3	1276	ScF_3	1515
Gd_2O_3	2390	Y_2O_3	—	GdF_3	1231	YF_3	1152
Tb_2O_3	2390			TbF_3	1172		

表 8.24　稀土氟化物的沸点　　　　　（℃）

氟化物	LaF_3	CeF_3	PrF_3	NdF_3	PmF_3	SmF_3	EuF_3	GdF_3	TbF_3
沸点	2327	2327	2327	2327	2327	2327	2277	2277	2277

氟化物	DyF_3	HoF_3	ErF_3	TmF_3	YbF_3	LuF_3	ScF_3	YF_3
沸点	2277	2277	2277	2277	2277	2277	1527	2227

以上表中数据说明，稀土氧化物是一种稳定、难熔、导电性差的化合物，不能直接电解析出金属，而稀土氧化物在稀土氟化物熔体中有较大的溶解度（达2%~5%），所以稀土氟化物在电解中可以充当稀土氧化物的良好溶剂并成为电解质的主要组成成分。

一般要求电解质熔点较低，导电性好，高温稳定，蒸气压小，特别是分解电压相对较高。稀土氟化物的熔点较高（介于1140~1515℃之间，见表8.23），在其溶解氧化物以后的导电性也较弱，因此须在稀土氟化物中添加能改善其性质的其他氟化物，以组成二元或多元氟化物的熔盐体系。

图8.19所示为 $LiF-LaF_3$ 体系相图、图8.20所示为 $LiF-NdF_3$ 体系相图、图8.21所示为 $LiF-DyF_3$ 体系相图、图8.22所示为 $LiF-YF_3$ 体系相图。

表8.25固体或熔融氟化物的理论分解电压的数据说明，钠、钾氟化物的分解电压比多数稀土氟化物的要低，即在氟化物体系电解中，Na^+、K^+ 将与 RE^{3+} 一道同时放电析出。而钙、锶、锂、钡的氟化物分解电压比稀土氟化物高。但氟化钙的熔点高，氟化锶价格昂贵，只有锂的氟化物适宜作为电解质组成成分。

表 8.25　固体或熔融氟化物的理论分解电压

金属离子	$E_{理论}/V$				金属离子	$E_{理论}/V$			
	500℃	800℃	1000℃	1500℃		500℃	800℃	1000℃	1500℃
Eu^{2+}	5.834	5.602	5.453	5.101	Tm^{2+}	5.010	4.789	4.648	4.320
Ca^{2+}	5.603	5.350	5.182	4.785	K^{+}	5.017	4.674	4.355	3.630
Sm^{2+}	5.617	5.385	5.236	4.884	Yb^{3+}	4.793	4.573	4.431	4.104
Sr^{2+}	5.602	5.364	5.203	4.768	Sc^{3+}	4.701	4.495	4.363	4.076
Li^{2+}	5.564	5.256	5.071	4.495	Th^{4+}	4.565	4.355	4.220	3.962
Ba^{+}	5.547	5.310	5.154	4.803	Zr^{3+}	4.458	4.225	4.133	3.785
La^{3+}	5.408	5.174	5.020	4.648	Be^{2+}	4.407	4.247	4.073	4.058
Ce^{3+}	5.335	5.097	4.938	4.555	Zr^{4+}	4.242	4.045	3.964	—
Pr^{3+}	5.329	5.109	4.965	4.621	U^{4+}	4.217	4.015	3.881	3.626
Nd^{3+}	5.245	5.004	4.843	4.458	Hf^{4+}	4.134	3.939	3.860	—
Sm^{3+}	5.213	4.992	4.850	4.517	Ti^{3+}	4.009	3.828	3.712	3.499
Gd^{3+}	5.198	4.977	4.836	4.504	$(Al^{3+})_2$	3.867	3.629	3.471	3.275
Tb^{3+}	5.140	4.920	4.778	4.447	V^{3+}	3.577	3.398	3.284	3.087
Dy^{3+}	5.111	4.891	4.749	4.419	Cr^{3+}	3.267	3.076	2.954	2.954
Y^{3+}	5.097	4.876	4.735	4.407	Zn^{2+}	3.265	3.068	2.912	2.439
Ho^{3+}	5.068	4.847	4.706	4.376	Ga^{3+}	3.055	2.923	—	—
Na^{3+}	5.119	4.818	4.529	3.781	Fe^{2+}	3.094	2.905	2.780	2.529
Mg^{3+}	5.013	4.746	4.567	3.994	Ni^{2+}	2.890	2.697	2.573	2.338
Lu^{3+}	5.025	4.804	4.662	4.336	Pb^{2+}	2.865	2.654	2.525	2.350
Er^{3+}	5.025	4.804	4.662	4.333	Fe^{3+}	2.832	2.640	2.513	2.354
Eu^{3+}	5.010	4.790	4.648	4.316	Ag^{+}	1.674	1.597	1.551	1.509
Cr^{2+}	3.400	3.227	3.115	2.883					

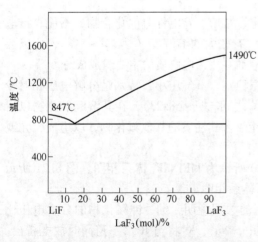

图 8.19　LiF-LaF₃ 体系相图

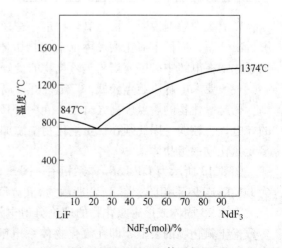

图 8.20　LiF-NdF₃ 体系相图

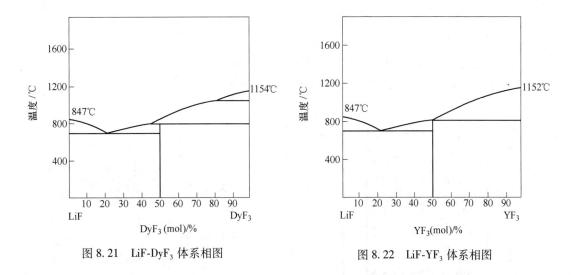

图 8.21　LiF-DyF$_3$ 体系相图　　　　图 8.22　LiF-YF$_3$ 体系相图

目前，常用的稀土氟化物电解质体系为 REF$_3$-LiF，LiF 能起到显著降低熔盐体系熔点的作用。LiF 具有电导率高，因而加入 LiF 能改善体系的导电性能。但 LiF 沸点较低（1681℃），蒸气压较高，且与稀土金属的作用比较强烈，生产使用过程上为减少电解质的挥发损失和金属溶解损失，有时在体系中加入部分 BaF$_2$ 代替 LiF，以降低 LiF 的用量。此时电解质即为 REF$_3$-LiF-BaF$_2$ 三元体系。

作为阳极的碳在氟化物熔盐体系中的氧化物电解过程有强烈的去极化作用，而去极化之后 RE$_2$O$_3$ 的分解电压远低于 REF$_3$ 的分解电压，故只要 RE$_2$O$_3$ 能顺利溶解在氟化物熔体中，RE$_2$O$_3$ 就可以被优先电解。而在电解质中存在的电位较正的阳离子如 Al^{3+}、Si^{4+}、Mn^{2+}、Fe^{3+}、Pb^{2+} 等，也会在阴极上优先析出。因此在电解原料和电解质中，应当尽可能减少这些杂质离子的含量。

（二）稀土氟化物熔盐体系电解工艺实践

1. 稀土氟化物熔盐体系电解工艺流程

稀土氟化物熔盐体系电解工艺流程示意图如图 8.23 所示。

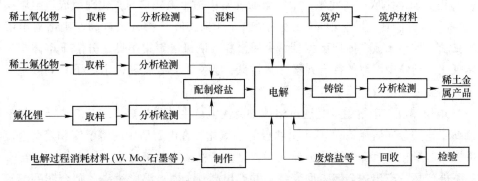

图 8.23　稀土氟化物熔盐体系电解工艺流程示意图

稀土氟化物、氟化锂经取样分析后进行配料作为熔盐加入电解槽，各稀土氧化物取样分析进行混料定量地加入槽内；电解排放的烟气经烟气处理系统处理回收后的粉尘与工业生产中的废电解质集中后统一回收处理。

2. 稀土氟化物熔盐体系电解槽结构

稀土氟化物电解槽分为上插阴极与下插阴极等类型。目前工业生产中普遍使用上插阴极的 6kA 和 10kA 电解槽，其简要结构如图 8.24 及图 8.25 所示。

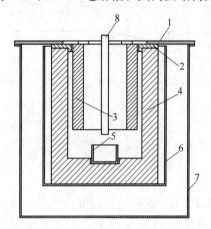

图 8.24　6kA 氟化物熔盐体系电解槽

1—阳极导电架；2—绝缘垫；3—石墨阳极；
4—石墨槽；5—钼制金属承接器；
6—钢制内壳；7—钢制外壳；8—阴极

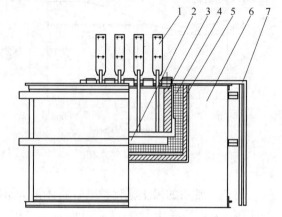

图 8.25　10kA 氟化物熔盐体系电解槽半剖面图

1—阴极；2—金属承接器；3—石墨阳极；
4—石墨槽；5—耐火材料；6—保温材料；
7—阳极导电排

稀土氟化物熔盐体系电解的温度较高，为此电解槽的槽体结构与槽型与之相适应。如图 8.24、图 8.25 可知，电解槽槽体用石墨材料做成，槽体底部用钼或钨质容器盛液体金属。槽内侧四周挂石墨阳极，中心为钨或钼阴极。槽体周围砌有绝热材料和耐火砖。阳极气体从槽口排出并由排气装置抽走。该电解槽可在空气中长时间连续运行。

3. 稀土氟化物熔盐体系电解工艺控制条件

稀土氟化物体系熔盐电解主要工艺过程控制与稀土氯化物电解相似。为保证电解正常进行，电解时需要控制好下列条件：

（1）电解质的组成：工业生产中电解质通常由稀土氟化物与氟化锂组成。电解质中的 REF_3 含量一般控制在 80%~90%（质量分数）。如稀土氟化物含量过高，则熔盐电解质电阻大、黏度也大，阳极气体逸出困难，金属微粒在阴极区聚集不良，分散于熔体中易被阳极气体氧化；熔体中熔解的稀土元素含量过低，会发生碱金属和稀土离子共同放电，以上两种情况均会使电流效率降低，电量消耗增加。

（2）电解温度：电解温度是通过熔体中直流电产生的焦耳热来维持的。通常将电解温度保持高于电解金属熔点约 50℃。温度过低，氧化物在电解质中的溶解度和溶解速度都降低，可能引起氧化物沉降槽底，造成夹杂，且由于槽体底部熔体流动性不好使底部金属液的聚集条件变坏，产出的金属表面变差，并产出高碳金属；温度过高，则金属的溶解及与金属接触的炉体材料的二次反应加剧，电解质损失增加，将直接影响产品纯度、金属实收率和电流效率。生产实践表明，保证电解槽平稳操作的关键是减少电解温度的波动，适时适量加入稀土氧化物，维护熔体中稀土氧化物量的进出平衡，并力求在最低槽温下电解。

（3）电流密度：氟化体系稀土熔盐电解阴极电流密度一般为 $5\sim8A/cm^2$。阳极电流密度取决于产生阳极效应的临界电流密度和二氧化碳（或一氧化碳）气体的逸出速度。稀土氧化物电解阳极效应产生较频繁。为减少阳极效应的产生，阳极电流密度宜小于 $0.5\sim1.3A/cm^2$。阳极电流密度太大，还会使阳极单位面积气体产生过多，电解质搅动激烈，引起二次反应加剧。

（4）加料速度：稀土氧化物应连续定量地加入槽内，撒落在阴极周围，控制好稀土氧化物进出平衡。在正常电解情况下，氧化物的加入速度应与阳极反应相适应，它决定于操作电流及在电解温度下电解质熔体对它的溶解能力。当加料速度太慢，电解质中的熔解的 RE_2O_3 浓度过低，O^{2-} 的供给不及阳极反应的消耗，则会产生阳极效应，并导致 F^- 的放电；若加料速度过快，超过了电解质在此温度下的溶解能力，则会造成氧化物沉入电解槽底，影响电解质熔体流动，同时沉积于金属收集器中金属表面，造成金属凝聚困难和夹杂，使产出金属表面变差，致使电解技术经济指标降低。因此实际操作时是控制匀速、定量地向槽内加料。

（5）典型工艺条件及技术经济指标：表 8.26 列出了由氟化物熔盐体系电解制取镧、镨、钕等单一稀土金属及混合稀土金属的典型工艺条件和主要技术经济指标。

表 8.26 某些氟化物体系熔盐电解制备金属（合金）工艺条件及技术经济指标

条件或指标		镧	镨	钕	镨、钕混合金属
电解质组成（质量分数）/%	REF$_3$	86	88	$89\sim93$	$89\sim83$
	LiF	14	12	$11\sim17$	$11\sim17$
电解温度/℃		946	1030	1050 ± 20	1115
工作电流/A		5200	5100	5800	5600
阴极电流密度/A·cm^{-2}		4.6	4.5	5.1	4.96
阳极电流密度/A·cm^{-2}		1.01	0.99	1.13	1.09
槽电压（平均值）/V		10.1	11	9.5	9.9
电解槽气氛		敞口	敞口	敞口	敞口
电解持续时间/min		60	60	60	60
直流电消耗/kW·h·kg^{-1}		9.5	9	8.0	8.0
电流效率/%		72	75	69	60

近年来稀土氟化物体系电解已有很大发展，目前国内建造的大型电解槽，工作电流达 25kA，产出的金属熔体由真空出金属系统从槽内吸出，金属直收率 90%～98%，电流效率 75%，电能耗量 9kW·h/kg 以下，日产金属 640kg。

4. 稀土熔盐电解不同体系比较

稀土氯化物与稀土氟化物熔盐体系电解特点比较见表 8.27。

表 8.27　稀土氯化物熔盐体系与稀土氟化物熔盐体系电解比较

项　目	稀土氯化物体系	稀土氟化物体系
原料及其特性	稀土氯化物，易吸湿、水解	稀土氧化物，性质稳定，便于储存
熔盐体系及其特点	碱金属、碱土金属氯化物，腐蚀性小	对应稀土氟化物、LiF 等，熔盐腐蚀性强
电解槽结构特点	采用耐火材料砌槽，使用寿命约一年	采用石墨槽，8kA 以下槽寿命 4~8 个月，10kA 以上槽寿命 2~3 年，对盛金属容器材料要求高
电解槽规模	工业电解槽规模最大可达 50000A	工业电解槽规模最大已达 25000A
操作特点	$RECl_3$ 浓度允许波动较大；稀土氯化物性质不稳定，易水解，氧化造渣，损失多	须严格控制氧化物的单位时间加料量；电解用氟盐性质比较稳定
金属回收率	约 85%	>95%(稀土氧化物利用率)
电流效率及电耗	10kA 以上槽 20%~30%，800A 槽 50%~60%；每千克产品耗电 25~35kW·h	使用正常氧化物原料时 50%~78%，每千克产品耗电 7.5~12kW·h
产品纯度	工业生产一般为 98%~99%	用钨钼坩埚作盛金属容器下可达 99.8%
劳动条件	电解废气为 Cl_2 和 HCl，腐蚀性强，劳动条件较差	电解废气作 CO，CO_2 和少量氟化物，腐蚀性较弱

　　由表中可知，两种熔盐体系的稀土电解各有其优缺点。氯化物熔盐体系电解，其槽结构简单，大型电解槽（陶瓷槽）的槽体材料容易解决，操作较简便，生产技术成熟，槽子规模发展很大，由于存在其诸多缺点，国家已明确为淘汰工艺。氟化物熔盐体系电解用于制取熔点较高（尤其是高于 1000℃）的稀土金属有更大的优势，且稀土氟化物熔盐体系电解稀土氧化物的技术经济指标普遍较高，对环境的污染更少，其工艺技术近年得到了完善并日趋成熟，已成为目前稀土熔盐电解主体工艺。

第三节　熔盐电解法直接制取稀土合金

　　由于使用稀土合金较单独使用稀土金属成本更低，而且过程中烧损少，因而成分均匀呈合金形态的稀土金属合金的应用正日益增多。最早制取稀土合金是采用稀土金属与合金元素进行熔配，此法成熟、简单，但成本高。采用熔盐电解方法直接制取稀土合金，缩短了工艺过程，节省了能耗，降低了产品成本。

　　熔盐电解法直接生产稀土合金，主要有液态阴极电解法、共析电解法、固体自耗阴极电解法三种方法：

　　（1）液态阴极电解法：即稀土金属在液体阴极上析出，并与液态阴极金属生成易熔稀土合金。液体阴极一般使用低熔点的镁、铝、锌等。

　　（2）共析电解法：将溶解在电解质熔体中的稀土和合金元素化合物，电解共沉积为稀土与合金元素熔融金属，随后组成液体合金。

　　（3）固体自耗阴极电解法：稀土金属在阴极上析出，同时与阴极材料形成液体合金。

　　目前主要生产的稀土合金有：稀土-铁合金、稀土-铝合金、稀土-镁合金。相关的钕铁合金、镝铁合金、钇铁合金、钇铝合金、钇镁合金等稀土二元合金相图如图 8.26~图 8.30 所示。

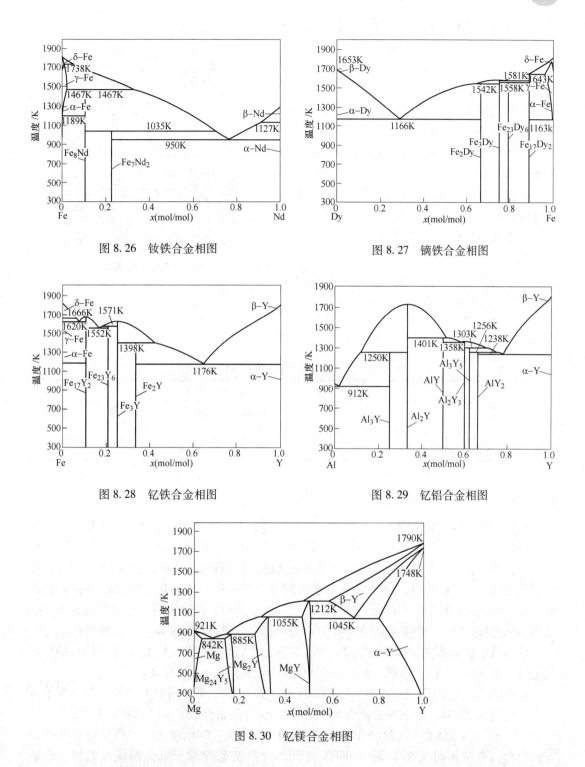

图 8.26　钕铁合金相图

图 8.27　镝铁合金相图

图 8.28　钇铁合金相图

图 8.29　钇铝合金相图

图 8.30　钇镁合金相图

一、液态阴极电解法制取稀土合金

液态阴极电解法制取稀土合金与制备单一稀土金属相似，只是采用液态金属作阴极，所采用的液态阴极金属一般是熔点低于稀土金属熔点的金属，电解时稀土离子在液态金属阴极上析出与阴极金属形成合金。目前主要是用于直接制取稀土中间合金。

液体阴极电解最早在制取熔点较高的重稀土金属钇中获得应用，在二元或三元氟化物体系中可电解制取 RE-Mg、RE-Al、RE-Zn 等稀土合金。

目前，液体阴极电解主要还是生产钇-镁中间合金，所制得的 Y-Mg 合金经蒸馏除镁后，用重熔法制得钇锭。液态阴极电解槽结构如图 8.31 所示。

电解制取 Y-Mg 中间合金的主要工艺条件和技术经济指标见表 8.28。由表可以看出，液体阴极电解制取 Y-Mg 合金的温度较低，电流效率较高。

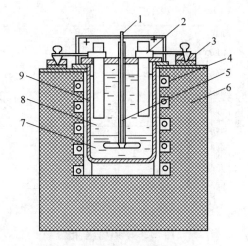

图 8.31　液态阴极电解槽结构

1—钼棒；2—石墨阳极；3—阳极母线；
4—硅碳棒；5—氧化铝套；6—炉衬；
7—液态阴极；8—电解质；9—刚玉坩埚

表 8.28　电解制取 Y-Mg 合金的条件和指标

阴极	电解质组成（摩尔比）	电解条件和指标				
		Y_2O_3 加入量（电解质质量分数）/%	电解温度/℃	阴极电流密度/A·cm^{-2}	电流效率/%	合金含钇量/%
液态镁	LiF：YF$_3$=3：1	7	760	0.5	60	48.8

二、电解共析法制取稀土合金

电解共析法制取稀土合金是在稀土熔盐电解过程中，将稀土化合物及合金组元金属的化合物同时作为原料加入到电解质中进行电解，使两种或多种金属离子在阴极上同时析出，形成稀合金。几种离子在阴极上共同析出的前提是它们的析出电位相等，实际操作时主要是调整离子的活度，以使合金元素在阴极上形成固溶体和化合物以产生去极化作用，从而引起电位移动，以满足共同析出条件。由于共析法较液体阴极法具有规模大、产量高、能连续生产、可制取高稀土含量的合金等优点，故近年来获得了较大发展。

电解共析法可制取多种稀土中间合金，如在 LiF-YF$_3$ 体系中，从 Y_2O_3 和 Al_2O_3 的混合物电解共析 Y-Al 合金和在 YCl$_3$-MgCl$_2$-KCl 体系中电解共析 Y-Mg 合金。

由钇铝二元系相图（图 8.29）可知，在铝含量为 9%（质量分数）时存在钇铝低熔点合金，熔点为 970℃；而在铝含量为 8.7%～10.3%（质量分数）和 8.4%～12.4%（质量分数）时相应的液体合金温度为 1000℃和 1040℃。因此，用电解法制取含钇量约 90%的钇铝合金，其电解温度在 1000～1040℃之间。此温度范围对于氟化物体系电解，是适合的。

根据 YF$_3$-LiF 系相图（图 8.22），在含 YF$_3$ 为 19mol%，含 LiF 为 81mol%处，有一熔点为 695℃的低共熔结晶。随 LiF 含量降低至 25mol%，盐系熔点升高至 1025℃。YF$_3$-LiF

体系对氧化钇和氧化铝都有一定的溶解度，同时也能溶解金属钇。研究表明，金属钇在此盐系中的溶解反应，随温度的升高而加速。LiF 浓度较低时，金属钇的溶解损失显著降低。

在 1000℃ 温度下，溶解于氟化物体系中的 Y_2O_3 和 Al_2O_3，其理论分解电压（分别为 2.459V 和 2.188V，见表 8.22）相当接近，而且都较 LiF 和 YF_3 的理论分解电压（分别为 5.071V 和 4.375V，见表 8.21）低许多。因此只要控制适当的条件，Y^{3+} 及 Al^{3+} 便能在阴极同时放电析出金属，并熔合成为 Y-Al 合金。研究表明，电解质中的 LiF 含量和电解原料中的 Al_2O_3 含量对合金收率有很大影响，在 YF_3-LiF 熔盐中，当 LiF 含量过低，则会影响到电解质的综合性质（如熔点、黏性、电导等），故也将影响到析出金属的收率；LiF 含量过高，又会引起钇的溶解损失急剧增大。在 1025℃ 下的适宜电解质组成（质量分数）为 80%YF_3+20%LiF，在此条件下能获得最高的 Y-Al 合金收率。

三、固体自耗阴极电解法制取稀土合金

固体自耗阴极电解法制取稀土合金是在稀土氟化物体系中（稀土氯化物体系要求淘汰），以固体合金组元金属为阴极电解稀土化合物，电解过程中稀土金属析出在合金组元金属的阴极上，通过相互间的原子扩散而生成稀土合金。一般阴极由 Fe、Co、Ni 或 Cr 等材料制成。电解工作温度低于阴极金属的熔点，而高于稀土金属与合金组元金属之间形成的低共熔物的熔点。随着在阴极上不断形成液体合金并被收集于金属承接器中，固体阴极逐渐被消耗。

目前，稀土氟化物熔盐体系自耗阴极电解制取最多的是稀土-铁合金，主要有钕铁合金、钆铁合金、镝铁合金、钬铁合金、钇铁合金等，所用电解质为 LiF 和各稀土氟化物。其熔盐体系组成及固液相温度见表 8.29，电解过程阳极为石墨片，阴极为纯铁棒，金属承接器为坩埚。工业生产中控制电解温度低于纯铁的熔点，而高于铁与稀土金属的低共熔体的熔点，在 900~1090℃ 之间。

表 8.29　氟化物体系电解质的初始组成（质量分数）和固液相温度

电解质初始组成	固液相温度/℃	电解质初始组成	固液相温度/℃
35%LiF+65%LaF_3	768	11%LiF+89%DyF_3	701
35%LiF+65%CeF_3	745	15%LiF+85%YF_3	825
32%LiF+68%PrF_3	733	25%LiF+75%铈组氟化物	678
37%LiF+63%NdF_3	721	34.5%LiF+68.5%铈组氟化物	733
27%LiF+73%SmF_3	690	20%LiF+35%BaF_2+45%(Pr,Nd)F_3	715
27%LiF+73%GdF_3	625		

自耗阴极电解的阴极过程，除发生电化学反应外，还包括稀土原子向阴极基体的扩散或稀土原子与阴极金属原子之间相互扩散生成合金以及合金从阴极基体中分离出来等步骤。其中稀土原子扩散进入阴极基体深层的速度很慢，是阴极过程限制性环节。因此，为了保证析出金属与阴极金属的完全合金化，阴极电流密度的选择至关重要。其选择原则是稀土的析出速度应大体等于稀土与阴极金属的合金化速度。一般而言，适当提高阴极电流密度，可以相应提高阴极表面的温度，加快稀土原子的分离与扩散速度，加速合金化。但

阴极电流密过高，又会使稀土的析出速度大大超过其合金化速度，促使部分未合金化的金属重新氧化或溶解，导致电流效率大幅度降低，这对高熔点稀土金属合金的电解尤其显著。

思 考 题

8-1 制取无水稀土氯化物和氟化物各有哪些方法，其中的主要杂质元素是什么？为什么？

8-2 试简述稀土熔盐电解工艺技术进展概况。氟化物体系电解制取稀土金属有何优越性？

8-3 试分析选择稀土熔盐电解质的基本原则。为何熔盐电解质大多使用钾盐或者多元体系？

8-4 熔盐电解制取稀土金属对原料和设备有何技术要求？试举例说明。

8-5 熔盐电解得到的稀土金属产出率主要受哪些因素的影响，为什么？

8-6 比较熔盐电解直接制取稀土合金的几种主要方法的基本原理、技术特征和应用范围。

8-7 影响熔盐电解制取稀土金属的电流效率的因素有哪些？

参 考 文 献

[1] 徐光宪. 稀土（下）[M]. 北京：冶金工业出版社，2005.
[2] 吴炳乾. 稀土冶金学 [M]. 长沙：中南工业大学出版社，1997.
[3] 潘叶金. 有色金属提取冶金手册·稀土金属 [M]. 北京：冶金工业出版社，1993.
[4] 杨燕生. 稀土物理化学常数 [M]. 北京：冶金工业出版社，1978.
[5] 孙鸿儒，王道隆. 稀有金属手册 [M]. 北京：冶金工业出版社，1992.
[6] 戴永年，杨斌. 有色金属材料的真空冶金 [M]. 北京：冶金工业出版社，2000.
[7] 长崎诚三，平林真. 二元合金状态图集 [M]. 北京：冶金工业出版社，2004.
[8] 戴永年. 二元合金相图集 [M]. 北京：科学出版社，2009.
[9] 庞思明，颜世宏，等. 我国熔盐电解法制备稀土金属及其合金工艺技术进展 [J]. 稀有金属，2011，35(3)：440-450.
[10] 宗国强，肖吉昌. 氟化物熔盐的制备及其应用进展 [J]. 化工进展，2018，37(7)：2455-2472.

第九章 热还原法制取稀土金属和合金

金属热还原法主要用于制取熔点较高的单一重稀土金属，及钐、铕、镱等高蒸气压金属。其与熔盐电解工艺比较见表 9.1。

表 9.1 金属热还原法与熔盐电解法比较

项目	金属热还原法	熔盐电解法
产品	稀土金属与合金，以中重稀土为主 原料：$RECl_3$、REF_3、RE_2O_3	稀土金属与合金，以轻稀土为主 原料：$RECl_3$、RE_2O_3
原料及辅料	还原剂：Ca、Mg、Li、La	熔盐：REF_3、LiF、BaF_2
设备	真空中频炉或真空电阻炉，容器为 Ta、Nb、W、Mo 金属制品	熔盐电解槽、金属承接器为 W、Mo 金属制品
工艺条件	真空或惰性气氛中，还原温度 900~1600℃	空气或惰性气氛中，电解温度 800~1100℃
废气废渣	无废气，废渣：CaF_2	废气：Cl_2、CO、CO_2、HF、C_xF_y、CF_4、C_2F_6、C_3F_8 废渣：熔盐、筑炉材料
稀土收率	大于 80%	大于 90%
产品纯度	产品中还原剂含量高，氧含量高，经处理可制备纯度较高的产品	电解槽结构材料带入钨、钼、铁、铝、硅等
生产特点	按炉次间歇性生产	连续生产
生产成本	较高	较低

第一节 金属热还原法制取稀土金属

一、金属热还原法制取稀土金属的基本原理

金属热还原法是在适当高温下，利用活性较强的金属作还原剂，还原稀土金属化合物制取稀土金属的方法。大多数金属热还原过程伴有明显的热效应，还原反应可表示为：

$$MeX + Me' \rightleftharpoons Me + Me'X + \Delta H$$

式中 MeX——被还原稀土金属化合物（如稀土氧化物、氯化物、氟化物）；

Me'——金属还原剂；

ΔH——反应热效应。

根据热力学原理，金属热还原反应的吉布斯自由能变化值 ΔG_T，当 $\Delta G_T<0$，反应可正向进行，ΔG_T 的负值越大，正向还原反应进行的趋势也越大。

表 9.2 为稀土金属及某些金属还原剂的氧化物、氯化物和氟化物的标准焓值及标准吉布斯自由能值。还原反应的吉布斯自由能变化与温度的关系，可用范特荷夫等压方程式描述：

$$\left[\frac{\partial \ln K_P}{\partial T}\right]_P = -\frac{\Delta H}{RT^2}$$

当过程为吸热反应，随温度的升高，反应平衡常数 K_P 增大；当过程为放热反应，则随温度的升高，K_P 值减小。金属热还原过程大多 ΔH 为负，是放热反应，但为保证足够的还原速度和较好的产品结晶形态及良好的渣金分离效果，还原过程宜控制在较高温度下进行。钙、锂等金属热还原剂还原稀土金属钇的氧化物和卤化物的 ΔG 与温度的关系如图 9.1 所示。

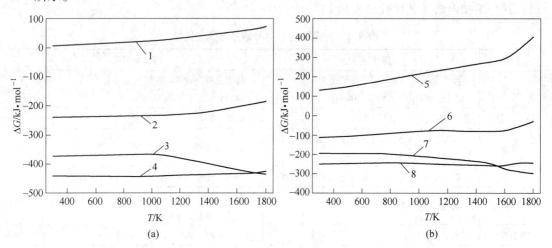

图 9.1　钙（a）和锂（b）与钇的氧化物和卤化物反应的 ΔG 与温度的关系

1—$3Ca+Y_2O_3 \rightarrow 3CaO+2Y$；2—$3Ca+2YF_3 \rightarrow 3CaF_2+2Y$；3—$3Ca+2YI_3 \rightarrow 3CaI_2+2Y$；

4—$3Ca+2YCl_3 \rightarrow 3CaCl_2+2Y$；5—$6Li+Y_2O_3 \rightarrow 3Li_2O+2Y$；6—$3Li+YF_3 \rightarrow 3LiF+Y$；

7—$3Li+YI_3 \rightarrow 3LiI+Y$；8—$3Li+YCl_3 \rightarrow 3LiCI+Y$

由表 9.2 和图 9.1 可以看出，稀土氧化物的标准熔值和标准吉布斯自由能的负值很大，表明选择钙作还原剂是可行的，但稀土氧化物的熔点高，用常规设备难以直接还原稀土氧化物制得纯金属。

锂和钙可以还原稀土氯化物和氟化物制得稀土金属。镁、铝因与稀土金属很易形成合金，用它们作还原剂时，稀土金属中镁或铝的含量高。

稀土氯化物、氟化物的钙、锂热还原，其显著优点是在还原过程中能生成流动性好的熔渣，它们比被还原的稀土卤化物或盐类更稳定，还原过程金属与渣分离效果好，金属收率高。由于稀土金属的化学活性很强，所以整个反应过程都要在惰性气氛或真空中进行。

稀土卤化物的金属热还原不适用于制取钐、铕、镱等变价稀土金属。因为用锂、钙还原这些金属的卤化物时，只能得到低价卤化物，而得不到金属。为此利用它们在高温下有较高蒸气压的特性，在真空条件下用蒸汽压低的镧、铈还原它们的氧化物，来制取这些变价金属。

制取稀土金属的热还原主要有稀土氟化物的钙热还原法，稀土氯化物的锂、钙热还原法以及钐、铕、镱等氧化物的镧、铈热还原法。目前，工业上用于制取稀土金属的热还原法，主要是稀土氟化物的钙热还原法，以及钐、铕、镱等氧化物的镧、铈热还原法。

表 9.2　稀土金属及某些还原剂的化合物的标准焓值

及标准吉布斯自由能值　　　　　　　　（kJ/mol）

元素	$-\Delta H^{\ominus}$			$-\Delta G^{\ominus}$		
	氧化物	氯化物	氟化物	氧化物	氯化物	氟化物
Se	1910.6	900.8	1550.2	1920.2	816.8	1478.9
Y	1908.5	975.0	1720.8	1818.4	901.6	1649.1
La	1979.0	1072.2	1763.9	1707.8	998.4	1683.5
Ce	1805.6	1055.9	1717.9	913.4	985.4	1637.5
Pr	1826.0	1055.8	1684.3	1772.7	982.5	1604.0
Nd	1810.0	1029.0	1717.0	1722.0	952.3	1636.6
Sm	1810.0	1018.1	1695.9	1729.6	975.8	—
Eu	1810.0	1001.4	1638.0	1544.9	960.3	—
Gd	1818.0	1005.6	1629.7	17216.2	932.2	1621.3
Tb	1830.1	1951.4	1676.0	1734.6	—	1604.3
Dy	1863.6	976.2	1667.6	1982.4	921.3	1595.9
Ho	1883.4	975.4	1655.0	1794.1	905.8	1583.3
Er	1900.5	959.5	1642.4	1811.6	885.7	1570.7
Tm	1891.3	946.9	1638.2	1808.2	887.0	1566.5
Yb	1817.2	963.7	1575.4	1727.5	883.6	1573.7
Lu	1880.0	925.9	1642.4	1792.4	883.3	1572.1
Li	259.7	408.9	613.4	188.5	384.2	584.0
Na	—	412.7	572.3	—	385.4	546.0
Ca	635.6	785.0	741.6	600.0	—	—
Mg	602.1	624.7	114.5	599.4	535.4	1027.6

二、稀土氟化物的钙热还原法

（一）稀土氟化物钙热还原法原理

由于熔盐电解法在制取铈组轻稀土金属方面存在一定的优势，而钐、铕、镱变价，采用其氧化物的镧铈还原，故钙热还原稀土氟化物是制取熔点较高的单一重稀土金属和稀土钇的主要方法。

稀土氟化物的钙热还原反应如下：

$$2REF_3 + 3Ca \longrightarrow 2RE + 3CaF_2$$

表9.2和图9.1表明，反应的标准吉布斯自由能负值很大，故在还原过程中，只要把反应物料加热至开始反应的温度（一般还原反应在1400~1750℃下进行），反应即可自发进行。

（二）稀土氟化物钙热还原工艺实践

稀土金属钙热还原反应在高于稀土金属和还原渣熔点的温度50~100℃下进行，此温度下金属与渣保持熔化状态，因密度差而分层，实现金属与渣的分离。为保证氟化物还原比较彻底，还原剂的用量一般应大于理论需要量的 10%～20%；为了获得含氧量低的金属，要求氟化物中氧含量尽可能低，其含氧量应不超过 0.2%，并要求设备压升率低；热还原是在抽真空后充入纯惰性气体的中频感应炉或电阻炉中进行的，可先经熔化或真空烧结以除去吸附气体，还原剂钙为工业级电解金属钙或还原金属钙，金属钙质量依据被还原稀土金属产品质量要求而定。还原钇时，由于钇的密度较小，而黏度较大，金属与渣的分离较差，其回收率要比还原其他重稀土金属的低。还原钪时，钪的密度小于渣，故金属浮于熔渣上方。

　　稀土氟化物不易吸湿，制备方便；其渣氟化钙与重稀土金属的熔点相近，流动性好，易与金属分离。目前生产钇、钆、铽、镝、钬、铒、镥等重稀土金属均用钙热还原法生产。制取钇、钆、铽、镥金属的氟化物的钙热还原的钙用量、还原温度、保温时间等工艺技术条件见表 9.3。所制取的稀土金属中主要杂质含量见表 9.4。

表 9.3　Y、Gd、Tb、Lu 钙热还原法制取工艺技术条件

原料	钙用量（理论用量值）/%	还原温度/℃	保温时间/min	金属回收率/%
YF_3	139	1600～1700	4	80
GdF_3	120	1450	3	96～97
TbF_3	120	1500	3	94～98
LuF_3	120	1800	3	84

表 9.4　钙热还原稀土氟化物制取稀土金属的主要杂质含量　　（质量分数/%）

产品名称	Ca	Cu	Fe	W（坩埚材料）	O
Y	0.01～1.6	0.03	0.01	0.02～0.12	0.1～0.2
Gd	0.03～0.12		小于 0.02	0.07	0.12
Tb	0.05～0.10		小于 0.05	0.05～0.11	0.05～0.12
Dy	0.03～0.10		小于 0.05	0.05～0.12	0.05～0.12
Lu	0.05～0.20		小于 0.05	0.06～0.15	0.05～0.15

　　为了获得较高的产品质量和金属回收率等技术经济指标，在稀土氟化物的钙热还原中，必须严格控制原材料（包括氟化物、还原剂、保护气体等）的纯度、还原温度、还原剂用量和在还原最终温度下的保温时间等工艺因素。

三、稀土氯化物的锂热还原法

（一）稀土氯化物锂热还原原理

　　由图 9.1（b）锂热还原反应的吉布斯自由能变化表明，锂在低温下（呈液态）即可与呈固态的稀土氯化物发生反应，其反应为：

$$RECl_3 + 3Li \Longleftrightarrow 3LiCl + RE$$

还原过程的最高温度为 1000℃，此时稀土金属为固态，而 LiCl 分别在约 700℃和

1400℃下熔化和沸腾，故还原渣排出之后接着进行真空蒸馏即可除去。由于还原的温度较低，降低了对设备材质的要求，为使用大型还原设备创造了可能。

（二）稀土氯化物锂热还原工艺实践

稀土氯化物的锂热还原法须控制好反应过程温度，使金属锂以蒸气态与熔融的$RECl_3$反应，反应结束后，经蒸馏除去$LiCl$，稀土金属经真空熔炼得到纯金属。稀土氯化物的锂热还原设备示意图如图9.2所示。

稀土氯化物的吸湿性强，易水解。将稀土氯化物与KCl形成二元氯化物时，可减少稀土氯化物的吸湿性。

生产操作时还原剂用量为理论量的110%~120%，加入料后先对炉内抽真空至0.1Pa，然后将二元氯化物在炉内升温至950℃进行蒸馏，并在炉子上方的冷凝器中冷凝。再对冷凝器升温，氯化物即可熔化并流入反应区。熔锂炉中的熔融锂注入反应器中

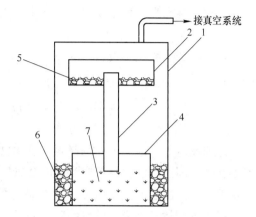

图9.2　氯化稀土锂还原设备
1—不锈钢反应器；2—有盖的钛坩埚；
3—连通管；4—无盖钛坩埚；
5—粗$RECl_3$；6—锂；7—精$RECl_3$

的盛锂容器内，当容器加热至900℃，纯净的锂蒸气蒸发出来。将锂蒸气导入反应区，在750℃下与氯化物熔体进行反应。还原结束后炉内维持真空0.1Pa，在950℃下用真空蒸馏法分离还原渣，得到海绵状稀土金属，$LiCl$冷凝在冷凝器中。冷却后将还原出的金属从设备中取出，并经过真空重熔，制得纯度较高的稀土金属。

为简化操作，也可将稀土和钾的二元氯化物呈块状装入炉内反应器中，将炉内真空抽至0.1Pa，然后将物料加热到300℃。将熔融锂由专门的熔化器加进反应器。最后在氩气气氛中升温至700~900℃进行还原反应，反应结束后，真空吸出大部分的还原渣，其余的渣用真空蒸馏法除去。

锂热还原法制得的海绵状稀土金属活性强，在出炉前需进行钝化处理。即蒸馏过程结束真空下冷却到550~600℃之后，往炉内注入含有水蒸气和氧的工业氩气进一步冷却，以钝化金属的活性表面。也可在炉温冷却到200℃以下时注入空气来进行钝化处理。当炉内海绵状稀土金属完全冷却后，即可从炉内取出，然后将海绵状稀土金属再进行真空熔炼而得到纯金属。

锂热还原法制备的稀土金属部分产品杂质含量见表9.5。

表9.5　锂热还原法制备的 Dy、Ho、Er 金属杂质含量分析　　　　　　　　　　（$\times 10^{-6}$）

金属产品	O	N	H	C	F	Cl	Li
Dy	135	7	6	39	小于 3	小于 3	小于 0.005
Ho	81	3	5	17	小于 3	小于 3	小于 0.005
Er	109	7	10	11	小于 3	小于 3	小于 0.005

四、稀土氧化物的镧（铈）热还原法

对蒸气较高的钐、铕、镱金属，工业生产上是在真空条件下，利用蒸气压低的稀土金属镧、铈或铈组混合稀土金属来还原钐、铕、镱的氧化物，将它们蒸发并冷凝结晶出金属来。

（一）稀土氧化物镧（铈）热还原原理

稀土氧化物的镧（铈）热还原反应：

$$RE_2O_3(s) + 2La(l) \rightleftharpoons 2RE(g) + La_2O_3(s)$$
$$2RE_2O_3(s) + 3Ce(l) \rightleftharpoons 4RE(g) + 3CeO_2(s)$$

还原反应是在液态还原剂与固态氧化物之间进行，在还原温度1200~1400℃下，还原剂熔化并与固态的氧化物反应生成的金属形成中间合金，被还原出的金属由液态中间合金中蒸馏出来。决定前段反应速度的是被还原金属从反应生成的中间合金中蒸馏出来的速度，而当反应体系中形成较厚的固态渣后，反应的速度取决于扩散速度。

表9.6和图9.3所示为稀土金属的沸点、蒸发速度和蒸气压与温度之间的关系。由图9.3可以看出，镧、铈、镨、钕金属的蒸气压很低，且还原金属氧化物的能力较强，因此镧、铈、镨、钕均可作为钐、铕、镱等氧化物的还原剂。

表9.6　稀土金属的沸点、蒸发速度及蒸气压与温度关系的某些数据

稀土金属	蒸气压为1.33Pa时的温度/℃	蒸气压为133.3Pa时的		沸点/℃
		温度/℃	蒸发速度/g·(cm²·h)⁻¹	
La	1754	2217	53	3470
Ce	1744	2174	53	3470
Pr	1523	1968	56	3130
Nd	1341	1759	60	3030
Sm	722	964	83	1900
Eu	613	837	90	1440
Gd	1583	2022	59	3000
Tb	1524	1939	60	2800
Dy	1121	1439	71	2600
Ho	1197	1526	69	2600
Er	1271	1609	68	2900
Tm	850	1095	83	1730
Yb	471	651	108	1430
Lu	1657	2098	61	3330
Y	1637	2082	43	2930

以镧还原氧化钐制取金属钐为例：

$$Sm_2O_3(s) + 2La(l) \rightleftharpoons 2Sm(g) + La_2O_3(s)$$

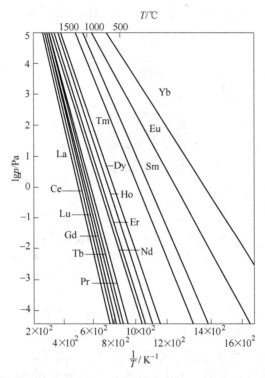

图 9.3　各种稀土金属的蒸气压与温度之间的关系

在 950~1200℃ 的温度下，还原反应的 $\Delta G^{\ominus}$ 与温度 T 的关系式为：

$$\Delta G^{\ominus} = 430989 - 204.19T \, (\text{J})$$

在上述温度范围内，钐的平衡蒸气压 P_{sm} 与温度的关系式为：

$$\lg P_{sm} = 0.609 - 1125T^{-1} \, (\text{MPa})$$

根据吕·查德里原则，降低系统的压力有利于反应向体积增大的方向进行。对于还原反应，若反应后气体摩尔数增加，则提高系统真空度对还原反应的进行有利。因此，当系统保持一定的温度和真空度，使还原生成物钐为气态，而 Sm_2O_3、La 和 La_2O_3 仍为凝聚态，则反应正向进行的趋势将很大，钐的还原反应将进行非常完全。同时过程在真空中进行，对改善钐蒸发的动力学条件也十分有利。

镧热还原 Sm_2O_3 是一个复杂的多相反应，气相物质的蒸气压决定该反应的平衡。研究表明，在正常还原温度下，还原体系同时存在着固相、液相和气相，在还原过程中随 Sm 从 Sm_2O_3 中还原出来，钐与还原剂镧会生成 $Sm_x\text{-}La_y$ 的中间合金。还原开始，反应速度受钐由中间合金蒸发出来的速度所控制，此时按蒸发系数计算的表观活化能值为 105.55kJ。随后当反应固体产物 La_2O_3 大量形成，反应的继续进行则须依靠液体还原剂顺利通过 La_2O_3 层，再向 Sm_2O_3 的颗粒表面扩散。因此，反应物之间的扩散或传输便成为过程速度的控制步骤，按扩散系数计算，还原反应的表观活化能值为 255.10kJ。

为提高反应速度，可以采用适宜的动力学条件，使反应在高真空体系中进行，使气相生成物迅速排出反应区，加速反应产物通过固态渣的扩散。

（二）稀土氧化物镧（铈）热还原工艺实践

钐、铕、镱金属镧（铈）热还原是在真空感应炉或真空电阻炉中进行，用真空中频炉可以排除杂质碳的污染。图 9.4 所示为感应加热式真空还原-蒸馏设备装置示意简图。

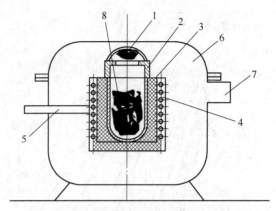

图 9.4　感应加热式真空还原-蒸馏设备示意图
1—冷凝金属 Sm；2—钨钼坩埚；3—筑炉材料；4—感觉线圈；
5—转轴；6—真空炉胆；7—接真空系统，8—炉料

将稀土氧化物（以氧化钐为例）粉末与金属镧屑（过量 15%~20%）混匀后，在压机上按 (1~5)×10³ kPa 的单位压力压制成块。压块装入真空炉内的钼或钨制坩埚中，坩埚上方装有预定冷凝钐蒸气的氧化铝或钛质收集碗。反应开始时，先将炉内真空抽至约 0.1Pa，分段升温至 1300~1400℃，并在最高温度下保温足够的时间，直至反应完成。整个反应过程均维持炉内压力小于 0.1Pa。炉中收集碗的温度一般保持为 300~400℃，可得到粗大的金属钐晶体。

还原结束后，炉子在真空下冷却到室温后，将金属从炉内取出。所得金属钐在 1200℃ 和氩气保护下重熔铸锭，可制得纯度大于 99%的纯金属钐锭，钐锭中氮、氧、氢、碳等杂质的含量不大于 0.01%（质量分数）。

镧热还原法生产金属钐也可用价格便宜的氧化钐富集物为原料，以代替纯氧化钐，此时钐的纯度可达约 99%，钐的成本明显降低。

因金属铈易着火，故用铈作还原剂时其工艺操作比较复杂，在工业生产上应用范围不广。

影响镧热还原过程的主要因素有：还原-蒸馏的温度和时间，还原过程的升温速度，炉料组成及其特性：

（1）还原-蒸馏的温度和时间。由 La 还原 Sm_2O_3 反应的 $\Delta G^{\ominus}$-T 及 P_{sm}-T 关系式表明，提高温度能增大反应 $\Delta G^{\ominus}$ 的负值和金属钐的平衡蒸气压，对还原反应有利。升高温度可增大还原和蒸馏过程的传输速度。但温度过高会使冷凝温度提高，影响钐蒸气的冷凝而影响金属的直收率。温度过高还会使某些杂质元素被还原和蒸馏出来，导致金属钐的纯度降低。

（2）还原过程的升温速度。升温速度过快，还原物料吸附的气体来不及除尽，产品易被气体杂质所污染；同时金属蒸气可能夹带氧化物粒子进入冷凝器，而使产品产生夹杂，导致产品氧含量增高。升温速度过慢，使生产率降低，电耗增加。还原及蒸馏的时间是影响技术经济指标的因素之一。为保证还原反应进行彻底，并获得高的金属直收率和低杂质

含量的金属产品，必须在不过热、最适宜的高温度下维持充分的保温时间。适宜的保温时间通常按装料量和设备效能等因素由实验确定。

（3）炉料组成及其特性。炉料组成、炉料粒度和成型压力对还原过程有不同程度的影响。生产中保持还原剂镧的适当过量，过量数视其质量、还原设备及操作的不同波动于 10%~45% 之间。实际操作时将炉料压块以增大相与相之间的接触面积。但压制压力不宜过大，否则将阻碍钐蒸气向外扩散而严重影响金属回收率，一般控制压力在 $(1~5)×10^3 kPa$。

为适应多相反应的动力学条件，要求炉料粒度要细，以利扩散或传输过程的进行。还原剂的粒度应尽量细，但越细，被氧化的程度也越大，还原的效果也会变差，一般控制 0.5~5mm 为宜。

目前，工业生产中主要应用于还原稀土钐、铕、镱氧化物制备金属的工艺技术条件见表 9.7。

表 9.7　金属热还原稀土氧化物的工艺技术条件

金属产品	原料	还原剂	摩尔比 (M/RE_2O_3)	压块压力 $/t·cm^{-2}$	还原蒸馏温度/℃	冷凝器温度/℃	真空度 /Pa	金属收率 /%
Sm	Sm_2O_3	La、Ce	2.5~3.0	2.5~5.0	1200	300~400	小于 $1.33×10^{-1}$	90
Eu	Eu_2O_3	La、Ce	2.5~3.0	2.5~5.0	900	300~400	小于 $1.33×10^{-1}$	90
Yb	Yb_2O_3	La、Ce	2.5~3.0	2.5~5.0	1100	300~400	小于 $1.33×10^{-1}$	90

五、中间合金法制取稀土金属

中间合金法是通过生成低熔点中间合金以降低过程温度，再通过真空蒸馏来制取高熔点稀土金属的一种方法。

由于氟化物钙热还原法生产重稀土金属一般要求在 1450℃ 以上的高温下进行，这给工艺设备和生产操作都带来较大不利；而且在高温下稀土金属易与设备材料发生反应，导致稀土金属被污染。因此，有必要降低还原温度：

首先，必须降低还原产物的熔点。通常是在还原反应过程中加入某种元素，使其与产品金属形成一种低共熔点的合金，以达到降低还原得到的金属产品熔点的目的。其次，要求加入的元素具有易分离除去的特性。例如，在还原物料中加入一定数量的熔点较低而蒸气压较高的金属元素如镁和助熔剂氯化钙，反应形成低熔点的稀土-镁中间合金和易熔的 $CaF_2·CaCl_2$ 渣。这样不但大大降低了过程温度，而且生成的还原渣密度变小，有利于金属和渣的分离。低熔合金中的镁可用真空蒸馏法除去，获得纯稀土金属。

中间合金法最早是在金属钇的生产中获得应用，近年来在镝、钆、铒、镥、铽、钪等的生产中也得到了一定的应用。

（一）中间合金法制取稀土金属原理

中间合金法制取稀土金属（钇、镝、钆、铒、镥、铽、钪），即是在稀土金属的钙热还原法中加入金属 Mg 及 $CaCl_2$。稀土与镁生成稀土镁中间合金，$CaCl_2$ 与 CaF_2 形成熔渣。其反应如下：

$$2REF_3 + 3Ca \Longrightarrow 2RE + 3CaF_2$$
$$RE + Mg \longrightarrow RE\text{-}Mg$$
$$CaF_2 + CaCl_2 \longrightarrow CaF_2 \cdot CaCl_2$$

图 9.5 所示为稀土钇及某些金属氟化物的 $\Delta G^{\ominus}$ 与温度的关系，图 9.6 所示为 Y-Mg 二元系状态图。以下以制取金属钇镁中间合金来进行热力学分析。

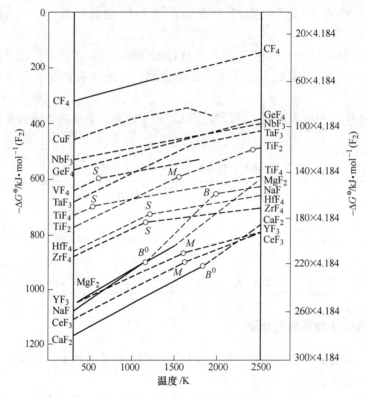

图 9.5 某些金属氟化物的 $\Delta G^{\ominus}$ 与温度的关系

M—氟化物熔点；B^0—金属沸点；B—氟化物沸点；S—氟化物升华点；

——（实线）—实测值；----（虚线）—计算值

从图 9.5 金属氟化物的 $\Delta G^{\ominus}$-T 关系可以看出，在氟化钇的钙热还原系统中，虽然金属钙和镁同时存在，但只有钙才能作为 YF_3 的还原剂。镁因与氟的化学亲和力较小，对 YF_3 不能起还原作用。但镁与钇及其他稀土金属极易形成低熔合金。从图 9.6 Y-Mg 二元系状态图可知，在 Y-Mg 合金中，合金含镁量增大到 21.5% 和 40.6%，其初晶温度将下降到 935℃ 和 780℃。CaF_2 与 $CaCl_2$ 也可组成熔点较低的二元系熔体。由图 9.7 $CaCl_2$-CaF_2 系相图可知，含 43.8mol% $CaCl_2$ 和 56.2mol% CaF_2 的二元系熔体，其初晶温度为 904.4℃。

在 YF_3 的钙热还原中，若配以适量的镁和氯化钙，可降低还原操作温度，如图 9.7 所示。实践证明，当配料比 YF_3：$CaCl_2$：Ca：$Mg = 1.5$：1.3：0.68：0.29 时，还原过程只要维持 950℃ 即可使渣与合金处于熔融状态，此时合金含镁约 24%。

所制得的 Y-Mg 合金可以用真空蒸馏法除去镁而制得纯金属钇，镁蒸气通过冷凝回收可返回还原使用。

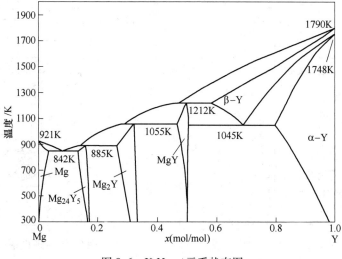

图 9.6　Y-Mg 二元系状态图

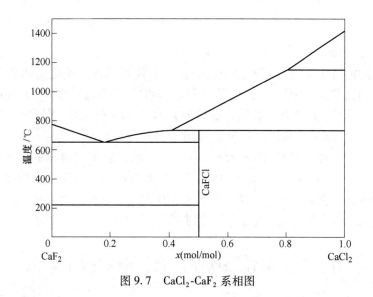

图 9.7　$CaCl_2$-CaF_2 系相图

（二）中间合金法制取稀土金属工艺实践（以钇为例）

1. 原料要求

采用纯度较高的 YF_3；钙、镁须预先分别在 900℃和 950℃下进行真空蒸馏提纯；工业纯氯化钙应在 450℃下进行真空脱水。

2. 还原及蒸馏设备

还原设备为一不锈钢制的反应罐，反应罐内抽成真空或充入氩气（图 9.8），还原所需温度借外部加热的硅碳棒电炉予以维持；蒸馏除镁的真空蒸馏设备由连接真空系统的不锈钢蒸馏罐组成（图 9.9），蒸馏罐内放置一盛合金的钛坩埚，为提高冷凝效率，并且防止镁蒸气直接抽入真空系统，衬套顶部装有挡板。

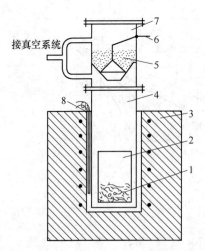

图 9.8　大型还原设备示意图

1—金属镁和钙；2—钛坩埚；3—硅碳棒电炉；

4—反应罐；5—REF$_3$+CaCl$_2$；6—加料机构；

7—贮料罐；8—热电偶

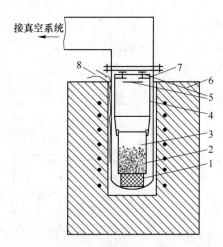

图 9.9　蒸馏设备示意图

1—坩埚底垫；2—稀土镁合金；3—坩埚；

4—不锈钢衬套；5—挡板；6—硅碳棒电炉；

7—不锈蒸馏罐；8—热电偶

3. 还原及蒸馏操作过程

一定配比的钙与镁呈块状装入置于反应器中的钛坩埚内，氟化钇和氯化钙装入料罐中。反应器预抽真空至 1.33Pa 后，缓慢加热至 350℃，充入氩气达 70～100kPa，继续升温至 800～900℃。待钙、镁全部熔化后，旋转加料器使 YF$_3$ 和 CaCl$_2$ 缓慢加入反应坩埚，还原温度随之上升到 950℃，保温约 0.5h，取出坩埚并冷却后拿出还原产物。所得 Y-Mg 合金性硬脆，易吸氧。再将 Y-Mg 碎成 15mm 左右的小块，置于蒸馏罐中进行真空蒸馏，预抽真空至 $1×10^{-2}$～$1×10^{-3}$Pa，升温至 900℃和 950℃，在以上温度下分别保温 4h 和 20h。蒸馏所得为海绵状金属钇，其钙、镁含量不大于 0.01%。海绵钇再经真空熔炼和铸锭，所得钇锭的纯度为 95%～99.5%，直收率可达到 90%。

第二节　金属热还原法直接制取稀土合金

金属热还原除上述用来制备稀土金属外，也可用来直接制取稀土合金，如钐-钴、钕-铁-硼永磁合金，稀土硅铁合金、稀土铝合金、稀土镍合金等。

一、钙还原扩散法制取钐-钴永磁合金

钐-钴合金是制备稀土永磁材料重要原料，其具有独特的高温磁性能和优良的磁稳定性广泛用于国防军工、航空航天、微波器件、磁力泵、高端电机等领域。

在金属钴存在下，用钙或氢化钙还原氧化钐制取钐-钴合金，其实质是利用金属钴对金属钐有较大亲和力来制取固态钐-钴合金粉末：

$$Sm_2O_3(s) + 10Co(s) + 3Ca(l) \Longrightarrow 2SmCo_5 + 3CaO(s)$$

该反应的机制是由下列两个反应交互进行：

$$Sm_2O_3(s) + 3Ca(l) \Longrightarrow 2Sm(s) + 3CaO(s)$$

$$Sm(s) + 5Co(s) = SmCo_5(s)$$

由于钐与钴易生成 $SmCo_5$ 合金，同时在大于1100℃的高温下金属钐与钴能加速作用生成 $SmCo_5$，因此，在有钴存在的条件下钙还原 Sm_2O_3 的反应能正向进行生成钐-钴合金。

某些稀土-钴合金的生成反应和在钴（铁）存在下钙还原稀土氧化物反应的 ΔG 与温度的关系（计算值）如图9.10，图9.11所示。

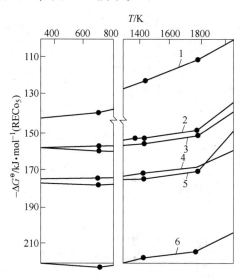

图9.10　$RECo_5$ 生成反应的 ΔG 与温度的关系

1—$Sm+5Co = SmCo_5$；2—$Nd+5Co = NdCo_5$；3—$0.5Pr+0.5Sm+5Co = Sm_{0.5}Pr_{0.5}Co_5$；

4—$Pr+5Co = PrCo_5$；5—$La+5Co = LaCo_5$；6—$Ce+5Co = CeCo_5$

由于 CaH_2 性脆，易破碎成粉末，能与 Sm_2O_3 粉末均匀混合。故钙热还原 Sm_2O_3 也可用 CaH_2 作还原剂。在温度850℃和真空条件下，其化学反应如下：

$$CaH_2 \longrightarrow Ca + H_2 \uparrow$$

$$Sm_2O_3 + 10Co + 3CaH_2 = 2SmCo_5 + 3CaO + 3H_2 \uparrow$$

实际生产时，反应过程连续抽真空，以便氢气从反应区及时排出；在反应结束后将温度升高到1100~1150℃，以利于金属和渣更好的分离。

由于 Co_3O_4 与 Ca 的交互反应将产生大量反应热，为了提高还原过程的单位热效应，在还原物中经常添加氧化钴，此时的还原反应为：

$$\frac{10}{3}Sm_2O_3 + (10-3n)Co + nCo_3O_4 + (4n+3)CaH_2 =$$

$$2SmCo_5 + (4n+3)CaO + (4n+3)H_2 \uparrow (n = 0 \sim 10/3)$$

上述还原反应中，除还原剂钙和中间还原出的钐为液相外，大部分还原物料和还原产物均为固相。还原反应以及生成 $SmCo_5$ 金属化合物的反应，均为固-液相之间的多相反应，因此扩散过程是整个还原过程的控制性环节，反应的温度、原料粒度、混合均匀程度及还原剂的活性，均为还原过程的重要动力学因素。因而称这种与扩散过程紧密相关的还原方法为还原扩散法。还原扩散法制取的工艺流程如图9.12所示。

还原反应在真空感应电炉或真空电阻炉中进行。将配制好的炉料混合好后装入钢制反

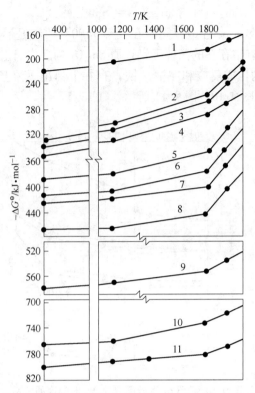

图 9.11　在钴（铁）存在下的钙还原 RE_2O_3 反应的 ΔG 与温度的关系

1—$Sm_2O_3 + 3Ca + 17Fe = Sm_2Fe_{17} + 3CaO$;　2—$Ho_2O_3 + 3Ca + 10Co = 2HoCo_5 + 3CaO$;

3—$Dy_2O_3 + 3Ca + 10Co = 2DyCo_5 + 3CaO$;　4—$Sm_2O_3 + 3Ca + 5Co = Sm_2Co_5 + 3CaO$;

5—$Sm_2O_3 + 3Ca + 10Co = 2SmCo_5 + 3CaO$;　6—$Nd_2O_3 + 3Ca + 10Co = 2NdCo_5 + 3CaO$;

7—$Pr_2O_3 + 3Ca + 10Co = 2PrCo_5 + 3CaO$;　8—$La_2O_3 + 3Ca + 10Co = 2LaCo_5 + 3CaO$;

9—$0.5Sm_2O_3 + PrO_{1.83} + 3.33Ca + 10Co = 2Sm_{0.5}Pr_{0.5}Co_5 + 3.33CaO$;

10—$2PrO_{1.83} + 3.66Ca + 10Co = 2PrCo_5 + 3.66CaO$;

11—$2CeO_2 + 4Ca + 10Co = 2CeCo_5 + 4CaO$

应容器，在真空炉内，1150℃和 1.3Pa 真空下反应 3h。还原产物为 $SmCo_5$ 与 CaO 的烧结块，冷却出炉后，置于潮湿的氮气室中进行潮解。此时过剩的钙在潮湿气体中反应生成氢氧化钙，烧结块散落成粉末。将散粉用水磨法磨至小于 5×10^{-3} mm 后，用大量水洗涤后再用弱醋酸液洗涤，以除去 $Ca(OH)_2$。洗涤后的粉经脱水后，在不高于 50℃ 温度的真空干燥箱中干燥，得到最终产品 $SmCo_5$ 粉末，此合金粉经磁场取向压型、烧结、充磁后可制得钐-钴永磁合金。钐的回收率可达 90% 以上。该方法也可用于钕铁硼合金粉的制备。

　　还原扩散法与传统的合金熔炼法相比，缩短制取稀土永磁体的工艺过程。其缺点是在细磨、水洗处理时，粉末中氧、钙的含量会增高。

二、硅热还原法制取稀土硅铁合金

　　稀土硅铁合金可用于制备各种优质钢的添加剂、铸铁的孕育剂和某些实用合金的球化剂或蠕化剂。

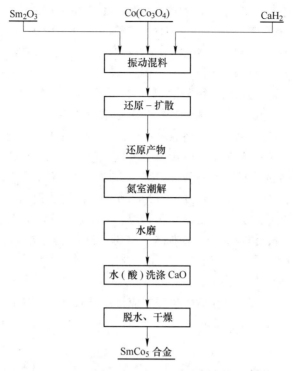

图 9.12　还原扩散法制取钐-钴合金粉工艺流程

硅热还原法制取稀土硅铁合金，是在有碱性熔剂（石灰）存在的条件下，在电弧炉中高温下用硅铁还原稀土高炉渣、稀土精矿、稀土精矿渣或稀土化合物制取稀土硅铁合金的方法。

在稀土硅铁合金中，稀土、铁和钙均以硅化物相态存在，其中稀土以 $RESi_2$ 相态存在。其合金化反应可表示为：

$$[RE] + [Si] \Longrightarrow [RESi]$$
$$[RESi] + [Si] \Longrightarrow [RESi_2]$$

以 Ce 和 Si 的合金化反应为例，其反应的 $\Delta G^{\ominus}$ 为：

$$[Ce](1) + 2[Si](1) \Longrightarrow [CeSi_2](s)$$
$$\Delta G^{\ominus} = -302119 + 76.37T \quad (J)$$

在 1400℃时，$CeSi_2$ 生成反应的 $\Delta G^{\ominus}$ 为 −174.35kJ，反应可自动向右进行。

所以，硅热还原制取稀土硅铁合金的基本反应为：

$$2(RE_2O_3) + 4[Si]_{Fe} + 3Si \Longrightarrow 4[RESi]_{Fe} + 3SiO_2$$
$$2CaO \cdot SiO_2 + CaO \Longrightarrow 3CaO \cdot SiO_2$$

生成的 $CaO \cdot SiO_2$ 熔点为 1544℃。它与 SiO_2 可以组成熔点为 1436℃的低熔点共晶体（CaO 与 SiO_2 的质量比为 36% : 64%）。

在大量 CaO 存在下，也可能出现 Si 还原 CaO 接着生成 CaSi 的反应：

$$2CaO + Si \Longrightarrow 2Ca + SiO_2$$
$$Ca + Si \Longrightarrow CaSi$$

CaSi 也可与硅铁合金中的硅一道作为还原剂，还原 RE_2O_3 并进行造渣：

$$RE_2O_3 + CaSi + 4Si == 2RESi_2 + CaO \cdot SiO_2$$

在 $CaO\text{-}SiO_2$ 二元系中，随熔渣碱度的增加，即 SiO_2 浓度的降低，SiO_2 的活度急剧减小；而对于 $La_2O_3\text{-}CaF_2\text{-}CaO\text{-}SiO_2$ 四元系，随熔渣碱度（碱度：炉料中 CaO 与 SiO_2 的质量比）的增加，La_2O_3 的活度及活度系数增大，同时由于合金化反应是自动进行的，稀土金属进入合金后，其活度显然会大大减小。可见在还原物料中增加 CaO，有利于上述还原反应的进行。实践证明，在一定范围内熔渣碱度越大，稀土的还原率越高。

硅热还原制取稀土硅铁合金是在电弧炉中进行。炉子采用碳质炉衬和碳砖炉底，以提高炉衬对含氟成分腐蚀的防护。配制碱性熔剂时，加入含 CaO 大于 85% 的石灰、碱度控制为 3.0~3.5，以便使出炉前熔渣的碱度保持为 2.6~3.0。对于使用含 8%~14%RE_2O_3 的稀土富渣原料，加入石灰量约为富渣量的 0.5~0.7。采用含硅 75% 的硅铁合金作还原剂，实际操作升温到 1300℃时，将还原剂硅铁加入，并迅速升温至硅铁熔化。控制炉温至 1350~1400℃，保温一定时间，使合金与渣良好分层，然后将熔渣和合金放出浇注，冷却后进行渣金剥离，得到合格的合金产品。

为保证较高的稀土回收率，在冶炼过程中应控制好碱度、配料比、温度等重要工艺参数。产出的稀土合金产品中稀土含量为 23%~35% 之间，合金中含硅一般不超过 46%，含铁不超过 27%。

三、铝热还原法制取稀土铝合金

在铝及其合金中添加稀土元素，可显著改善合金的力学性能、铸造性能、电学性能，稀土铝合金作为添加剂，可提高合金在常温及高温下的力学性能，增强合金耐大气腐蚀和耐海水腐蚀性能。

铝热还原法制取稀土铝合金是在 800~850℃温度下，在电炉中用铝直接还原稀土原料制取稀土铝合金的方法。用铝直接还原稀土氧化物为稀土金属从热力学上看是不可能的。但是若在过程中设法使稀土改变呈铝-稀土合金状态，并使 RE_2O_3 和生成的反应产物 Al_2O_3 溶解于低熔点的化合物熔体中，则因还原条件发生变化，还原反应有可能顺利进行。铝热还原主要有以冰晶石为熔剂的铝热还原和在碱金属氯化物或碱金属氟化物熔体中的铝热还原两种方法：

（1）以冰晶石为熔剂的铝热还原。以冰晶石为熔剂，在石墨坩埚中熔化铝的同时加入 RE_2O_3，在 1000℃不断搅拌下进行铝的热还原，可以产出稀土含量大于 10% 的稀土铝合金，稀土收率可达 79% 以上。

因冰晶石的熔点高，用此法生产稀土-铝合金其还原温度都在 1000℃以上，因此，铝的过热烧损比较严重。此法产出渣的主要成分为（质量分数）：RE_2O_3 6.71%，Al_2O_3 33.14%，NaF 49.71%。它可用作电解铝厂的电解质，生产稀土含量大于 0.5% 的稀土-铝成品合金。

（2）在碱金属氯化物和碱金属氟化物熔体中的铝热还原。在碱金属氟化物和碱金属氯化物熔盐体系熔铝过程中，在 740~850℃下还原稀土化合物制备稀土铝合金。

过程由于采用了氟化物与氯化物的混合熔体，可使还原温度下降到 740~850℃，并起到与氧气隔离的作用，减少铝的烧损。作为稀土成分的原料可以是稀土氧化物、稀土氢氧化物、稀土氯氧化物或稀土碳酸盐。操作过程可通过调节稀土化合物的加入量来控制合金中的稀土含量。稀土一次合金化的稀土元素收率可达70%以上。

第三节 碳还原稀土氧化物制取稀土金属

工业规模生产稀土金属的方法主要是熔盐电解法和金属热还原法。碳还原稀土氧化物也是直接制取稀土金属的一种方法。

以碳为还原剂还原稀土氧化物时，在理论上可能存在下列化学反应：

$$RE_2O_3(s) + C(s) === 2REO(g) + CO(g)$$

$$RE_2O_3(s) + 3C(s) === 2RE(g) + 3CO(g)$$

$$RE_2O_3(s) + 7C(s) === 2REC_2(g) + 3CO(g)$$

$$REC_2(s) === RE(g) + 2C(s)$$

稀土金属钐、铕、镱在高温下有较高的蒸气压，以碳还原它们的氧化物，其蒸气压与还原过程的CO分压相比，已足够大，还原得到的REC_2可以进一步离解成金属和固体碳。而由于这些金属有较高的蒸气压，因此能与还原渣分离。

稀土金属的碳热还原仅适于制取有较高的蒸气压的稀土金属如钐、铕、镱等。其还原过程分两阶段进行：首先在约1600℃下碳还原稀土氧化物，生成稀土碳化物；然后产生的稀土碳化物在高温下进一步离解成碳粉和稀土金属，金属蒸发并冷凝收集。

在RE（铈组）-O-C体系中，组分间的相互作用会经过生成碳氧化物的阶段：

$$RE_2O_3 + 3C === RE_2O_2C_2（铈组） + CO$$

碳氧化物在碳作用下继续生成二碳化物：

$$RE_2O_2C_2 + 4C === 2REC_2 + 2CO$$

但钇组稀土不经过生成碳氧化物的阶段，而直接生成二碳化物：

$$RE_2O_3（钇组） + 7C === 2REC_2（钇组） + 3CO$$

稀土二碳化物是一种与CaC_2类质同晶的难熔化合物，有高的生成焓（EuC_2、SmC_2、YbC_2和TmC_2的生成焓分别为37.9kJ/mol，73.5kJ/mol，76.5kJ/mol和99.0kJ/mol），但在空气中不稳定，与氧和水气作用会生成氧碳化物，因此碳还原RE_2O_3生成REC_2的反应，须在高温真空下进行。如La、Nd氧化物碳热还原在高于1600℃的真空条件下，碳化反应才能自动进行。

目前工业生产方法主要有在真空感应炉内碳还原-热离解法生产金属钐。生产过程中原料由氧化钐和碳均匀混合组成，还原剂碳用量为理论量的110%。为保证物料间良好的接触，物料的粒度控制小于$5×10^{-2}$mm。

操作时先将炉内抽真空至压力为13.3Pa后开始升温，炉料加热到1600~1700℃，经过3h保温，此时会发生钐的二碳化物的生成及离解。由于还原过程排出大量的一氧化碳，过程产生的钐蒸气，将在炉内CO气氛中被重新碳化，所以冷凝在石墨冷凝器内的钐是呈SmC_2形态收集的。

SmC_2冷凝物的热分解过程在相同的炉子中进行。将炉内抽真空到0.13Pa并加热到1600~1700℃，此时热分解出来的金属钐被蒸发、冷凝在钽或钼制的冷凝器内。从冷凝器中取出的金属钐其主要杂质含量（质量分数）：C 0.05%，O 0.1%，H 0.35%，N 小于0.1%。

思 考 题

9-1　试比较金属热还原法与熔盐电解法制取稀土金属的技术特点。

9-2　稀土氟化物的热还原有哪些方法？分别有哪些技术特点和应用范围。

9-3　选择稀土金属的热还原剂须遵循哪些基本原则？并举例加以说明。

9-4　根据镧热还原氧化钐的热力学原理，为使还原过程正常进行，试计算在1200℃下还原炉内所需维持的最低真空度应是多少？并分析炉内真空度对产品质量和还原生产率的影响。

9-5　金属热还原法可直接制取哪些稀土合金，分别运用了哪些基本物理化学原理？

参 考 文 献

[1] 徐光宪. 稀土（下）[M]. 北京：冶金工业出版社，2005.

[2] 吴炳乾. 稀土冶金学 [M]. 长沙：中南工业大学出版社，1997.

[3] 潘叶金. 有色金属提取冶金手册. 稀土金属 [M]. 北京：冶金工业出版社，1993.

[4] 杨燕生. 稀土物理化学常数 [M]. 北京：冶金工业出版社，1978.

[5] 孙鸿儒，王道隆. 稀有金属手册 [M]. 北京：冶金工业出版社，1992.

[6] 戴永年，杨斌. 有色金属材料的真空冶金 [M]. 北京：冶金工业出版社，2000.

[7] 长崎诚三，平林真. 二元合金状态图集 [M]. 北京：冶金工业出版社，2004.

[8] 戴永年. 二元合金相图集 [M]. 北京：科学出版社，2009.

[9] 王艳玲. CaF_2-$CaCl_2$ 系统固液相图的一些探讨 [J]. 广东化工，2014，41(18)：181.

第十章 稀土金属的精炼提纯

通过熔盐电解或热还原生产的稀土金属，还含有一定量的非稀土杂质，对于要求较高的特种稀土功能材料这些非稀土元素杂质将影响稀土金属某些优良特性的发挥。因此，稀土金属还必须进行精炼和提纯。

目前制取高纯稀土金属的主要精炼方法有真空熔炼法、真空蒸馏法、区域熔炼、电传输法（固态电解或电泳法）、电解精炼法以及这些方法的联用。通过精炼提纯的稀土金属，其杂质含量可降低到 1/10，甚至更低，提纯效果明显。

第一节 真空熔炼法提纯稀土金属

熔盐电解或热还原生产的稀土金属中所含的氧化物、氟化物、氯化物、反应器中杂质元素及其他易挥发的杂质可采用真空熔炼法除去。真空熔炼法提纯是在一定温度下将金属在真空中熔炼，将蒸气压比稀土金属高的杂质蒸发除去，而其他化合物造渣除去，使基体金属得到净化。

在高温高真空下，稀土金属中所含的氧化物、氟化物、氯化物在熔炼过程中再次形成渣相而分离，蒸气压较高的元素则在高温高真空下蒸发，从而达到对稀土金属提纯作用。

真空熔炼可在真空感应炉、真空电弧炉、真空电子束炉中进行。

控制温度：控制在稀土金属熔点以上 100~1000℃。

真空度控制：炉内压力小于 10Pa。

真空熔炼法提纯适用于 Sc、Y、La、Ce、Pr、Nd、Gd、Tb、Dy 及其相应铁合金等的提纯，可除去稀土金属中的 Ca、Mg、H、CaF_2、REF_3、RE_2O_3 等，而不能除去非金属元素、过渡族元素及 Ta、Ti、W、Mo 等。

例如，经氟化物还原制得的金属 La、Ce、Pr、Nd 中仍含有 Ca（游离、溶解 Ca）、CaF_2 和 H 等杂质。通过真空熔炼使蒸气压较高的 Ca 去除，同时使 CaF_2 上浮而去除。一般而言，Ca 和 H 在熔点附近即可脱除干净，但 F 的定量脱除需 1800℃保持 30min 才能完全。

大多数稀土元素可以采用真空电弧或电子束熔炼除杂质。如 Y 经电子束熔炼，F 含量从 0.06%降至 0.002%；Gd 经电子束熔炼，F 含量从 0.2%降至 $10×10^{-6}$。

真空熔炼时间越长，金属中杂质 Ca 含量越低，但速度变慢，同时坩埚基体元素在金属中含量增加；真空度小于 30Pa 时，随着杂质 Ca 的蒸发，稀土金属挥发增大，使金属收得率降低。

第二节　真空蒸馏/升华法提纯稀土金属

稀土金属的真空蒸馏/升华提纯是利用某些稀土金属元素蒸气压高的特征，在高温高真空下蒸馏，使基体金属与杂质分离，从而达到金属提纯目的。可用于几乎所有稀土金属的精炼，无论是杂质的蒸气压比稀土金属的高或是低；真空蒸馏都能将大部分杂质除去，使稀土金属得到提纯。若经过反复多次的真空蒸馏，稀土金属的纯度可达到 99.9% ~ 99.99%。

一、真空蒸馏提纯稀土金属的基本原理

真空蒸馏/升华提纯稀土金属在高温高真空条件下，基于基体金属与不同杂质元素蒸气压的不同提纯稀土金属的方法。该方法要求被提纯金属有足够高的蒸气压，以获得较高蒸馏速率。若金属在熔点以下能获得较快提纯速率，则选择真空升华作为提纯手段，如 Sm、Eu、Tm；若金属在其熔点以上才能获得较高蒸发速度，则选择蒸馏提纯，如 Sc、Dy、Ho、Er、Yb。

真空蒸馏具有两种方式：一是将稀土金属中的少量挥发性杂质除去，稀土金属被提纯；二是作为主体部分的稀土蒸发，收集在冷凝器中，而杂质残留在蒸发器内。通常稀土金属的真空蒸馏以第二种方式进行，一般蒸馏温度控制高于稀土金属的熔点。

蒸馏/升华除去杂质的效果决定于杂质的蒸气压以及各元素之间蒸气压的比值。真空蒸馏主要用于熔、沸点间温度间隔较小，而蒸气压较高的钇组稀土金属和钇、钪的提纯，尤其适用于提纯钐、铕、镱等沸点低、蒸气压高的稀土金属。因为这些金属中的多数杂质有更高的熔、沸点和低得多的蒸气压，它们在蒸馏时进入渣中，易被除去；但是真空蒸馏难以除去那些蒸气压与稀土金属相近的杂质元素。例如真空蒸馏提纯钇时，钛、钒、铁、铬、镍等杂质除去甚微。

蒸馏过程包含物质蒸发、蒸气扩散和蒸气冷凝三个过程。在金属蒸馏过程中，当金属的蒸气压很小，过程又在高真空下进行时，纯金属的蒸发可视为"分子蒸发"，其最大蒸发速度 W_e 可近似地用 Langmuir 分子蒸发速度公式表示：

$$W_e = 4.376 \times 10^{-4} \alpha P_e \sqrt{M/T} \quad (\text{g}/(\text{cm}^2 \cdot \text{s}))$$

式中　α——冷凝系数，对于金属一般大约等于 1；

P_e——蒸发温度下金属的蒸气压，Pa；

T——蒸发温度，K；

M——蒸发金属的相对分子质量。

此式适用于 P_e 小于或等于 0.133Pa 的蒸馏系统。当 P_e 较大，金属蒸气在气相中的分压不可忽略，它们甚至会在蒸发器上方聚集而引起部分回凝，使蒸发速度降低。此时蒸发速度方程式可表达为：

$$W_e = 4.376 \times 10^{-4} \alpha (P_e - P_1) \sqrt{M/T} \quad (\text{g}/(\text{cm}^2 \cdot \text{s}))$$

式中　P_1——蒸发表面上金属蒸气的分压，Pa。

若系统中气体残压较高，金属蒸发分子将与残余气体分子发生碰撞，也会引起部分蒸气分子回凝而影响蒸发速度，其蒸发速度方程为：

$$W_e = 4.376 \times 10^{-4} \alpha (P_e - P') \sqrt{M/T} \qquad (g/(cm^2 \cdot s))$$

式中　P'——蒸馏系统残余气体的分压，Pa。

一般认为，上式适用于系统中气体残压为 $1.33 \sim 133.3$Pa 的情况。

在蒸馏过程中，当金属与杂质元素的 P_e 相近时，为获得部分纯度更高的金属产品，有时须采用蒸气冷凝的"分馏"制度，即应用具有适当温度梯度的冷凝器。因此靠近蒸发器一端的冷凝面温度往往维持稍高，被冷凝的金属在此温度下有一定的蒸气压，也将影响蒸馏金属的蒸发速率，故金属蒸发的速度方程式应当表示为：

$$W_e = 4.376 \times 10^{-4} (p_e \sqrt{M/T} - p_c \sqrt{M/T_c}) \qquad (g/(cm^2 \cdot s))$$

式中　p_c——在冷凝温度下金属的蒸气压，Pa；

T_c——冷凝温度，K。

由此可知，影响金属真空蒸馏速度有多种因素。通常蒸气压高的金属，其蒸馏速度快，适于进行蒸馏提纯。蒸馏过程随蒸馏温度的增高，蒸发表面上金属蒸气分压的减小和蒸馏系统气体残压的降低而加速。冷凝温度增高将使冷凝面上金属蒸气的分压急剧增大，故使蒸馏速度减慢。提高蒸馏系统的真空度，使金属的蒸馏提纯在高真空下进行，由于排除了气体残压的影响，可使过程获得强化。

与常压蒸馏相比，真空蒸馏重要特点是蒸馏可在较低温度下进行。这不仅减少了设备材料杂质的带入，而且低温下金属与杂质元素蒸气压的差别加大，有利于金属与杂质的分离。此外，在真空下进行蒸馏，还可减少气体杂质对产品的污染。

在真空下蒸馏金属一般只有表面蒸发过程，而无沸腾现象产生，因此，应尽力扩大蒸馏熔体的表面积，通常采用浅熔池的蒸馏炉结构，力求熔体表面洁净，避免形成浮渣，并且在可能条件下采取有效的搅拌措施（通常设置机械或电磁搅拌装置）以及设计合理结构的冷凝器等来达到提高蒸馏效果的措施。

稀土元素与相关杂质元素相应蒸气压与温度的关系如图 10.1 所示。

二、真空蒸馏提纯稀土金属的工艺实践

蒸馏提纯稀土金属是在真空感应电炉或真空电阻炉内进行，以钛或高铝陶瓷制作冷凝器。

影响蒸馏过程的主要工艺因素有：真空度，蒸馏温度、蒸馏时间和冷凝温度。

真空度：为提高蒸馏提纯的效果，控制炉内压力应不大于 1.33×10^{-4}Pa。当炉内真空度过高时，被蒸馏提纯的稀土金属常常还会被油扩散泵中的油蒸气所污染，导致碳、氢含量增加。为此蒸馏炉的高真空系统宜使用气体捕收器或离子吸收泵，以提高产品质量。

蒸馏温度、蒸馏时间和冷凝温度。前者主要影响蒸馏速度，而后者常可决定蒸馏金属中杂质除去的程度。一般通过调节隔热屏、挡板和冷凝器的高度来控制冷凝温度。为了分离与基体金属蒸气压相近的杂质元素，可采用具有温度梯度的冷凝器。如蒸馏镝时的冷凝

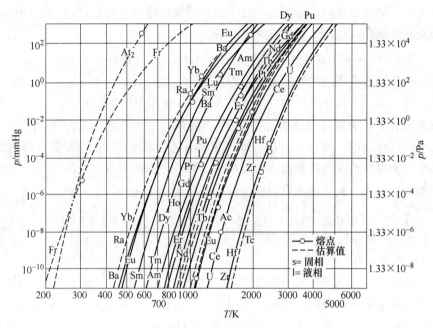

图 10.1　稀土元素与相关杂质元素的蒸气压曲线

器沿高度形成的温度梯度为 15~20K/cm。为获得较高的冷凝效率，冷凝器与蒸发器的表面积之比应大于 20∶1。

部分稀土金属的蒸馏提纯工艺技术条件见表 10.1、某些稀土金属蒸馏提纯的蒸馏温度和冷凝温度见表 10.2。部分稀土金属真空蒸馏提纯效果见表 10.3。钐、铕、铥、镱升华提纯的工艺条件及提纯效果见表 10.4。

表 10.1　稀土金属蒸馏提纯条件

序号	稀土金属	熔点/℃	沸点/℃	蒸气压	蒸馏工艺条件
1	Sc、Dy、Ho、Er	1400~1540	2560~2870	较高	在接近金属熔点的温度下蒸馏
2	Y、Gd、Tb、Lu	1310~1660	3200~3400	低	蒸馏温度较高（约2000℃）
3	Sm、Eu、Tm、Yb	820~1070 T_m 为 1545	1200~1950	高	熔点以下升华提纯或稍高于熔点下蒸馏
4	La、Ce、Pr、Nd	800~1000	3070~3460	低	约2200℃下蒸馏，冷凝物为液态

表 10.2　某些稀土金属蒸馏提纯的蒸馏温度和冷凝温度

稀土金属	Sm	Eu	Yb	Gd	Tb	Dy
蒸馏温度/℃	1000	1000	1000	1900	1900	1700
冷凝温度/℃	600~800	500~600	400~500	1100~1200	1100~1200	1000~1100

稀土金属	Ho	Er	Tm	Y	Sc
蒸馏温度/℃	1700	1700	1500	2000	2000
冷凝温度/℃	1000~1100	1000~1100	800~900	1200~1300	1200~1300

表 10.3 真空蒸馏/升华后稀土金属部分杂质含量 （μg/g）

金属	温度/℃	压力/Pa	O	C	N	S	Mg	Si	Ca	Fe	Cu	纯度
Sc	1650	3.0×10^{-3}	1000	—	—	—	10	60	10	100	—	99.95
Y	1800	1.5×10^{-4}	7.5	28	10	10	0.05	0.2	0.1	0.73	0.05	99.995
Pr	1700	1.5×10^{-4}	370	15	10	10	0.05	0.05	1.1	14	1.3	99.995
Eu	1100	1.0×10^{-3}	80	31	18	20	2	1	3	2	1	99.98
Tb	1580	1.5×10^{-4}	335	—	—		0.05	1.9	0.1	23	3.5	99.99
Ho	1500	9.0×10^{-2}	140	99	31		49	9	99	320		—
Er	1550	9.0×10^{-2}	149	99	50		49	9	99	230		—
Yb	1200	1.0×10^{-3}	60	34	12	8	2	1	4	3	1	99.98

表 10.4 钐、铕、铥、镱升华提纯的工艺条件及杂质含量

稀土金属	升华温度/℃	冷凝温度/℃	升华速度/g·h⁻¹	批量/kg	杂质含量/%							
					O	N	H	C	Ca	La	Ta	W
Sm	800	500	3	1	33×10^{-4}	20×10^{-4}	4×10^{-4}	6×10^{-4}	2×10^{-4}	3×10^{-4}	30×10^{-4}	小于2×10^{-4}
Eu	700	400	3	0.5	70×10^{-4}	—	13×10^{-4}	100×10^{-4}	10×10^{-4}	1×10^{-4}	小于0.6×10^{-4}	小于3×10^{-4}
Tm	950	550	3	0.5	8×10^{-4}	小于1×10^{-4}	9×10^{-4}	14×10^{-4}	0.2×10^{-4}	5×10^{-4}	小于1×10^{-4}	小于3×10^{-4}
Yb	625	350	4	0.8	38×10^{-4}	9×10^{-4}	4×10^{-4}	10×10^{-4}	小于13×10^{-4}	4×10^{-4}	小于1×10^{-4}	小于1×10^{-4}

表 10.3 和表 10.4 的数据说明，真空蒸馏能明显除去稀土金属中的气体杂质和许多金属杂质。稀土金属还可进行二次蒸馏，以取得最佳的提纯效果。为了有效地除去一些高沸点的或其蒸气压与稀土金属相近的金属杂质，实践证明，采用多孔钨过滤法与真空蒸馏相配合效果更佳。

第三节 区域熔炼法提纯稀土金属

区域熔炼提纯是将待提纯的金属棒外加一个或多个加热环，沿一定方向加热移动，由于杂质在液态金属和固态金属中溶解度不同，杂质分布随之改变，最终富集在金属棒一端或两端，去掉杂质含量高的部分，达到提纯目的。区域提纯如图 10.2 所示。其广泛用于半导体材料制备和稀有金属提纯。

一、区域熔炼提纯稀土基本原理

由于熔区与凝固相之间存在分凝效应，故某些在金属熔体中的杂质元素溶解度大于它在凝固金属相中的溶解度，它们在熔区中的含量将高于在已凝固的金属固相中的含量。于是这类杂质在熔区中富集，并随着熔区的移动而逐渐向锭的尾部聚集。反之，另一些在金属熔体中溶解度小于它在凝固金属中溶解度的杂质，则随着熔区的移动而逐渐聚集在锭的首部。显然若照此多次重复地移动熔区，则杂质将随之被浓集到金属锭的两端；然后截去两个端头，余锭即为被提纯的金属。

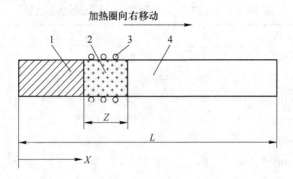

图 10.2　区域提纯示意图
1—已凝固的固相；2—熔区；3—加热器；4—固态锭

为分析杂质在金属棒不同位置的浓度分布，假定熔区宽度和行程速度保持常数；被提纯金属固液态密度相等；固态下溶质扩散忽略不计；模型分析基于一维稳态。简化其运算，采用无量纲数：

$$L = 1,\ Z = z/L(小于1),\ X = x/L(不大于1)$$

极限杂质浓度分布可以表示：

$$C_S(X) = Ae^{BX}$$

式中，$A = \dfrac{C_0BL}{\exp(BL) - 1}$；$K = \dfrac{BL}{\exp(BL) - 1}$，其中 C_0、C_S 分别为杂质初始浓度、金属棒 X 值处浓度；K 为分配系数，即 C_S^0/C_1^0。

经过一定次数的区熔提纯之后，金属棒杂质浓度分布与极限分布已经很接近，区熔次数 n 可由下式估算确定：

$$n = (1 \sim 1.5)L/z$$

采用前期宽熔区，后期窄熔区相结合的方式可获得高纯金属和较好的收率。研究表明最佳熔区宽度随着分配系数的增大而变宽，随区熔次数的增加变窄。

基于分凝现象，有效分配系数 K_{eff} 值与 K 的关系式可表示为：

$$K_{eff} = \cfrac{K}{K + (1 + K)\exp\left(-\dfrac{v\delta}{D}\right)}$$

式中，v 为熔区移动速度；δ 为扩散层厚度；D 为杂质在金属中扩散系数。最大熔区速度 v 可表示为：

$$v = \frac{GDK}{mC_S(1 - K)}$$

式中，G 为熔区内温度梯度。熔区速度小则分凝效果好，但熔区速度过慢则效率低，实践表明，区熔速度大于 20cm/h 仍能达到较好的提纯效果。

在稀土冶金中，区域熔炼主要用以除去大量非稀土杂质元素，如钙、钾、钠、硅、铁、碳等，而除去气体杂质的效果欠佳。如果区域熔炼在高真空中进行，借杂质的蒸发和金属的除气作用，则稀土金属在区域精炼的同时，也能除去部分挥发性杂质和气体杂质。

二、区域熔炼提纯稀土工艺实践

在区域熔炼中,加热熔区可以采用高频感应、绕线电阻、激光或电子束轰击等方法。根据料锭放置的方式,区域熔炼可分为水平区熔和悬浮区熔。

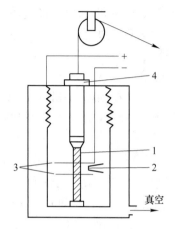

应用电子束加热的悬浮区域熔炼设备如图 10.3 所示。它由熔炼室、真空系统和电子束发射与控制系统所组成。待提纯的稀土金属条作为阳极,且固定不动;阴极(发射电子束产生熔区)沿着金属条以一定速度由下向上移动。

为保证产品的纯度和收率,需选择适宜的工艺参数如温度、熔区宽度、行程次数、熔区移动速度及熔区真空度。

区熔温度不能太低,以免产生未熔透现象;温度过高又易使熔区中部变细,使未熔金属粒可能落至下界面,成为新的晶核。温度还应避免波动,否则将使晶界面发生很大变化,促使形成多晶。

图 10.3 电子束加热悬浮
区熔设备示意图
1—试样;2—钨丝;
3—聚焦板;4—密封

熔区宽度能影响提纯效果。熔区过宽,杂质“倒流”现象严重。但因悬浮区熔其熔区有限,故其影响不很明显,一般以保持料棒直径的 $1/2 \sim 1/3$ 为宜。

降低熔区的移动速度,有利于杂质向预定方向扩散,故能提高区熔的提纯效果。但熔区移动速度过慢,又会增大金属的蒸发损失,不利于提高金属回收率。

通常在熔区移动速度不变的情形下增加行程次数,有利于金属的提纯,但也有少数杂质的行为例外。

在区熔室保持高真空,可减少气体杂质对金属的污染,并有部分脱气作用,但是对于某些在熔点附近有较高蒸气压的稀土金属,为避免较大的金属蒸发损失,并稳定熔区,区熔需在经过净化处理的高纯惰性气体中进行。

在 $1.33 \times 10^{-4} \sim 4 \times 10^{-5}$ Pa 的真空中对长为 230mm 截面积为 120mm^2 的钆棒进行悬浮区熔,电子束熔区以 24mm/h 的速度自下向上移动,完成后分别取样检测。钆经区熔后杂质元素沿锭长各部位的分布见表 10.5。

表 10.5 钆经区熔后杂质元素沿锭长各部位的分布

杂质元素	H	O	N	Tb	Ni	S	La	Cu	Fe	Si	Al	Ti
首端,C/%	17×10^4	933×10^4	30×10^4	10×10^4	2×10^4	7×10^4	6×10^4	4×10^4	40×10^4	32×10^4	15×10^4	1.5×10^4
中端,C/%	10×10^4	593×10^4	24×10^4	23×10^4	3×10^4	20×10^4	7.5×10^4	6.5×10^4	49×10^4	49×10^4	95×10^4	3×10^4
尾端,C/%	17×10^4	341×10^4	14×10^4	60×10^4	30×10^4	26×10^4	20×10^4	65×10^4	190×10^4	65×10^4	450×10^4	8×10^4

第四节 固态电迁移法提纯稀土金属

固态电迁移法提纯稀土金属是在高温和电场作用下,应用电迁移原理提纯金属的方法,此法也称为电传输法、离子迁移法、固态电解或电泳法。

一、固态电迁移法提纯稀土金属的基本原理

在高真空或惰性气氛中在稀土金属棒中通过直流电流，即在高温、高真空和直流电场的作用下，利用杂质离子迁移性质的差异，使杂质元素沿金属棒长的分布发生变化，来实现杂质分离和提纯金属的目的。杂质离子迁移性质（迁移方向及迁移率）的差异是由各杂质元素的等效电荷和扩散系数差异所导致。实际操作过程中非金属杂质（O、N、C、H）及铁、镍等聚集在阳极端，某些其他杂质趋向于阴极，而靠近阴极中段的稀土金属纯度一般较高。

溶解在固体或液体中的原子在组分梯度、温度梯度及电场梯度的作用下实现迁移，可用下列方程式衡量电迁移提纯：

$$\ln \frac{C_{(x, \infty)}}{C_0} = \ln \frac{UEL}{D} - \left(\frac{UE}{D}\right) x$$

式中　C_0——杂质的原始浓度（质量分数），%；

$C_{(x, \infty)}$——在时间 $t \to \infty$ 时沿棒长度 x 处的杂质浓度（质量分数），%；

U——电传输速率，$cm^2/(V \cdot s)$；

E——电场强度，电流密度，A/cm^2；

D——扩散系数，cm^2/s；

L——金属棒的长度，cm；

x——距试棒端点的距离。

由上式可知，在某一温度下对于一定的 U、E、L，UEL/D 是一个常数。

上式表明，提高电流密度即增加电场强度，增大提纯比（U/D）和尽可能增加金属棒的长度是提高电迁移精炼程度的重要手段；而电传输速率 U 和扩散系数 D 是决定提纯效果的基本参数。稀土钇、镥、钆的电迁移提纯过程中碳、氮、氧杂质在 0.9 倍熔点温度下的基本电传输参数见表 10.6；在不同温度下的提纯比见表 10.7，从中可知，电传输过程中在可能情况下维持高的作业温度对提纯是有利的。

表 10.6　在 0.9 倍熔点温度下 Gd，Lu，Y 中某些杂质的基本电传输参数

杂质	$U/cm^2 \cdot (V \cdot s)^{-1}$			$D/cm^2 \cdot s^{-1}$			$(U/D)/V^{-1}$		
	α-Gd	Lu	α-Y	α-Gd	Lu	α-Y	α-Gd	Lu	α-Y
C	3.4×10^{-5}	4.2×10^{-5}	15.0×10^{-5}	0.18×10^{-5}	0.16×10^{-5}	2.00×10^{-5}	18.8	26.2	7.0
N	5.1×10^{-5}	14.0×10^{-5}	10.0×10^{-5}	0.22×10^{-5}	0.59×10^{-5}	0.53×10^{-5}	23.0	23.8	18.8
O	19.0×10^{-5}	39.0×10^{-5}	20.0×10^{-5}	0.75×10^{-5}	2.00×10^{-5}	1.10×10^{-5}	25.4	19.5	18.3

表 10.7　不同温度下稀土金属中杂质的提纯比

稀土金属	电传输温度/℃	提纯比 $(U/D)/V^{-1}$		
		C	N	O
α-Gd	1050	26.0	23.4	25.3
	1125	10.6	25.2	25.4
	1200	29.6	24.5	25.4

稀土金属	电传输温度/℃	提纯比 $(U/D)/V^{-1}$		
		C	N	O
	1330	18.3	23.0	20.8
Lu	1450	26.3	23.8	19.5
	1600	32.3	35.0	14.0
	1235	4.0	8.9	16.1
α-Y	1350	—	18.3	19.4
	1460	7.2	12.1	14.0

二、固态电迁移法提纯稀土金属的工艺实践

固态电迁移法使用细长的金属棒条作为精炼原料，其长度为 8~12cm、直径为 0.2~0.8cm，棒的长度越大，精炼效果越好。金属棒固定在正负电极之间，借特殊的钽电极夹头，切除在电迁移过程中由电极向金属棒内迁移杂质。控制过程高真空在 $1.33×10^{-7}$ Pa 或通入纯惰气。通入直流电加热金属棒到 0.8~0.95 的熔点温度，并保持足够长的时间。此时大部分杂质向两极迁移，棒的中部被提纯。电迁移设备如图 10.4 所示。

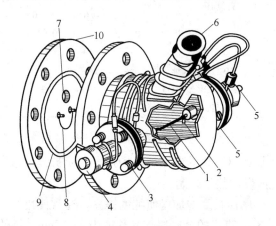

图 10.4　电迁移设备

1—试棒；2—钽夹头；3—绝缘垫；4—不锈钢阴极；5—不锈钢阳极；6—观察孔；

7—真空管路；8—吸气剂加热丝；9—密封圈；10—法兰盘

工业生产中，钇的电迁移提纯是控制温度 1175℃ 和电流密度 1240A/cm² 下进行，精炼时间不少于 120h，精炼过程保持 $1×10^{-7}$ Pa 的高真空，以防气体杂质的污染。经提纯的钇棒其氧含量由 0.33% 下降至 0.034%，氮含量由 0.05% 下降至 0.009%。为了获得更好的提纯效果，在工艺上进行一次电传输以后，切去浓集杂质的正负极端头，用较纯的中间段可再进行一次电传输提纯。

电迁移法精炼稀土钇、钆、镥等金属提纯工艺条件及提纯后的杂质情况和金属剩余电阻比 $R_{300K}/R_{4.2K}$ 见表 10.8，表 10.9。

表 10.8　稀土金属电迁移提纯工艺条件及提纯效果

稀土元素	操作气氛	温度/℃	时间/h	原试棒杂质含量/%			原试棒 $R_{300K}/R_{4.2K}$	提纯后杂质含量/%			提纯后 $R_{300K}/R_{4.2K}$
				C	N	O		C	N	O	
Y	Ar	1370	200	—	$510×10^{-4}$	$3330×10^{-4}$		—	$75×10^{-4}$	$340×10^{-4}$	
Y	超高真空	1175	190	$100×10^{-4}$	$10×10^{-4}$	$25×10^{-4}$	12	$120×10^{-4}$	$8×10^{-4}$	$60×10^{-4}$	45
Gd	He	1245	150	$23×10^{-4}$	$28×10^{-4}$	$61×10^{-4}$	40	$2×10^{-4}$	$0.5×10^{-4}$	$16×10^{-4}$	405
Gd	超高真空	1100	310	$1000×10^{-4}$	$4×10^{-4}$	$500×10^{-4}$		$8×10^{-4}$		$11×10^{-4}$	175
Tb	超高真空	1050	350	—	$30×10^{-4}$	$380×10^{-4}$	17.5	—	$15×10^{-4}$	$25×10^{-4}$	60
Lu	超高真空	1150	168	$70×10^{-4}$	$15×10^{-4}$	$475×10^{-4}$	21	$60×10^{-4}$	$6×10^{-4}$	$42×10^{-4}$	150
Nd	超高真空	860	1237	$13×10^{-4}$	$54×10^{-4}$	$45×10^{-4}$			$1×10^{-4}$	$16×10^{-4}$	116
Nd	Ar	860	1250	$7×10^{-4}$	$2×10^{-4}$	$40×10^{-4}$		$5×10^{-4}$		$20×10^{-4}$	40

表 10.9　电迁移法精炼钇、钆、镥的工艺条件和提纯效果

稀土金属	电传输精炼工艺条件				金属棒的精炼部位	杂质元素含量（质量分数）/%					
	$E/A·cm^{-2}$	$T/℃$	时间/h	气氛		Al	Fe	Si	N	O	H
钇	500	1000	400	高纯 He	原料	0.075	0.095	0.012	0.033	0.150	0.020
					阴极部分	0.015	0.020	0.010	0.010	0.100	0.006
					中部	0.020	0.030	0.010	0.010	0.120	0.007
					阳极部分	0.095	0.100	0.020	0.040	0.200	0.007
钆	500	1075	169.5	真空 3.3×10^{-8}Pa	原料	—	—	—	—	0.15	$3.5×10^{-4}$
					最纯部分	—	—	—	—	$1.07×10^{-3}$	$1.8×10^{-4}$
镥	780	1150	168	真空 3.3×10^{-8}Pa	原料	—	—	—	$7×10^{-3}$	$1.5×10^{-3}$	$4.7×10^{-2}$
					最纯部分	—	—	—	$6×10^{-3}$	$6×10^{-3}$	$4.2×10^{-3}$

影响电迁移提纯的因素：

（1）电场强度。增加通过试棒的电流和电场强度可使被提纯金属棒的纯度提高，最大电场强度受金属棒所能散发的热量限制。

（2）金属棒长度。金属棒长度增加可使纯度提高，通常使用细长的金属棒条作为精炼原料。一般采用 0.2~0.8cm 直径的金属棒，其长度为 8~12cm，棒的长度越大，精炼效果越好。

（3）提纯比 U/D。合理选择电迁移率与扩散系数的比值有利于金属棒提纯。

（4）温度。提高温度可增加电迁移速度，但增加温度又受到被提纯的金属熔点和蒸气压限制，温度过高，会造成钇的强烈蒸发。一般金属棒通入直流电加热到金属熔点温度的 0.8~0.95 倍，并保持足够长的时间。

（5）气氛。金属棒所处的周围环境气氛或者容器内壁材料会影响提纯效果，要求电迁移提纯时杂质除去量应大于环境对样品的污染。通常过程在 $1.33×10^{-7}$Pa 的高真空或通入纯惰性气体的精炼容器中进行，要求惰性气体中的杂质 O、CO_2、H_2O 以及其他可能污染金属的杂质分压低于 $1.33×10^{-7}$Pa。

（6）试棒夹头结构。电迁移提纯过程中，试棒冷端夹头杂质可能会扩散到试棒中使试棒受到污染。一般金属棒固定在正负电极之间，借特殊的钽电极夹头，切断在电传输过程中由电极向金属棒内迁移杂质。

（7）组分的梯度。经提纯的试棒由于其中杂质分布不均匀存在浓度梯度，杂质可能反向向已提纯的试棒扩散。

稀土金属电迁移的实践表明，此法对除去稀土金属中有效电荷为负的间隙型杂质如气体杂质和非金属杂质有明显效果，而对有效电荷为正的某些金属杂质的除去作用较弱。此法的缺点是作业周期长，生产能力低。

第五节　电迁移-区熔联合法提纯稀土金属

利用区域熔炼和电迁移精炼除去杂质元素的各自特点，将二者相互结合的提纯方法，即电迁移-区熔联合法。即在高温和强直流电场的电传输过程中，同时进行区域熔炼以提纯稀土金属。操作过程中，在电场的作用下，带正、负电荷的杂质离子分别移向阴极和阳极；而随着区域熔炼的进行，某些杂质沿棒长会实现其再分布，并最终浓集于棒条的两端。此外有些蒸气压较高的杂质，也能蒸发除去。这种联合法的除杂效率高，能制取纯度更高的稀土金属。同时缩短了生产周期，生产效率也相应提高。电迁移-区熔装置示意图如图10.5所示。

电迁移-区熔联合法提纯金属铈和钇的主要工艺条件见表10.10，电迁移-区熔提纯铈前后的杂质含量见表10.11。

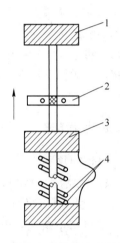

图 10.5　区熔-电迁移联合法设备示意图
1—阳极（尾部）；2—电子枪；
3—阴极（头部）；4—弹簧

表 10.10　电迁移-区熔联合法提纯金属铈和钇的主要工艺条件

金属	棒直径 /mm	棒长 /mm	电流密度 /A·mm^{-2}	电场电压降 /V	熔区移速 /mm·h^{-1}	行程次数 /次
铈	8	120	6	0.4	18	3~10
钇	6.5	230	3	0.06	24	3~10

表 10.11　电迁移-区熔提纯铈前后的杂质含量

杂质元素	Fe	Cu	Si	Mg	O	H	N
原料	$350×10^{-6}$	$100×10^{-6}$	$400×10^{-6}$	$370×10^{-6}$	$1100×10^{-6}$	$60×10^{-6}$	$70×10^{-6}$
阴极	远小于$150×10^{-6}$	小于$10×10^{-6}$	远小于$15×10^{-6}$	远小于$20×10^{-6}$	$450×10^{-6}$	$37×10^{-6}$	$26×10^{-6}$
中间	远小于$150×10^{-6}$	小于$10×10^{-6}$	远小于$15×10^{-6}$	远小于$20×10^{-6}$	$600×10^{-6}$	$45×10^{-6}$	$30×10^{-6}$
阳极	$2000×10^{-6}$	$500×10^{-6}$	$1200×10^{-6}$	远小于$20×10^{-6}$	$1500×10^{-6}$	$85×10^{-6}$	$45×10^{-6}$

第六节　电解精炼法提纯稀土金属

电解精炼法提纯稀土金属是将稀土粗金属作为可溶阳极，用特制的纯稀土金属作阴极进行电解，在适宜的电解工艺条件下，可使粗金属不断溶解于熔盐中，形成一定浓度的稀土离子，并在阴极上析出；而杂质元素则可尽量控制不从阳极金属中溶下，或使其在阴极上难于析出，从而实现稀土金属与一些金属、非金属和气体杂质的分离，达到提纯稀土金属的方法。

为保证电解精炼过程的正常进行，必须避免气氛、水分的不良影响，防止杂质从电解质中带入，为此电解精炼都采用密闭式电解槽，并在惰性气体中进行，电解槽壁由钨或钽材衬里。电解质要求对阳极粗稀土金属有较好的溶解性能，并且应有优良的物理化学及电化学性质和足够的化学纯度。

电解精炼稀土金属有氯化物体系电解精炼和氟化物体系电解精炼。目前生产上均使用氟化物电解。氟化物电解质除 LiF 和 REF_3 外，一般还要加入 BaF_2 以改善阴极析出过程的动力学条件，并使阴极产物沉积成粗大结晶。

一、钆的电解精炼

钆的电解精炼技术条件：熔盐电解质配比为 75% LiF-15% GdF_3-10% BaF_2、电解温度 850℃、阴极电流密度 $0.8A/cm^2$。电解精炼钆的设备见图 10.6 所示。

电解质首先进行除氧处理，即用无水 HF 在 600℃下氟化 Gd_2O_3 得到的 GdF_3 在 HF 气和氩气中于 1300℃下熔化 GdF_3，使氟化钆氧含量在 $1×10^{-3}$% 以下。阴极材料采用真空蒸馏制得高纯钆。阳极及粗金属含有 $8.1×10^{-2}$% 氧和 0.92% 钽。在此条件下，电解精炼钆的提纯效果见表 10.12。

表 10.12　电解精炼钆的提纯效果

金属	质量分数/%								
	H	N	O	Fe	Ta	Y	Pr	Eu	Dy
粗钆	$60×10^{-4}$	$80×10^{-4}$	$810×10^{-4}$	$30×10^{-4}$	$9200×10^{-4}$	$8×10^{-4}$	$18×10^{-4}$	$0.5×10^{-4}$	$2×10^{-4}$
纯钆	$50×10^{-4}$	$20×10^{-4}$	$80×10^{-4}$	$10×10^{-4}$	$1×10^{-4}$	$1×10^{-4}$	$2×10^{-4}$	$0.5×10^{-4}$	$1×10^{-4}$

采用 LiCl-LiF 系电解质能制取非金属气体杂质含量更低的纯钆，其氢、碳、氮、氧和氟的含量均可在 $1×10^{-3}$% 以下。

二、钇的电解精炼

钇的电解精炼技术条件：熔盐电解质配比为 94.6% LiCl-5.4% YCl_3、电解温度 710℃，所得精钇在真空中加热至 750℃以除去微量电解质。电解精炼钇的可溶阳极可使用钇的中间合金如 Y-Ni 和 Y-Fe 等。阴极电流密度控制为 $0.269A/cm^2$，槽电压为 0.2~1.1V。当电解运行 15 个周期后，阳极中的钇有 95% 转移、沉积到阴极，电流效率波动于 69%~98% 之间。钇的电解精炼设备如图 10.7 所示。电解精炼前后金属钇中杂质含量对比见表 10.13。

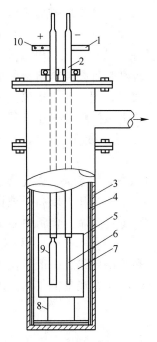

图 10.6　钆电解精炼设备简图

1—阴极接线柱；2—水冷铜导体；3—不锈钢罐；
4—钽材衬里；5—钽坩埚；6—纯钆（精制产品）；
7—电解质；8—钽支架；9—粗钆；10—阳极接线柱

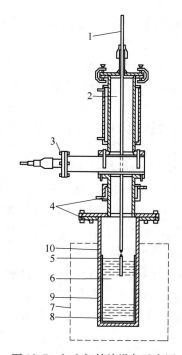

图 10.7　钇电解精炼设备示意图

1—电极接头；2—水冷室；3—滑动阀；
4—水冷套；5—钨阴极；6—电解质；7—电阻炉；
8—熔融金属钇；9—钇坩埚；10—不锈钢筒

表 10.13　电解精炼前后金属钇中杂质含量对比

杂质元素	阳极（原料）	阴极产品			
		开始周期	中间周期 A	中间周期 B	最后周期
Al	250	小于 15	小于 15	小于 15	小于 15
B	100	未发现	未发现	未发现	5
Ca	1000	小于 20	小于 20	小于 20	小于 20
Co	500	未发现	未发现	未发现	100
Cu	500	小于 10	未发现	小于 10	500
Fe	1800	未发现	未发现	未发现	180
Mg	小于 10	小于 15	15	15	15
Mn	1000	20	小于 10	30	小于 10
Mo	120	未发现	未发现	未发现	未发现
Ni	2%（质量分数）	50	小于 20	小于 20	500
Si	130	小于 20	小于 20	20	小于 20

　　除上述精炼方法外，还有熔盐萃取法、等离子体熔炼法和外吸气剂法等提纯稀土金属的方法：

　　（1）熔盐萃取法。将稀土金属与特定熔盐混合接触，根据部分杂质在稀土金属与熔盐中分配不同，使杂质从金属进入到萃取熔盐中。萃取剂应满足两个条件，一是稀土金属在熔盐中溶解度小或不溶，二是杂质与熔融稀土金属结合力小于与萃取熔盐的结合力。采用不同组成的熔盐萃取稀土金属,都可降低金属中氧含量,通过改变萃取熔盐组成可以达到除去 Ca、F 的效果。

(2) 等离子体熔炼。等离子弧是一种压缩弧,能量集中,弧柱细长,电弧温度最高可达到近万度,原料规格形式多样(粉末、棒状、板状等),可制备高纯难熔金属棒材、板材和管材,但设备系统复杂,设备成本昂贵。通常熔炼金属时,用来产生等离子弧的气体为高纯惰性氩气,将等离子体加热与区域熔炼相结合,可以有效降低金属中杂质;或将等离子体加热与外吸气剂法结合可以显著降低稀土金属中氧含量。或在 Ar 中通入部分氢气可对金属产生很好的提纯效果。

(3) 外吸气剂法。将吸气剂通入稀土金属熔体中,使吸气剂与杂质元素化合逸出达到除去的目的。外吸气剂选择有两个原则,一是外吸气剂与 O、N 亲和力要高于被提纯稀土金属(稀土金属与氧亲和力 Y>Er>Dy>Tb>Gd);二是外吸气剂在稀土金属中溶解度非常小或不溶(H_2 除外)。

目前提纯稀土金属没有单一的方法可以达到去除所有杂质的效果,一般是先去除大部分的金属杂质,然后再去除特定的一种或几种非金属杂质。稀土金属的蒸气压、熔点和反应活性决定了其所采用的提纯方法。

思　考　题

10-1　稀土金属精炼提纯的方法有哪些,主要应用了哪些原理?

10-2　试比较真空蒸馏、区域熔炼、固态电迁移和电解精炼提纯稀土金属的技术特点。

10-3　稀土金属精炼主要除去哪些杂质?简要分析各方法在工业应用中杂质去除的现状。

10-4　真空蒸馏、区域熔炼、固态电迁移和电解精炼四种提纯方法分别可以去除哪些杂质?

10-5　16 种稀土金属分别适用哪种提纯方法?

参 考 文 献

[1] 徐光宪. 稀土(下)[M]. 北京:冶金工业出版社,2005.

[2] 吴炳乾. 稀土冶金学 [M]. 长沙:中南工业大学出版社,1997.

[3] 潘叶金. 有色金属提取冶金手册. 稀土金属 [M]. 北京:冶金工业出版社,1993.

[4] 戴永年,杨斌. 有色金属材料的真空冶金 [M]. 北京:冶金工业出版社,2000.

[5] 孙鸿儒,王道隆. 稀有金属手册 [M]. 北京:冶金工业出版社,1992.

[6] 李吉刚,徐丽,等. 稀土金属提纯方法与研究进展 [J]. 稀有金属材料与工程,2018,47(5):1648-1654.

[7] 侯庆烈,王振华. 稀土金属的制备与提纯研究进展 [J]. 上海有色金属,1999,20(3):132-142.

[8] 李国玲,田丰,等. 氢等离子体电弧熔炼技术在难熔金属提纯中的应用 [J]. 稀有金属材料与工程,2015,44(3):775-780.